面向新工科普通高等教育系列教材

人工智能导论

吕云翔　韩雪婷　梁泽众
尹文志　巩孝刚　等编著

机 械 工 业 出 版 社

本书共8章，从人工智能的基本定义开始，由浅入深地向读者阐述了人工智能的理论、策略、研究方法和应用领域，以梳理知识脉络和要点的方式，在较为全面介绍人工智能领域进展的基础上对一些传统内容进行了取舍。详细介绍了知识表示、逻辑推理、非确定性推理、搜索策略、机器学习、大数据以及人工智能应用案例等方面的内容。为满足读者进一步学习的需要，除第1章和第8章之外，每章最后都配有综合案例分析，便于读者在所学知识的基础上懂得如何运用。

本书既适合作为高等院校人工智能课程的教材，也适合计算机爱好者阅读。

本书配有授课电子课件，需要的教师可登录 www.cmpedu.com 免费注册，审核通过后下载，或联系编辑索取（微信：15910938545，电话：010-88379739）。

图书在版编目（CIP）数据

人工智能导论/吕云翔等编著．—北京：机械工业出版社，2022.4（2025.2重印）
面向新工科普通高等教育系列教材
ISBN 978-7-111-70181-1

Ⅰ．①人…　Ⅱ．①吕…　Ⅲ．①人工智能-高等学校-教材　Ⅳ．①TP18

中国版本图书馆 CIP 数据核字（2022）第027098号

机械工业出版社（北京市百万庄大街22号　邮政编码100037）
策划编辑：郝建伟　　责任编辑：郝建伟　胡　静
责任校对：张艳霞　　责任印制：郜　敏

中煤（北京）印务有限公司印刷

2025年2月第1版·第4次印刷
184mm×260mm·13.75印张·337千字
标准书号：ISBN 978-7-111-70181-1
定价：59.00元

电话服务
客服电话：010-88361066
　　　　　010-88379833
　　　　　010-68326294

网络服务
机　工　官　网：www.cmpbook.com
机　工　官　博：weibo.com/cmp1952
金　　书　　网：www.golden-book.com
机工教育服务网：www.cmpedu.com

前　言

科技兴则民族兴，科技强则国家强。党的二十大报告指出，必须坚持科技是第一生产力、人才是第一资源、创新是第一动力，开辟发展新领域新赛道，不断塑造发展新动能新优势。需要紧跟新兴科技发展的动向，提前布局新工科背景下的计算机专业人才的培养，提升工科教育支撑新兴产业发展的能力。

计算机科学是建立在数学、物理等基础学科之上的一门基础学科，对于社会发展以及现代社会文明都有着十分重要的意义。

人工智能是计算机科学的一个分支，它旨在了解智能的实质，并生产出一种新的能以人类智能相似的方式做出反应的智能机器，该领域的研究包括机器人、语言识别、图像识别、自然语言处理和专家系统等。人工智能从诞生以来，理论和技术日益成熟，应用领域也不断扩大，可以设想，未来人工智能带来的科技产品，将会是人类智慧的“容器”。人工智能可以对人的意识、思维的信息过程进行模拟。人工智能不是人的智能，而是能像人那样思考，甚至可能超过人的智能。

人工智能是一门极富挑战性的学科，从事这项工作的人必须懂得计算机、心理学和哲学等知识。人工智能是一门涉及范围很广的科学，它由不同的领域组成，如机器学习、计算机视觉等。总的来说，人工智能研究的一个主要目标是使机器能够胜任一些通常需要人类智能才能完成的复杂工作，但不同的时代、不同的人对这种“复杂工作”的理解是不同的。

国内外已出版了多本关于人工智能的书籍。诚然，很多书籍对人工智能各个细分领域的诸多问题都有非常精辟的论述，但对初学者来说却显得有些深奥。人工智能的研究范围甚广，是一门典型的交叉学科，因此一两本书很难覆盖所有问题。本书的主要目的是使读者了解人工智能研究和发展的基本轮廓，对人工智能有一个基本的认识，知道目前人工智能研究中的一些热点，掌握人工智能研究和应用中一些基本的、普遍的、比较广泛的原理和方法。本书通过简洁清晰的架构和引人思索的案例带领读者“入门”人工智能。正所谓“师傅领进门，修行在个人”，之后的研究方向就由读者自己选择并钻研了。

由于智能本身就是一个极其复杂的存在，不同的人从不同角度和不同观点出发都可以获得对智能的认识和模拟，因此本书也从多个角度对人工智能进行了剖析。

全书共 8 章。第 1~5 章是传统人工智能教材的内容，第 6 章介绍了近年来比较流行的机器学习方法，第 7 章介绍了大数据的相关知识，第 8 章介绍了人工智能应用案例。具体内容如下。

第 1 章，绪论，介绍一些关于人工智能的发展历程、研究目标和主要技术方向的内容。

第 2 章，知识表示，主要介绍谓词逻辑和状态空间等基本知识表示方法。

第 3 章，逻辑推理及方法，从谓词公式的基本语法到 3 种演绎推理方式，层层递进地介绍了逻辑推理的基本方法。

第 4 章，非确定性推理及方法，介绍了主观贝叶斯推理、模糊推理等运用知识（即推理）的问题。

第 5 章，搜索策略，介绍了基于状态空间的搜索、基于树的搜索等不同的搜索策略。

第 6 章，机器学习，介绍了近年来比较流行的决策树、支持向量机和聚类算法等经典机器学习方法。

第 7 章，大数据，全面系统地介绍了数据在实际业务场景中的应用与实践，包括“大数据”在业务实践中的获取产生、计算处理以及存储应用等一系列流程，涉及软件技术、理论原理，以及与业务相关的数据处理、分析、应用的各个层面。

第 8 章，人工智能应用案例，主要包括人脸识别应用、文字识别应用、语音识别应用、自然语言处理应用以及对话机器人和智慧城市。

在叙述方式上，每一章都讲述理论方法，各章内容相对独立、完整，同时力图用递进的形式来论述这些知识，使全书整体不失系统性。读者可以从头到尾通读，也可以选择单个章节细读。本书对每章的讲述力求深入浅出，对于一些公式定理，书中会给出必要的推导证明，并提供简单的例子，使初学者易于掌握知识的基本内容，领会所学的本质，并准确地使用该知识方法。对相关的深层理论，则仅予以简述，不做过多的延伸。

本书的编者为吕云翔、韩雪婷、梁泽众、尹文志、巩孝刚，曾洪立负责部分内容的编写和素材整理及配套资源制作等工作。

在本书的编写过程中，我们尽量做到仔细、认真，但由于水平有限，可能会出现一些不妥之处，欢迎广大读者批评指正。同时，也希望广大读者能够将自己读书学习的心得体会反馈给我们（yunxianglu@ hotmail. com）。

编　者

目 录

第1章　绪　　论

2016年，谷歌公司研发的AlphaGo以4:1的比分击败了围棋职业九段棋手、世界冠军李世石，人类在棋类游戏中的最后一个堡垒被攻破，同时，也让“人工智能”这个名词更广为人知。如今，“人工智能”这个词对大众来说已经不再陌生，它的应用也已经渗透到人们生活的方方面面。

1.1　什么是人工智能

不同的人对人工智能有不同的理解，人工智能的定义有多种。

1.1.1　什么是智能

要了解什么是“人工智能”，首先需要了解什么是“智能”。关于智能，有两种被广泛接受的解释：一种认为智能是人们处理事务、解决问题时表现出来的智慧和能力；另一种认为智能是知识和智力的总和，知识是一切智能行为的基础，智力是获取知识并应用知识求解问题的能力。

根据美国教育家、心理学家霍华德·加德纳（Howard Gardner）提出的多元智能理论，人类的智能可以分成以下七个范畴。

1. 语言智能（Linguistic Intelligence）

语言智能是指有效地运用口头语言或/和文字表达自己的思想并理解他人，灵活掌握语音、语义、语法，具备用言语思维、用言语表达和欣赏语言深层内涵的能力结合在一起并运用自如的能力。适合的职业是：政治活动家、主持人、律师、演说家、编辑、作家、记者、教师等。

2. 数学逻辑智能（Logical-Mathematical Intelligence）

数学逻辑智能是指有效地计算、测量、推理、归纳、分类，并进行复杂数学运算的能力。这项智能包括对逻辑的方式和关系，陈述和主张，功能及其他相关的抽象概念的敏感性。适合的职业是：科学家、会计师、统计学家、工程师、计算机软件研发人员等。

3. 空间智能（Spatial Intelligence）

空间智能是指准确感知视觉空间及周围一切事物，并且能把所感觉到的形象以图画的形式表现出来的能力。这项智能包括对色彩、线条、形状、形式、空间关系的敏感性。适合的职业是：室内设计师、建筑师、摄影师、画家、飞行员等。

4. 身体运动智能（Bodily-Kinesthetic Intelligence）

身体运动智能是指善于运用整个身体来表达思想和情感、灵巧地运用双手制作或操作物体的能力。这项智能包括特殊的身体技巧，如平衡、协调、敏捷、力量、弹性和速度以及由触觉所引起的能力。适合的职业是：运动员、演员、舞蹈家、外科医生、珠宝设计师、机械工程师等。

5. 音乐智能（Musical Intelligence）

音乐智能是指能够敏锐地感知音调、旋律、节奏、音色等的能力。这项智能对节奏、音调、旋律或音色的敏感性强要求较高，具有较高的表演、创作及思考音乐的能力。适合的职业是：歌唱家、作曲家、指挥家、音乐评论家、调琴师等。

6. 人际智能（Interpersonal Intelligence）

人际智能是指能很好地理解别人和与人交往的能力。这项智能善于察觉他人的情绪、情感，体会他人的感觉感受，辨别不同人际关系的暗示以及对这些暗示做出适当反应的能力。适合的职业是：政治家、外交家、领导者、心理咨询师、公关人员、推销人员等。

7. 自我认知智能（Intrapersonal Intelligence）

自我认知智能是指善于自我认识和有自知之明并据此做出适当行为的能力。这项智能能够认识自己的长处和短处，意识到自己的内在爱好、情绪、意向、脾气和自尊，喜欢独立思考的能力。适合的职业是：哲学家、政治家、思想家、心理学家等。

1.1.2 人工智能的定义

“人工智能”（Artificial Intelligence）是一个含义很广的词语，其定义经历了漫长的历史演变。以下是部分学者对人工智能的理解。

让机器达到同样的行为，即与人类做同样的行为。

——约翰·麦卡锡（John McCarthy）

人工智能是一门科学，是使机器做那些人需要通过智能来做的事情。

——马文·闵斯基（Marvin Lee Minsky）

人工智能是关于知识的科学，即怎样表示知识、怎样获取知识和怎样使用知识的科学。

——尼尔森（N. J. Nilsson）

人工智能是那些与人的思维相关的活动，诸如决策、问题求解和学习等的自动化。

——贝尔曼（Bellman）

人工智能是一个知识信息处理系统。

——费根鲍姆（E. A. Feigenbaum）

人工智能就是研究如何使计算机去做过去只有人才能做的富有智能的工作。

——温斯顿（P. H. Winston）

目前人工智能的定义有如下几种。

（1）人工智能是类人思考、类人行为，理性的思考、理性的行动。人工智能的基础是哲学、数学、经济学、神经科学、心理学、计算机工程、控制论、语言学。人工智能的发展经过了孕育、诞生、早期的热情、现实的困难等数个阶段。

（2）人工智能是研究、开发用于模拟、延伸和扩展人的智能理论、方法、技术及应用系统的一门新的技术科学，它是计算机科学的一个分支。

（3）人工智能科学的主旨是研究和开发出智能实体，在这一点上它属于工程学。工程学的一些基础学科自不用说，如数学、逻辑学、归纳学、统计学、系统学、控制学、计算机科学，还包括对哲学、心理学、生物学、神经科学、认知科学、仿生学、经济学、语言学等其他学科的研究，可以说这是一门集数门学科精华于一体的尖端学科中的尖端学科——因此说人工智能是一门综合学科。

综合各种不同的人工智能观点，可以从“能力”和“学科”两个方面对人工智能进行定义。从能力的角度看，人工智能是相对人类的不同范畴的智能而言的，是指用人工的方法让机器实现人的某种智能。从学科的角度看，人工智能是一门研究如何构造智能机器或智能系统，能够模拟、延伸和扩展人类智能的学科。

1.2 人工智能的发展历程

人工智能从诞生到发展经历了各个阶段，现正处于增长爆发期。

1.2.1 图灵测试

1950 年，“计算机之父”及“人工智能之父”图灵（Alan M. Turing）发表了论文《计算机器与智能》，这篇论文可以说是人工智能科学的开山之作，论文论述有理有据，通俗易懂，即使在今天仍然有非常重要的意义。图灵在论文的开篇就提出了这样一个问题：“机器能思考吗?”（如图 1.1 所示），这个问题启发了无穷的想象，也奠定了人工智能的雏形。

Turing, A.M. (1950). Computing machinery and intelligence. Mind, 59, 433-460.

COMPUTING MACHINERY AND INTELLIGENCE

By A. M. Turing

1. The Imitation Game

I propose to consider the question, "Can machines think?" This should begin with definitions of the meaning of the terms "machine" and "think." The definitions might be framed so as to reflect so far as possible the normal use of the words, but this attitude is dangerous, If the meaning of the words "machine" and "think" are to be found by examining how they are commonly used it is difficult to escape the conclusion that the meaning and the answer to the question, "Can machines think?" is to be sought in a statistical survey such as a Gallup poll. But this is absurd. Instead of attempting such a definition I shall replace the question by another, which is closely related to it and is expressed in relatively unambiguous words.

The new form of the problem can be described in terms of a game which we call the 'imitation game." It is played with three people, a man (A), a woman (B), and an interrogator (C) who may be of either sex. The interrogator stays in a room apart front the other two. The object of the game for the interrogator is to determine which of the other two is the man and which is the woman. He knows them by labels X and Y, and at the end of the game he says either "X is A and Y is B" or "X is B and Y is A." The interrogator is allowed to put questions to A and B thus:

C: Will X please tell me the length of his or her hair?

图 1.1 《计算机器与智能》论文开篇

在这篇论文中，图灵提出了鉴别机器是否具有智能的方法，这就是人工智能领域著名的“图灵测试”，如图 1.2 所示。其基本思想是：测试者进行随意提问，然后由房间里看不见的被测试者（人或者机器）对测试者提出的问题进行回答。经过一段时间的问答，如果测试者无法确定回答问题的哪个是人，哪个是机器，那么可以说这个机器有了智能。

图 1.2　图灵测试

但到目前为止，还没有一台计算机能够完全通过图灵测试。

1.2.2　人工智能的诞生

1956 年 8 月，在美国达特茅斯学院聚集了一群天才的科学家，包括约翰·麦卡锡（John McCarthy）、马文·闵斯基（Marvin Minsky，人工智能与认知学专家）、克劳德·香农（Claude Shannon，信息论的创始人）、艾伦·纽厄尔（Allen Newell，计算机科学家）、赫伯特·西蒙（Herbert Simon，诺贝尔经济学奖得主）等。他们基于以下推测："学习的每一个方面和智能的任何特征，原则上都能被精确地描述，并被机器模仿"，尝试弄清如何让机器像人一样思考，如何让机器用自然语言来交流，并形成抽象概念，解决人类现存的问题。

这次会议足足开了两个月，被命名为"人工智能夏季研讨会"。在这次会议上，"人工智能"这个词汇被约翰·麦卡锡首次提出。因此，达特茅斯会议成为人工智能的开端，1956 年也被称为人工智能元年。

1.2.3　人工智能的兴衰史

自 1956 年人工智能元年至今，人工智能的发展经历了两次繁荣、两次低谷，之后经过复苏迎来了增长爆发。

1. 第一次繁荣期（1956–1974 年）

1956 年人工智能正式诞生之后的近二十年间，人工智能在各方面快速发展，研究者们以极大的热情将人工智能的技术和应用领域不断发展与扩张。

1956 年，IBM 公司的塞缪尔（Arthur Samuel）写出了著名的西洋棋程序，该程序可以通过棋盘状态学习一个隐式的模型来指导下一步走棋，并且击败了塞缪尔本人。自此，他定义并解释了一个新词——机器学习。在此期间，机器翻译、机器定理证明、机器博弈开始兴起。

约翰·麦卡锡开发了 LISP 语言，成为以后几十年人工智能领域最主要的编程语言。马文·闵斯基对神经网络有了更深入的研究，发现了简单神经网络的不足。为了解决神经网络的局限性，多层神经网络、反向传播算法开始出现。专家系统也开始起步，第一台工业机器人进入了通用汽车的生产线，也出现了第一个能够自主动作的移动机器人。

2. 第一次低谷期（1974–1980 年）

人们高估了科学技术的发展速度，许多太过乐观的承诺无法按时兑现，引发了全世界对人工智能技术的怀疑，因此对人工智能的热情没有维持太长时间。

1957 年引起学术界轰动的感知机，在 1969 年遭遇到了重大打击。当时，马文·闵斯基提出了著名的异或问题，论证了感知器无法解决类似异或问题等线性不可分数据的问题。对学术界来说，异或问题成了人工智能看来几乎不可逾越的鸿沟。

由于当时计算机的运算能力不足，程序的计算复杂度较高，导致机器翻译等项目失败。许多难题虽然理论上可以解决，但根本无法投入实际使用。例如，对于机器视觉的研究在 20 世纪 60 年代就已经开始，美国科学家罗伯茨（L. R. Roberts）提出的边缘检测、轮廓线构成等方法十分经典，一直到现在仍然被广泛使用。然而，有理论基础不代表有实际产出。当时有科学家计算得出，要用计算机模拟人类视网膜视觉至少需要执行 10 亿次指令，而 1976 年世界最快的计算机 Cray-1 造价数百万美元，但速度还不到 1 亿次/s，普通计算机的计算速度还不到一百万次/s。硬件条件限制了人工智能的发展。此外，人工智能发展的另一大基础是庞大的数据，而当时计算机和互联网尚未普及，根本无法取得大规模数据。

1973 年，人工智能遭遇到科学界的拷问，很多科学家认为人工智能那些看上去宏伟的目标根本无法实现，研究已经完全失败。越来越多的怀疑使人工智能遭受到严厉的批评和对其实际价值的质疑。随后，各国政府和机构也停止或减少了资金投入，人工智能在 20 世纪 70 年代陷入第一次寒冬。

3. 第二次繁荣期（1980–1987 年）

1980 年，卡耐基梅隆大学研发的 XCON 正式投入使用。XCON 是个完善的专家系统，包含了设定好的超过 2500 条规则，在后续几年处理了超过 80000 条订单，准确度超过 95%。这成为一个新时期的里程碑，专家系统开始在特定领域发挥威力，也带动整个人工智能技术进入一个繁荣阶段。

专家系统往往聚焦于单个专业领域，模拟人类专家回答问题或提供知识，帮助工作人员做出决策。它把自己限定在一个小的范围内，从而避免了通用人工智能的各种难题，同时充分利用现有专家的知识经验，解决特定工作领域的任务。

因为 XCON 取得的巨大商业成功，在 20 世纪 80 年代，60%的世界 500 强公司开始开发和部署各自领域的专家系统。据统计，从 1980 年到 1985 年，有超过 10 亿美元被投入到人工智能领域，大部分用于企业内的人工智能部门，涌现出很多人工智能软硬件公司。

1986 年，慕尼黑联邦国防军大学在一辆奔驰面包车上安装了计算机和各种传感器，实现了自动控制方向盘、油门和刹车。它被称为 VaMoRs，是真正意义上的第一辆自动驾驶汽车。

在人工智能领域，当时主要使用 LISP 语言。为了提高各种程序的运输效率，很多机构开始研发专门用来运行 LISP 程序的计算机芯片和存储设备。虽然 LISP 机器取得了一些进展，但同时 PC 也开始崛起，IBM PC 和苹果计算机快速占领了整个计算机市场，它们的 CPU 频率和速度稳步提升，甚至变得比昂贵的 LISP 机器更强大。

除此之外，还出现了具有更强可视化效果的决策树模型，以及突破早期感知机局限的多层人工神经网络，以上这些促进了人工智能的第二次繁荣。

4. 第二次低谷（1987-1993 年）

1987 年，专用 LISP 机器硬件销售市场严重崩溃，人工智能领域再一次进入寒冬。

硬件市场的溃败加上各国政府和机构纷纷停止向人工智能研究领域投入资金，导致了该领域数年的低谷，但这期间也取得了一些重要的成就。

1988 年，美国科学家 Judea Pearl 将概率统计方法引入人工智能的推理过程，这对后来人工智能的发展起到了重大影响。

这个时期，人工智能技术逐渐与计算机和软件技术深入融合。另一方面，人工智能算法理论的进展缓慢。很多研究者只是基于以前时代的理论，依赖于更强大、更快速的计算机硬件就可能取得突破性的成果。

5. 复苏期（1993-2011 年）

1995 年，Richard S. Wallace 开发了新的聊天机器人程序 Alice，它能够利用互联网不断增加自身的数据集，优化内容。

1997 年，IBM 研发的深蓝（Deep Blue）战胜了世界国际象棋冠军卡斯帕罗夫，但此次具有里程碑意义的对战，其实只是计算机依靠运算速度和枚举，在规则明确的游戏中取得的胜利，并不是真正意义上的人工智能。

同是 1997 年，长短期记忆网络（Long Short-Term Memory）概念的提出更好地推动了语音处理及自然语言处理序列模型的发展。

2006 年，杰弗里·辛顿（Geoffrey Hinton）和他的学生开始研究深度学习。

复苏期间，计算机性能与互联网技术快速普及，促进了 AI 的发展。

6. 增长爆发期（2011 年至今）

在 2011 年，同样是来自于 IBM 公司的沃森系统参与了综艺竞答类节目《危险边缘》，与真人一起抢答竞猜，沃森系统凭借其出众的自然语言处理能力和强大的知识库战胜了两位人类冠军。计算机此时已经可以理解人类语言，这是人工智能领域的重大进步。

在 21 世纪，随着移动互联网技术、云计算技术的爆发以及 PC 的广泛使用，各机构得以积累历史上超乎想象的数据量，为人工智能的后续发展提供了足够的素材和动力。

2016 年和 2017 年，谷歌公司发起了两场轰动世界的围棋人机之战，其人工智能程序 AlphaGo 连续战胜韩国的李世石和中国的柯洁两位围棋世界冠军。

在今日，人工智能渗入人类生活的方方面面。在 NLP 技术支撑下，计算机可以处理人类自然语言，并以越来越自然的方式将其与期望指令和响应进行匹配。在浏览购物网站时，用户常会收到推荐算法（Recommendation Algorithm）产生的商品推荐。推荐算法通过分析用户此前的购物历史数据，以及用户的各种偏好表达，就可以预测用户可能会购买的商品。

1.3　人工智能的三大学派

人工智能可以分为三大学派：符号主义、连接主义、行为主义。

1.3.1　符号主义

符号主义又称逻辑主义（Logicism）。持该观点的科学家认为人工智能源于数理逻辑，主张用计算机科学的方法研究人工智能。

数理逻辑从19世纪末得以迅速发展，到20世纪30年代开始用于描述智能行为。计算机出现后，又在计算机上实现了逻辑演绎系统。其代表性成果为启发式程序LT逻辑理论家，它证明了38条数学定理，表现了可以应用计算机来研究人的思维过程，模拟人类智能活动。正是这些符号主义者，在1956年首先采用“人工智能”这个术语。后来又发展了启发式算法、专家系统和知识工程理论与技术，并在20世纪80年代取得很大发展。符号主义曾长期一枝独秀，为人工智能的发展做出了重要贡献，尤其是专家系统的成功开发与应用，为人工智能走向工程应用和实现理论联系实际具有特别重要的意义。在人工智能的其他学派出现之后，符号主义仍然是人工智能的主流派别。这个学派的代表有纽厄尔、西蒙和尼尔森等。

符号主义的观点如下。

（1）人工智能的基本单元是符号，人类的认知过程是各种符号进行推理运算的过程。

（2）人是一个物理符号系统，计算机也是一个物理符号系统，因此，能用计算机来模拟人的智能行为。

（3）知识表示、知识推理、知识运用是人工智能的核心。

符号主义认为知识和概念可以用符号表示，认知就是符号处理过程，推理就是采用启发式知识及启发式搜索对问题求解的过程。

1.3.2　连接主义

连接主义又称仿生学派。持该观点的科学家认为人工智能源于仿生学，主张用生物学方法研究人工智能。此学派非常注重对人脑模型的研究。他们认为人类智能的基本单位是神经元，认知过程则是由神经元构成的网络的信息传递。其原理主要是神经网络以及神经网络间的连接机制及学习算法。

连接主义中，一个概念用一组数字、向量、矩阵或张量表示。概念由整个网络的特定激活模式表示。每个节点没有特定的意义，但是每个节点都参与了整个概念的表示。例如，在符号主义中，猫的概念可以由一个“猫节点”或表示猫的属性的一组节点表示，例如，“两只眼睛”“四条腿”“蓬松的”。但是，在连接主义中，各个节点并不表示特定的概念，要找到“猫节点”或“眼睛神经元”是不可能的。

1943年，生理学家麦卡洛克（McCulloch）和数理逻辑学家皮茨（Pitts）创立的脑模型奠定了该学派的理论基础，开创了用电子装置模仿人脑结构和功能的新途径。它从神经元开始进而研究神经网络模型和脑模型，开辟了人工智能的又一发展道路。20世纪60~70年代，连接主义尤其是对以感知机（Perceptron）为代表的脑模型的研究开始盛行。由于受到当时的理论模型、生物原型和技术条件的限制，脑模型研究在20世纪70年代后期至80年代初期落入低潮。直到霍普菲尔德（Hopfield）在1982年和1984年发表两篇重要论文，提出用硬件模拟神经网络以后，连接主义才重新抬头。1986年，鲁梅尔哈特等人提出多层网络中的BP算法。此后，连接主义势头大振，从模型到算法，从理论分析到工程实现，为神经网络计算机走向市场打下基础。现在，连接主义对人工神经网络的研究热情仍然较高，但研究成果没有预期的那样好。

1.3.3 行为主义

行为主义又称控制论学派。持该观点的科学家认为人工智能源于控制论，认为智能取决于感知和行动。该理论的核心是用控制替代知识表示。控制论思想早在20世纪40~50年代就成为时代思潮的重要部分。智能取决于感知和行动，提出智能行为的“感知—动作”模式。该学派认为：智能不需要知识、不需要表示、不需要推理；人工智能可以像人类智能一样逐步进化；智能行为只能在现实世界中，通过与周围环境的不断交互而表现出来。

麦卡洛克等人提出的控制论和自组织系统以及钱学森等人提出的工程控制论和生物控制论，影响了许多领域。控制论把神经系统的工作原理与信息理论、控制理论、逻辑以及计算机联系起来。早期的研究工作重点是模拟人在控制过程中的智能行为和作用，如对自寻优、自适应、自镇定、自组织和自学习等控制论系统的研究，并进行“控制论动物”的研制。到20世纪60~70年代，上述这些控制论系统的研究取得了一定进展，播下了智能控制和智能机器人的种子，并在20世纪80年代诞生了智能控制和智能机器人系统。行为主义是20世纪末才以人工智能新学派的面孔出现的，引起了许多人的兴趣。这一学派的代表作首推布鲁克斯（Brook）的六足行走机器人，它被看作是新一代的“控制论动物”，是一个基于感知—动作模式模拟昆虫行为的控制系统。

1.4 人工智能的要素

人工智能的四要素是数据、算力、算法、场景。人工智能的智能都蕴含在大数据中。算力为人工智能提供了基本的计算能力的支撑；算法是实现人工智能的根本途径，是挖掘数据智能的有效方法；大数据、算力、算法作为输入，只有在实际的场景中进行输出，才能体现出实际的价值。要满足这四要素，需要将人工智能与云计算、大数据和物联网结合。

1. 数据

数据是人工智能的基础。人工智能最主要的工作是训练数据，就如同人类的学习，如果要获取一定的技能，必须经过不断地训练才能熟能生巧。人工智能也是如此，只有经过大量训练的模型才能总结出规律，应用到新的样本上。如果现实中出现了训练集中从未有过的场景，则模型预测的正确率会降低。比如需要识别勺子，但训练集中勺子总和碗一起出现，网络很可能学到的是碗的特征，如果新的图片只有碗，没有勺子，依然很可能被分类为勺子。因此，对于人工智能而言，大量的数据太重要了，而且需要覆盖各种可能的场景，这样才能得到一个表现良好的模型，即看起来更智能。

现在的移动互联网、物联网可以产生足够多的数据。

2. 算力

有了数据之后，需要对数据进行不断训练，而且现在的人工智能模型都比较大。海量的数据，大的人工智能模型，都需要强大的算力来支撑。不仅仅是训练，在推理过程中，同样需要算力的支持。例如，在自动驾驶中，我们希望能快速准确识别出车前方的目标障碍物，识别速度就是一个很重要的指标，要求能实时识别。如果没有强大的算力支撑，上述目标就无法实现。

现在可以通过服务器、高性能芯片来提供对算力的支撑，一般是通过云计算实现。

3. 算法

算法是人工智能的核心。只有算法有了突破，人工智能才有未来。当前主流的算法主要分为传统的机器学习算法和神经网络算法。神经网络算法快速发展，近年来因为深度学习的发展而达到高潮。人工智能进入到增长爆发期的里程碑事件是 2016 年 AlphaGo 击败人类围棋世界冠军，而 AlphaGo 所采用的算法就属于深度学习算法。

数据、算力、算法是人工智能最基本的要素，三者缺一不可。例如，多层神经网络在 1969 年出现，但直到 2010 年随着算力和云计算的发展才商业化落地。深度学习算法本身是建构在大样本数据基础上的（概率统计），而且数据越多，数据质量越好，算法结果表现得也越好。

4. 场景

只有在具体场景中，人工智能才有意义。数据要从场景中获得，算力的支撑要在场景中实现，算法也要在场景中优化适配。打个比方，对于炒菜来说，数据就是炒菜需要的食材，算力就是烹饪的灶台厨具，算法就是菜谱，但是炒菜的目的是最终享用，或者在饭店、在家里、在餐厅食堂等，只有将炒菜放置在一个具体场景，炒菜才有意义，而不会只为了炒菜而炒菜。

1.5 人工智能的主要技术方向

人工智能的主要技术方向有三个：计算机视觉、语音处理、自然语言处理。

（1）计算机视觉是研究如何让计算机“看”的科学。

（2）语音处理是研究语音发声过程、语音信号的统计特性、语音识别、机器合成以及语音感知等各种处理技术的统称。

（3）自然语言处理是利用计算机技术来理解并运用自然语言的科学。

1. 计算机视觉

计算机视觉中的大部分理论运用了人工智能的技术。人工智能的发展离不开计算机视觉，计算机视觉中的很多应用问题给人工智能技术提供了研究方向。

人工智能在计算机视觉中最成熟的技术方向是图像识别，它实现了如何让机器理解图像中的内容。

计算机视觉在广义上是和图像相关的技术总称。包括图像的采集获取，图像的压缩编码，图像的存储和传输，图像的合成，三维图像重建，图像增强，图像修复，图像的分类和识别，目标的检测、跟踪、表达和描述，特征提取，图像的显示和输出等。

计算机视觉技术已经在许多领域得到了广泛的应用，例如公安安防、生物医学、文字处理、国防军事、智能交通、休闲娱乐等领域。未来计算机视觉有望进入自主理解、分析决策的高级阶段，真正赋予机器“看”的能力，在无人驾驶汽车、智能家居等场景发挥更大的价值。

2. 语音处理

语音处理研究的主题主要包括语音识别、语音合成、语音唤醒、声纹识别、音频事件检测等。其中最成熟的技术是语音识别，在安静室内、近场识别的前提下能达到96%的识别准确度。

语音识别技术就是让机器通过识别和理解把语音信号转换为相应的文本或命令的技术。语音识别技术所涉及的领域包括：信号处理、模式识别、概率论和信息论、发声机理和听觉机理、人工智能等。

语音合成，又称文语转换技术，能将任意文字信息转化为相应语音朗读出来。语音合成涉及声学、语言学、数字信号处理、计算机科学等多个学科技术，是中文信息处理领域的一项前沿技术。

3. 自然语言处理

自然语言处理是利用计算机对人类特有的书面形式和口头形式的自然语言的信息，进行各种类型处理和加工的技术。

自然语言处理可以定义为研究在人与人交际中以及在人与计算机交际中的语言问题的一门学科。自然语言处理要研制表示语言能力和语言应用的模型，建立计算框架来实现这样的语言模型，提出相应的方法来不断完善这样的语言模型，根据这样的语言模型设计各种实用系统，并探讨这些实用系统的评测技术。

自然语言处理研究的主题主要包括机器翻译、文本挖掘和情感分析等。自然语言处理的技术难度高，技术成熟度较低。因为语义的复杂度高，仅靠目前基于大数据、并行计算的深度学习还很难达到人类的理解层次。

未来语音处理有望从只能理解浅层语义到能自动提取特征并理解深层语义；从单一智能（ML）到混合智能（机器学习 ML、深度学习 DL、强化学习 RL）。

1.6 人工智能的应用领域

从人工智能的技术方向不难看出，人工智能的应用领域非常广泛，几乎会影响到所有行业，这里简单介绍几个。

1. 无人驾驶

近年来受到广泛关注的无人驾驶技术，就是依靠车内的以计算机系统为主的智能驾驶仪实现的。无人驾驶汽车能够自动控制驾驶以及辨别前方障碍物等。

根据美国汽车工程师协会（SAE）将自动驾驶按照车辆行驶对于系统依赖程度分为 L0~L5 六个级别，L0 为车辆行驶完全依赖驾驶员操纵，L3 级以上系统即可在特定情况下实现驾驶员脱手操作，而 L5 级则是完全自动技术，人们完全不用操控车辆，甚至不用坐在驾驶座位上。

目前商业化乘用车车型中仅有少部分车型可实现 L2、L3 级，而 L4、L5 级自动驾驶预计将会率先在封闭园区中的商用车平台上实现应用落地，更广泛的乘用车平台高级别自动驾驶，需要伴随着技术、政策、基础设施建设的进一步完善，预计在2025~2030年以后才会出现在一般道路上。

2. 智能医疗

利用人工智能技术，可以让机器“学习”专业的医疗知识，“记忆”大量的历史病例，用计算机视觉技术识别医学图像，为医生提供可靠高效的智能助手。

可以快速研发个性化药物，辅助生物医学研究者进行研究，实现医学图像识别、标注、影像三维重建，通过进行辅助诊疗和基因测序预测疾病风险等。

3. 智能安防

安防是人工智能最易落地的领域，目前发展也较为成熟。安防领域拥有海量的图像和视频数据，为人工智能算法和模型的训练提供了很好的基础。目前人工智能在安防领域主要包括警用和民用两个方向。

警用方面可以识别可疑人员、车辆分析、追踪嫌疑人、检索对比犯罪嫌疑人、重点场所门禁等。民用方面可以进行人脸识别打卡、潜在危险预警、家庭布防等。

4. 智能家居

智能家居基于物联网技术，由硬件、软件和云平台构成家居生态圈，为用户提供个性化生活服务，使家庭生活更便捷、舒适和安全。

用语音处理实现智能家居产品的控制，如调节空调温度、控制窗帘开关、照明系统声控等。

用计算机视觉技术实现家居安防，如面部或指纹识别解锁、实时智能摄像头监控、住宅非法入侵检测等。

借助机器学习和深度学习技术，根据智能音箱、智能电视的历史记录建立用户画像、并进行内容推荐等。

习题

一、单选题

1. 根据美国教育家、心理学家霍华德·加德纳（Howard Gardner）提出的多元智能理论，人类的智能可以分成七个范畴，以下哪项不属于这七个范畴？（　　）

A. 音乐智能　　B. 空间智能

C. 计算智能　　D. 语言智能

2. “计算机之父”及“人工智能之父”是________？（　　）

A. 尼尔森（N. J. Nilsson）　　B. 艾伦·图灵（Alan M. Turing）

C. 马文·闵斯基（Marvin Lee Minsky）　　D. 约翰·麦卡锡（John McCarthy）

3. 人工智能发展过程中的三大学派不包括：（　　）。

A. 符号主义　　B. 连接主义

C. 行为主义　　D. 逻辑主义

4. “一个概念用一组数字、向量、矩阵或张量表示，各个节点并不表示特定的概念。”

描述了哪个学派？（　　）

A. 符号主义　　B. 连接主义

C. 行为主义　　D. 逻辑主义

5. 人工智能的四要素是数据、算力、算法、场景。其中________是基础。（　　）

A. 算力　　B. 算法

C. 场景　　D. 数据

6. 下列哪项不属于人工智能主要的三个技术方向？（　　）

A. 计算机视觉　　B. 语音处理

C. 自然语言处理　　D. 大数据分析

7. 根据美国汽车工程师协会（SAE）将自动驾驶按照车辆行驶对于系统依赖程度的级别进行划分，在全场景下车辆行驶完全实现对系统的依赖属于哪一级别？（　　）

A. L4　　B. L5

C. L6　　D. L7

8. 计算机视觉的主要应用领域中，不包含以下哪一个？（　　）

A. 文本挖掘　　B. 智能交通

C. 文字处理　　D. 公安安防

9. 智能医疗主要应用了人工智能中的哪一项技术？（　　）

A. 计算机视觉　　B. 语音处理

C. 自然语言处理　　D. 大数据分析

10. 下面哪一项主要应用自然语言处理技术？（　　）

A. 文字识别　　B. 信号处理

C. 情感分析　　D. 目标检测

二、判断题

1. 数理逻辑智能是指准确感知视觉空间及周围一切事物，并且能把所感觉到的形象以图画的形式表现出来的能力。（　　）

2. 人工智能是研究、开发用于模拟、延伸和扩展人的智能理论、方法、技术及应用系统的一门新的技术科学，它是计算机科学的一个分支。（　　）

3. 图灵测试是测试设备是否具有智能的一种测试方法。（　　）

4. 人工智能自诞生起经历了两次低谷。（　　）

5. 符号主义的落脚点是神经网络与深度学习。（　　）

6. 算力是人工智能的核心。（　　）

7. 语音处理是研究语音发声过程、语音信号的统计特性、语音识别、机器合成以及语音感知等各种处理技术的统称。（　　）

8. 深度学习算法本身是建构在大样本数据基础上的，而且数据越多，数据质量越好，算法结果表现越好。（　　）

9. 智能家居的应用不包含自然语言处理技术。（　　）

10. 智能安防领域主要应用了计算机视觉技术。（　　）

三、简答题

1. 说说你理解中的人工智能。
2. 谈谈对图灵测试的理解。
3. 人工智能的四要素是什么？
4. 谈谈对人工智能三大学派的理解。
5. 人工智能的三大技术方向是什么？
6. 讲述你生活中见到的人工智能应用。

第2章 知 识 表 示

人类使用自然语言作为知识表示的工具，自然语言是人类进行思维活动的主要信息载体，可以理解为人类的知识表示的载体。为使计算机能够像人类一样进行合理的思考推理，就需要一种方法在计算机内部表示并存储知识，这样计算机才能使用知识来进行思考推理、解决问题。本章首先介绍知识的概念、知识表示的要求，然后讨论几种知识表示的方法。

2.1 有关知识的概述

传统人工智能主要运用知识进行问题求解。从实用观点看，人工智能是一门知识工程学，即以知识为对象，研究知识的表示方法、知识的应用和知识获取。知识表示、知识推理、知识应用是人工智能课程的三大内容，知识表示是学习人工智能其他内容的基础。

人工智能发展至今，产生了多种知识表示方法，不同的知识表示方法有不同的特点和不同的问题解决方法。例如，受人们对复杂问题往往采用探索方法的启发，形成了状态空间表示法，通过把问题的状态描述出来，并合理地设计搜索步骤，逐步获得目标状态；在一阶谓词逻辑的基础上建立谓词逻辑表示法，并利用逻辑运算方法研究推理的规律，进而进行推理；由人类联想记忆启发提出的一种心理学模型也应用在人工智能领域，即语义网络表示法，同时为了适应互联网时代的大量数据，形成了知识图谱这种工具。

接下来将介绍这些不同的知识表示方法以及它们各自的特点。

2.1.1 什么是知识

知识的相关内容如下。

1. 知识的概念

当人们需要解决某一个问题的时候，需要首先了解这个问题所包含的信息，并且搜集解决这些问题所需要的其他信息，然后根据这些信息做出下一步的决策来解决问题。通常称解决问题过程中需要的，经过整理、加工、解释的信息为知识。人类的智能活动过程主要是一个获得并运用知识的过程，知识是人类进行一切智能活动的基础。尽管人们在不同的应用背景下对知识有不同的理解，并且对知识没有形成一致的、严格的定义，但是，可以认为知识是人们在长期的实践中积累的，能够反映客观世界中事物之间关系的认知和经验。

2. 知识、信息、事实、数据之间的关系

数据可以是没有附加任何意义或单位的数字或符号。事实是具有单位的数字。信息则将客观事实转化为意义。最终，知识是高阶的信息表示和处理，方便做出复杂的决策和理解。例如，“2”是一个数据，“2 米”是一个事实，“他身高 2 米”是一个信息，“他身高 2 米，打篮球比较有优势”则是知识。

3. 知识的分类

不同的角度和背景下，知识有不同的划分。

按知识的作用范围可以分为常识性知识和领域性知识。常识性知识是指通用的知识，即人们普遍知道的、适用于所有领域的知识。领域性知识是指面向某个具体领域的专业性知识，一般情况下，这些知识只有该领域的专业人员才能掌握和运用它。

按知识的作用效果可以分为叙述性知识、过程性知识和控制性知识。叙述性知识是关于世界的事实性知识，它描述的是“是什么?”“为什么?”的问题。过程性知识是描述在问题求解过程中所需要的操作、算法或行为规律性的知识，它主要描述“怎么做?”的问题。控制性知识是关于如何使用前两种知识去学习和解决问题的知识。

按知识的结构及表现形式可以分为逻辑性知识和形象性知识。逻辑性知识是指反映人类逻辑思维过程的知识，一般都具有因果关系及难以精确描述的特点。形象性知识是指通过形象思维获得的知识。例如，树是什么样子的? 如果用文字描述，可能很难让没见过树的人获得关于树的概念，但是通过照片或真实的树，就可以获得形象性知识。

按知识的确定性可以分为确定性知识和非确定性（模糊性）知识。确定性知识是确定地给出它的真值为“真”或“假”的知识，这些知识是可以精确表示的知识。非确定性知识是指具有“非确定性”的知识，这种非确定性包括不完备性、不精确性和模糊性。其中不完备性是指在解决问题时，不具备解决该问题所需要的全部知识；不精确性是指知识既不能完全确定为真，也不能完全确定为假；模糊性是指知识的“边界”不明确。

2.1.2 知识表示

人们通过应用知识来解决问题，在解决问题的过程中，知识是以人为主体的。自然语言是人类进行思维活动的主要信息载体，可以理解为人类的知识表示的载体。为使计算机能够像人类一样进行合理的思考推理，一种典型的需求是将自然语言所承载的知识输入到计算机，然后计算机才能根据已有的知识进行问题求解。

使用计算机求解问题的完整过程如下。首先对实际问题进行建模，然后基于此模型实现面向机器的符号表示（一种数据结构），计算机使用知识对符号流进行处理，完成问题的推理、求解，再经过模型还原，最后得到基于自然语言表示的问题的解决方案。其中面向机器的符号表示就是把自然语言这种知识表示转化为机器能够识别的知识表示（一种数据结构），这种数据结构也就是我们研究的知识表示问题。

知识表示就是指将知识符号化并输入计算机的过程和方法。它包含两层含义。

（1）用给定的知识结构，按一定的原则、组织表示知识。

（2）解释知识表示体所表示知识的含义。

对知识表示的要求可以从以下四个方面考虑。

1. 表示能力

知识的表示能力是指能否正确、有效地将问题求解所需要的各种知识表示出来。它包括三个方面：一是知识表示范围的广泛性，二是领域知识表示的高效性，三是对非确定性知识表示的支持程度。

2. 可利用性

知识的可利用性是指通过使用知识进行推理，从而求得问题的解。它包括对推理的适应性和对高效算法的支持性。推理是指根据问题的已知事实，通过使用存储在计算机中的知识推出新的事实、结论或执行某个操作的步骤。对高效算法的支持性是指知识表示要能够获得较高的处理效率。

3. 可组织性与可维护性

知识的可组织性是指把有关知识按照某种组织方式组成一种知识结构。知识的可维护性是指在保证知识的一致性与完整性的前提下，对知识所进行的增加、删除、修改等操作。

4. 可理解性和可实现性

知识的可理解性是指所表示的知识应易读、易懂、易获取、易维护。知识的可实现性是指知识表示要便于在计算机上实现，便于直接由计算机进行处理。

不同的知识表示方法有不同的特点，人工智能活动中应当根据以下要求选择合适的知识表示方法。

(1) 合适性：所采用的知识表示方法应该恰好适合问题的处理和求解，即表示方法不能过于简单，从而导致不能胜任问题的求解；也不宜过于复杂，从而导致处理过程做了大量无用功。

(2) 高效性：求解算法对所用的知识表示方法应该是高效的，对知识的检索也应该能保证是高效的。

(3) 可理解性：在既定的知识表示方法下，知识易于被用户所理解，或者易于转换为自然语言。

(4) 无二义性：知识所表示的结果应该是唯一的，对用户来说是无二义的。

2.2 状态空间表示法

问题求解是人工智能中研究得较早且较成熟的一个领域。人工智能早期的研究目的是想通过计算技术来求解这样的问题：它们不存在已知的求解算法或求解方法比较复杂，而人使用自身的智能都能较好地求解，人们在分析和研究了人运用智能求解的方法之后，发现许多问题的求解方法都是采用试探性的搜索方法。为模拟这些试探性的问题求解过程而发展的一种技术就称为搜索。在现实世界中，许多实际问题的求解都是采用试探搜索方法来实现的。

利用搜索来求解问题是在某个可能的解空间内寻找一个解，因此首先要有一种恰当的解空间的表示方法。一般把这种可能的解或解的一个步骤表示为一个状态，这些状态的全体形成一个状态空间，然后在这个状态空间中以相应的搜索算法为基础来表示和求解问题。这种基于状态空间的问题表示和求解方法就是状态空间法，它是以状态和算符为基础来表示和求解问题的。使用状态空间法，许多涉及智力的问题求解过程可看成是在状态空间中的搜索。

使用状态空间法求解问题包含两个方面。一是问题的建模与表示，对问题进行有效的建模，并采用一种或多种适当的知识表示方法。如果表示方法不对，对问题求解会带来很大的困难。二是求解的方法，应当采用适当而有效的搜索推理方法来求解问题。

状态空间法有三个要素：状态、算符和状态空间方法。状态表示问题解法中每一步问题状况的数据结构。算符是把问题从一种状态变换为另一种状态的手段。状态空间方法就是基于解答空间的问题表示和求解方法，它是以状态与算符为基础来表示和求解问题的。

状态空间表示法就是在使用状态空间法对问题求解中应用的知识表示方法。

2.2.1 问题状态描述

在状态空间法中，状态是为描述某些不同事物间的差别而引入的一组最少变量 $q_0, q_1, q_2, \cdots, q_n$ 的有序集合，其形式为：

$$Q = \{q_0, q_1, q_2, \cdots, q_i\}$$

其中，每个元素 q_i 称为状态变量。为每个状态变量给定一个值，就得到具体的状态。

使问题从一种状态变换为另一种状态的手段称为操作符或算子。操作符可能是某种动作、过程、规则、数学算子、运算符号或逻辑运算符等。

问题的状态空间是一个表示该问题全部可能状态及其关系的集合。它包含所有可能的问题初始状态集合 S、操作符集合 F 以及目标状态集合 G。因此，可以把状态空间记为三元组（S,F,G），其中 $S \subset Q$，$G \subset Q$。把初始状态可达到的各种状态所组成的空间想象为一副由各种状态对应的节点组成的图，称为状态图。

下面用八数码（Puzzle Problem）难题来说明状态空间表示法。8 个编号为 1~8 的棋子，放置在 3×3 方格的棋盘上，棋子可以在棋盘上自由走动。棋盘上有一个方格是空的，空格周围的棋子可以移动到空格上。八数码难题如图 2.1 所示，即通过移动棋子，把所有的棋子按照从小到大的顺序排序。图 2.1 给出了两种棋局，即初始棋局和目标棋局，它们对应于下棋问题的初始状态和目标状态。

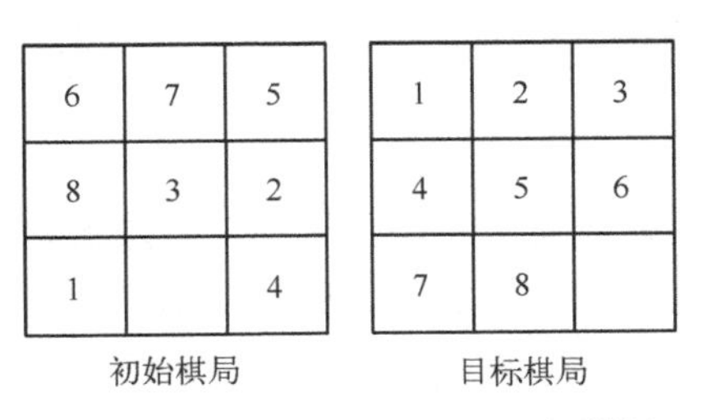

图 2.1　棋局的初始棋局和目标棋局

为了把初始棋局变换为目标棋局，需要使用合适的棋子移动的步骤序列，八数码难题最直接的求解方法是尝试各种不同的走步，直到偶然得到该目标棋局为止。从初始棋局开始，试探每一个可以移动的棋子以得到新的棋局状态，然后在这一状态的基础上试探移动下一个棋子，直到达到目标棋局为止。这里将由初始棋局移动棋子可以达到的各种棋局状态组成的空间设想为由一副各种状态对应的节点组成的图，该图就称为此问题的状态图。图 2.2 所示的棋局状态转换说明了八数码难题状态图的一部分。图中每个节点有它所代表的棋局。首先把初始状态能够适用的棋子移动步骤（即算符）作用于初始状态，产生一个新的状态后再把新的状态下的适用算符用于这些新的状态。这样继续下去直到产生目标状态为止。图 2.2 中第一个状态下可以适用的步骤有三个：把“1”向右移动一格；把“3”向下移动一格；把“4”向左移动一格。

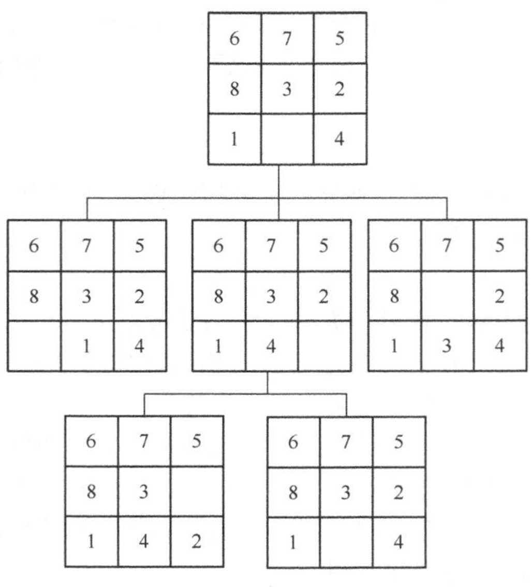

图 2.2　棋局的状态转换

2.2.2　状态图表示法

状态图表示法有显式表示和隐式表示两种。为了描述这两种表示方法，需要首先了解图论中关于图的一些概念，这里仅介绍这些概念的基本内容。

（1）节点：图形上的汇合点，用来表示状态、事件和时间关系的汇合，也可用来指示通路的汇合。

（2）弧线：节点间的连接线。

（3）有向图：一对节点用弧线连接起来，从一个节点指向另一个节点。

（4）后继节点与父辈节点：如果某条弧线从节点 n_i 指向 n_j，那么节点 n_j 就叫作节点 n_i 的后继节点或后裔，而节点 n_i 叫作节点 n_j 的父辈节点或祖先。

（5）路径：对于某个节点序列（$n_{i1}, n_{i2}, \cdots, n_{ij}$），当 $j=2,3,\cdots,k$ 时，如果对每一个 $n_{i,j-1}$ 都有一个后继节点 n_{ij} 存在，那么就把这个节点序列叫作从节点 n_{i1} 至节点 n_{ik} 的长度为 k 的路径。

（6）代价：用 $c(n_i, c_j)$ 表示从节点 n_i 指向节点 n_j 的那段弧线的代价。两节点间路径的代价等于连接该路径上各节点所有弧线代价之和。

（7）显式表示：各个节点及其具有代价的弧线由一张表明确给出。此表可能列出该图中的每一个节点、该节点的后继节点以及连接弧线的代价。

（8）隐式表示：节点的无限集合 $\{s_i\}$ 作为起始节点是已知的。后继节点算符 Γ 也是已知的，它能作用于任意节点以产生该节点的全部后继节点和各连接弧线的代价。

一个图可以显式表示也可以隐式表示。显然，显式表示对于大型的图是不切实际的，而对于具有无限节点集合的图则是不可能的。这里，引入后继节点算符的概念可以解决这类的问题。把后继算符应用于集合 $\{s_i\}$ 的成员和它们的后继节点以及这些后继节点的后继节点，如此无限地进行下去，最后将使得由 Γ 和 $\{s_i\}$ 所规定的隐式图变为显式图。把后继算符应用于节点的过程，就是拓展一个节点的过程。因此，搜索某个状态空间以求得算符序列的一个解答的过程，就对应于使隐式图足够大、一部分变为显式图以便包含目标的过程。这样的搜索图是状态空间问题求解的主要基础。

问题的表示对求解工作量有很大的影响。人们显然希望有较小的状态空间表示。许多似乎很难回答的问题，适当表示时就可能具有小而简单的状态空间。

2.3 谓词逻辑表示法

谓词逻辑表示法是人工智能领域中使用最早和最广泛的知识表示方法之一。

逻辑有多种形式，通常一种逻辑形式中应当包含有语法、语义、蕴含三个要素。语法是为所有合法语句给出的规范。语法的概念在普通算术中相当明确。例如，“x+y=4”是合法语句，而“xy=+4”则不是。逻辑还必须定义语言的语义，也就是语句的含义。语义定义了每个语句在每个模型（可能发生的真实环境的抽象）的真值。例如，算术的语义规范了语句“x+y=4”在 x=2、y=2 的情况下为真，而在 x=1、y=1 的情况下为假。标准逻辑中，每个语句在每个可能环境中非真即假，不存在中间状态。如果语句 α 在模型 m 中为真，称 m 满足 α，有时也称 m 是 α 的一个模型。使用 $M(\alpha)$ 来表示所有模型。在真值的基础上引申出语句间的逻辑蕴含（Entailment）关系，即某个语句逻辑上跟随另一个语句。用数学符号表示为：

$$\alpha \mid = \beta$$

表示语句 α 蕴含语句 β。蕴含的形式化定位是：当且仅当在使 α 为真的每个模型中，β 也为真。利用刚刚引入的表示，可以记为：

$$\alpha \mid = \beta \text{ 当且仅当 } M(\alpha) \subseteq M(\alpha)$$

这里要注意⊆的方向。如果 $\alpha \mid = \beta$，那么 α 是比 β 更强的断言，它排除了更多的可能情况。蕴含关系与算术关系类似，语句 x=0 蕴含了 xy=0。显然在任何 x=0 的模型中，xy 的值都是 0。

人工智能中用到的逻辑可以概括为两大类。一类是经典逻辑和一阶谓词逻辑，特点是任何一个命题的真值或者为“真”，或者为“假”，两者必居其一。另一类是泛指除经典逻辑外的所有逻辑，主要包括三值逻辑、多值逻辑、模糊逻辑、模态逻辑及时态逻辑等。

命题逻辑和谓词逻辑是最先应用于人工智能的两种逻辑，对于知识的形式化表示，特别是定理的证明发挥了重要作用。谓词逻辑是在命题逻辑的基础上发展起来的，命题逻辑可看作是谓词逻辑的一种特殊形式。

2.3.1 谓词逻辑表示法的逻辑基础

使用谓词逻辑知识表示法表示知识需要熟悉一些逻辑基础，主要包括命题、谓词、连词、量词、谓词公式等。

命题是具有真假意义的语句。命题代表人们进行思维时的一种判断，若命题的意义为真，称它的真值为真，记作 T；若命题的意义为假，称它的真值为假，记作 F。

一个命题不能同时既为真又为假，但可以在一种条件下为真，在另一种条件下为假。没有真假意义的语句（如感叹句、疑问句等）则不是命题。例如，“1+1=10”在二进制的情况下是真值为 T 的命题，但在十进制情况下却是真值为 F 的命题。而“今天天气真好啊!”

不是命题。通常用大写的英文字母表示一个命题。

命题逻辑有较大的局限性，无法把它描述的客观事物的结构及逻辑特征反映出来，也不能把不同事务间的共同特征表示出来。例如，“张三是学生”“李四也是学生”这两个命题，用命题逻辑表示时，无法把两者的共同特征形式地表示出来。于是在命题逻辑的基础上发展出谓词逻辑。

在谓词逻辑中，命题是用谓词来表示的，一个谓词可分为谓词名与个体两个部分。个体表示某个独立存在的事物或者某个抽象的概念；谓词名用于刻画个体的性质、状态或个体间的关系。例如，对于“张三是学生”这个命题，用谓词可表示为“STUDENT(zhang)”。其中，“STUDENT”是谓词名，“zhang”是个体，“STUDENT”刻画了“zhang”的职业是学生这一特征。通常，谓词用大写英文字母表示，个体用小写英文字母表示。

个体变元的取值范围称为个体域。个体域可以是有限的，也可以是无限的。例如，用I(x)表示“x是整数”，则个体域是所有整数。在谓词中个体可以是常量，也可以是变元，还可以是一个函数。例如，对于“x>10”可以表示为“MORE(x,10)”，其中“x”是变元。如“小张的父亲是老师”，可以表示为“TEACHER(FATHER(zhang))”，其中“FATHER(zhang)”就是一个函数。

谓词和函数虽然形式上很相似，但它们是完全不同的两个概念。谓词的真值是真或假，而函数无真值可言，函数的值是个体域中的某个个体。谓词实现的是个体域中的个体到T或F的映射，而函数实现的是同一个体域中从一个个体到另一个个体的映射。在谓词逻辑中，函数是以个体的作用来出现的。

谓词可定义如下。

定义 设D是个体域，$P:D^n\to\{T,F\}$是一个映射，其中$D^n=\{(x_1,x_2,\cdots,x_n)\mid x_1,x_2,\cdots,x_n\in D\}$，则称$P$是一个$n$元谓词($n=1,2,\cdots$)，记为$P(x_1,x_2,\cdots,x_n)$，其中$x_1,x_2,\cdots,x_n$是个体变元。

函数可定义如下。

定义 设D是个体域，$P:D^n\to D$是一个映射，则称f是D上的一个n元函数，记为

$$f(x_1,x_2,\cdots,x_n)$$

式中，$x_1,x_2,\cdots,x_n$是个体变元。

在谓词$P(x_1,x_2,\cdots,x_n)$中，如果$x_i(i=1,2,\cdots,n)$都是个体常量、变元或函数，则称它为一阶谓词。如果某个x_i本身又是一个一阶谓词，则称它为二阶谓词。

2.3.2 连接词和量词

通过连接词可以把一些简单命题连接起来构成一个复合命题，以表示一个复杂含义。连接词包括以下五种。

(1)“¬”：称为“非”或“否定”。表示对后面的问题的否定，使该命题的真值与原来相反。当命题P为真时¬P为假；当P为假时¬P为真。

(2)“∨”：称为“析取”。表示被它连接的两个命题具有“或”的关系。

(3)“∧”：称为“合取”。表示被它连接的两个命题具有“与”的关系。

(4)“→”：称为“条件”或“蕴含”。“P→Q”表示“P蕴含Q”，即“如果P，则Q”，其中P称为条件的前件，Q称为条件的后件。

（5）“↔”：称为“双条件”，也称为“等价”。对命题“P”和“Q”，“P↔Q”表示“P 当且仅当 Q”。

在谓词公式中，连接词具有优先级别，连接的优先顺序分别是“¬”“∨”“∧”“→”“↔”。命题公式是谓词公式的一种特殊情况，也可以用连接词把单个命题连接起来构成命题公式。

量词是由量词符号和被其量化的变元组成的表达式。为刻画谓词与个体间的关系，在谓词逻辑中引入了两个量词符号，一个是全称量词符号“∀”，它表示“对个体域中的所有（或任一个）个体 x”；另一个是存在量词“∃”，它表示在个体域中“至少存在一个”。

谓词逻辑的表达式也称为谓词公式（也称合式公式）。合式公式是由原子公式、连接词和量词组成的。原子公式是最基本的合式公式，它由谓词、括号和括号中的个体组成，其中的个体可以是常数、变元或函数。通过连接词把原子公式组成为较复杂的合式公式。在合式公式中通过量词对变量加以说明，这种说明称为量化。合式公式中经过量化的变量称为约束变量，否则称为自由变量。

2.3.3 谓词逻辑表示法的步骤

使用谓词逻辑表示法表示知识的步骤如下。

（1）定义谓词及个体，确定每个谓词及个体的确切含义。

（2）根据要表达的事物或概念，为谓词中的变元赋以特定的值。

（3）用适当的连接词连接各个谓词，形成谓词公式。

例如，用谓词逻辑表示下列信息。

李华是计算机系的一名学生。

李华喜欢编程。

计算机系的学生都喜欢编程。

首先定义谓词及个体。

CS(x)表示 x 是计算机系的学生。

L(x,z)表示 x 喜欢 z。

programming 表示编程这种行为。

这样可以用如下谓词公式表示上述内容。

CS(李华)

L(李华,programming)

$(\forall x)(CS(x) \rightarrow L(x, programming))$

2.3.4 谓词逻辑表示法的特点

谓词逻辑表示法是建立在一阶谓词逻辑的基础上，并利用逻辑运算方法研究推理的规律，即条件和结论之间的蕴含关系。谓词逻辑表示法有如下优点。

1. 自然性

一阶谓词逻辑是一种接近于自然语言的形式语言系统，谓词逻辑表示法接近人们对问题的直观理解，易于被人们接受。

2. 规范性

逻辑表示法对如何由简单陈述句构造复杂陈述句的方法有明确规定，如连接词、量词的用法和含义等。对于用逻辑表示法表示的知识，都可以按照一种规范来解释它，因此用这种方法表示的知识更明确。

3. 严密性

谓词逻辑是一种二值逻辑，其谓词公式的真值只有“真”和“假”，因此可以用来表示精确知识，其演绎推理严格，可以保证推理过程的严密，保证所得结论是精确的。

4. 模块化

在逻辑表示中，各条知识都是相对独立的，它们之间不直接发生联系，因此添加、删除、修改知识的工作比较容易进行。

谓词逻辑表示法有如下缺点。

（1）知识表示能力差。逻辑表示法只能表示确定性知识，不能表示非确定性知识。但是人类的大部分知识都不同程度地具有某种非确定性，这就使得逻辑表示法表示知识的范围和能力受到了限制。

（2）逻辑表示法所表示的知识属于表层知识，不易于表达过程性知识和启发式知识。

（3）组合爆炸。它把推理演算和知识的含义截然分开，抛弃了表达内容中所含有的语义信息，往往使推理难以深入。特别是当问题比较复杂、系统知识量大的时候，容易产生组合爆炸。

（4）系统效率低。逻辑表示法的推理过程是根据形式逻辑进行的。它把推理演算与知识含义截然分开，抛弃了表达知识中所含有的语义信息，往往使推理过程冗长，降低了系统效率。

2.4 语义网络表示法

语义网络是奎廉（J. R. Quillian）1968 年在研究人类联想记忆时提出的一种心理学模型。他认为记忆是由概念间的联系实现的。随后在他设计的可教式语言理解器（Teachable Language Comprehendent）中又把它用作知识表示方法。1972 年，西蒙（Simon）在他的自然语言理解系统中也采用了语义网络知识表示法。1975 年，亨德里克（Hendrix）又对全称量词的表示提出了语义网络分区技术。目前，语义网络已经成为人工智能中应用较多的一种知识表示方法，尤其是其在自然语言处理方面的应用。

2.4.1 语义基元

从结构上来看，语义网络一般由一些最基本的语义单元组成。这些最基本的语义单元被称为语义基元，可以用节点 1、弧、节点 2 三元组来表示。语义基元可以用图 2. 3a 所示的有向图来表示。其中 A 和 B 分别代表节点，而 R 则表示 A 和 B 之间的某种语义联系。当把多个语义基元用相应的语义联系关联在一起时，就形成了一个语义网络。如图 2. 3b 所示。

一个大的语义网络可以由多个语义基元组成，每个节点都可以是一个语义子网络，所以语义网络实质上是一种多层次的嵌套结构。

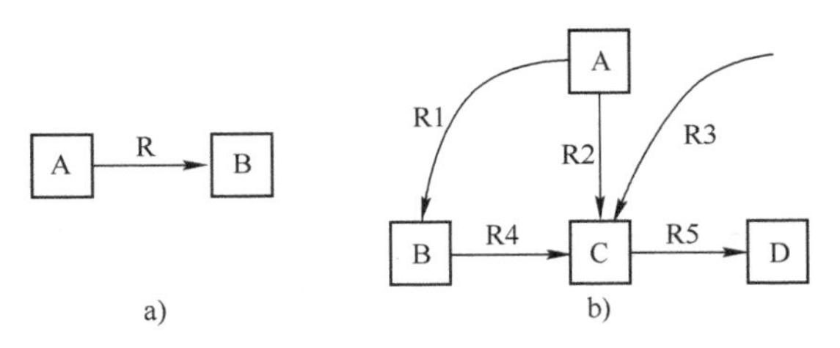

图 2.3　语义网络示例

2.4.2　语义网络中常用的语义关系

语义网络除了可以描述事物本身之外，还可以描述事物之间的错综复杂的关系。基本语义联系是构成复杂语义联系的基本单元，也是语义网络表示知识的基础，因此用一些基本的语义联系组合成任意复杂的语义联系是可以实现的。

由于语义联系的丰富性，不同应用系统所需的语义联系的种类及其解释也不尽相同。比较典型的语义联系如下。

1. 以个体为中心组织知识的语义联系

（1）实例联系 ISA

ISA 表示“是一个”，用于表示类节点与所属实例节点之间的联系。其表示事物间抽象概念上的类属关系，体现了一种具体与抽象的层次分类。具体层处于下方，抽象层处于上方，具体层上的节点可以继承抽象层节点的属性，如“李华是一名学生”，如图 2.4 所示。一个实例节点可以通过 ISA 与多个类节点相连接，多个实例节点也可以通过 ISA 与一个类节点相连接。

图 2.4　实例联系关系的语义网络示例

对概念进行有效分类有利于语义网络的组织和理解。将同一类实例节点中的共性成分在它们的类节点中加以描述，可以减少网络的复杂程度，增强知识的共享性。而不同的实例节点通过与类节点的联系，可以扩大实例节点之间的相关性，从而将分立的知识片段组织成语义丰富的知识网络结构。

（2）泛化联系 AKO

AKO 表示“是一种”类节点（如鸟）与更抽象的类节点（如动物）之间的联系，通常用 AKO 来表示。通过 AKO 可以将问题领域中的所有类节点组织成一个 AKO 层次网络。图 2.5 给出了动物分类系统中的部分概念类型之间的 AKO 联系描述。

泛化联系允许底层类型继承高层类型的属性，这样可以将公用属性抽象到较高层次。由于这些共享属性不需要在每个节点上重复，减少了对存储空间的要求。

（3）聚集联系 Part-of

聚集联系用于表示某一个体与其组成部分之间的联系，通常用 Part-of 表示。用 Part-of 连接的对象之间没有继承关系。比如“轮子是汽车的一部分”可表示为图 2.6 所示。

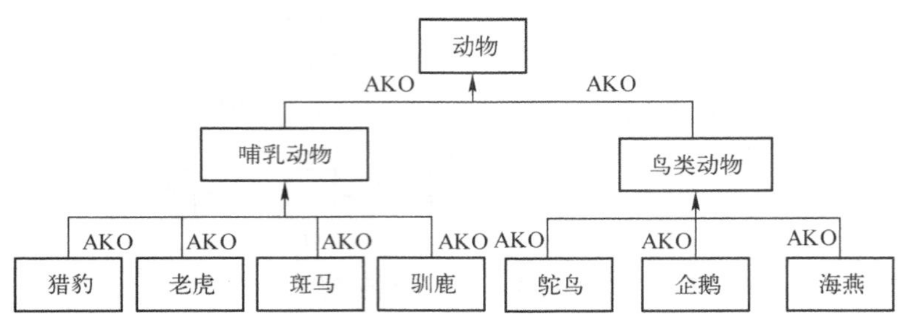

图 2.5　泛化联系的语义网络示例

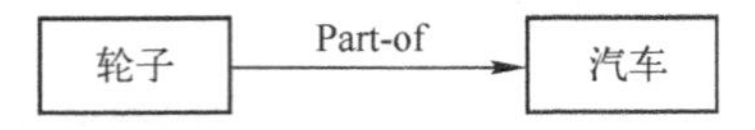

图 2.6　聚集联系的语义网络示例

（4）属性联系 IS

IS 联系用来表示对象的属性。通常用有向弧表示属性，用这些弧指向的节点表示各自的值。如图 2.7 所示，李丽是一名学生，性别为女，年龄为 16 岁。

2. 以谓词或联系为中心组织知识的语义联系

设有 n 元谓词或联系 $R(arg_1,\cdots,arg_n)$，arg_1 取值为 $a_1,\cdots,arg_n$ 取值为 a_n。把 R 化为等价的一组二元联系如下：

$arg_1(R,a_1),arg_2(R,a_2),\cdots,arg_n(R,a_n)$

因此，只要把联系 R 也作为语义节点，其对应的语义网络便可以表示为图 2.8 所示的形式。

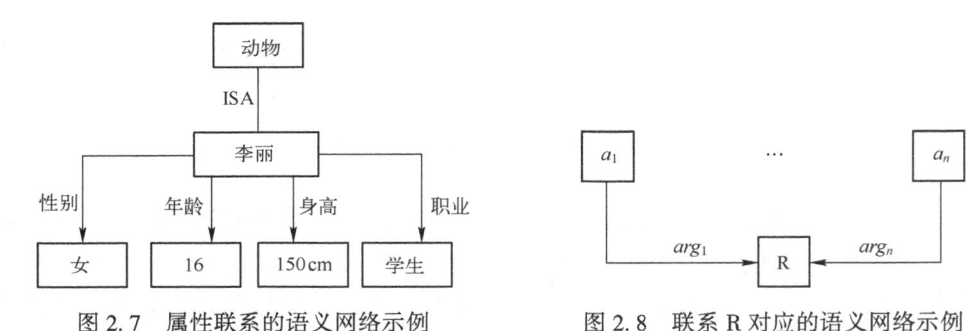

图 2.7　属性联系的语义网络示例

图 2.8　联系 R 对应的语义网络示例

2.4.3　语义网络的知识表示方法

语义网络是一种采用网络形式表示人类知识的方法。一个语义网络是一个带标识的有向图。其中带有标识的节点表示问题领域中的物体、概念、属性、状态、事件、动作或者态势。每个节点可以带有多个属性，表示其代表的对象的特性。在语义网络知识表示中，节点一般划分为实例节点和类节点两种类型。节点之间带有标识的有向弧表示节点之间的语义联系，弧的方向表示节点之间的主次关系且方向不能随意调换。

要用语义网络表示知识，首先要把表达的对象用一些节点表示出来，然后根据具体的环境来定义节点间的语义联系。知识有两大类：叙述性知识和过程性知识。

（1）叙述性知识。叙述性知识主要指有关领域内的概念、事实事物的属性、事物的状态及其关系。例如，“智能手机是一种通信工具”可以用语义网络表示成图 2.9 所示。

如前所述，每个节点还可拓展为新的基本网元。上面的语义网络还可以拓展为更为广泛复杂的形式。

图中连接弧上的标识“AKO”代表语义联系“是一种”。把语义网络画成层次形式，表示这些节点在实质上的层次关系，并且弧的箭头方向是指向上的，这就说明箭头所指的节点是上层节点，而出发的节点是下层节点。上层节点表示的对象更普通、范围更大，下层节点包含在上层节点的范围之内，继承了上层节点的所有性质，但是具有一些自身专有的特性。

（2）过程性知识。过程性知识表示一般用规则表示，例如“如果 A，那么 B”就是一条表示 A、B 之间因果关系的规则性知识，如果用 R_{AB}来表示“如果…，那么…”的语义联系，则上述知识可表示成图 2.10 所示。

图 2.9　叙述性知识表示　　　图 2.10　过程性知识表示示例

1. 连接词在语义网络中的表示方法

任何具有表达谓词公式能力的语义网络，除具备表达基本命题的能力之外，还必须具备表达命题之间的与、或、非以及“蕴含”关系的能力。

（1）合取。在语义网络中，合取命题通过引入与节点来表示。事实上这种合取关系网络就是由与节点引出的弧构成的多元关系网络。例如命题

```
GIVE(LiHua,WangQi,“War and Peace”) ∧ READ(LiHua,“War and Peace”)
```

可以表示为如图 2.11 所示的带“与”节点的语义网络。

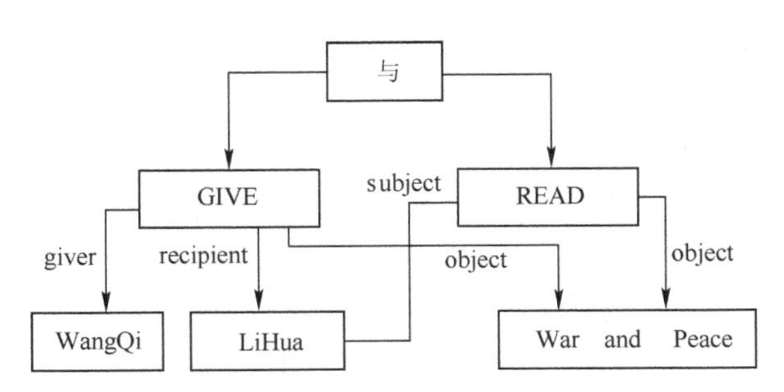

图 2.11　合取关系命题的语义网络示例

（2）析取。析取网络通过引入或节点表示。例如命题

```
WangQi is a student or LiHua is a teacher.
```

可以表示为如图 2.12 所示的带“或”节点的语义网络。

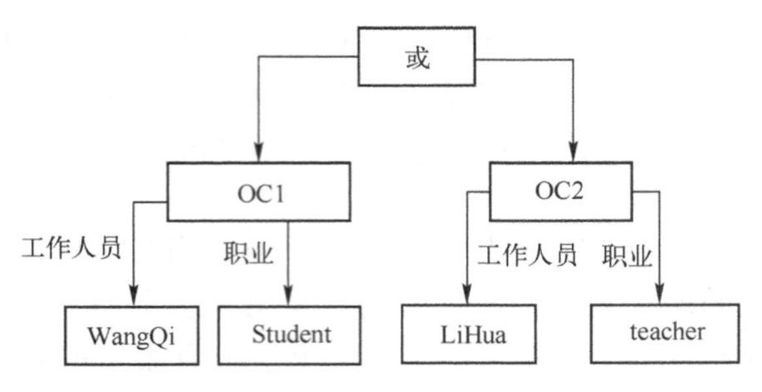

图 2.12　析取关系命题的语义网络示例

(3) 否定。在语义网络中，对于基本联系的否定，可以直接采用¬ISA，¬AKO 及¬Part-of 的有向弧来标注。对于一般情况，则需要通过引进非节点来表示。如图 2.13 所示。

图 2.13　否定关系命题的语义网络示例

(4) 蕴含。在语义网络中，通过引入蕴含关系来表示规则中前提条件与结果之间的因果联系。从蕴含关系节点出发，一条弧指向命题的前提条件，记为 ANTE，另一条弧指向该规则的结论，记为 CONSE。例如：

"如果明天天气晴朗，就去骑行"，可以表示为图 2.14 所示的语义网络。

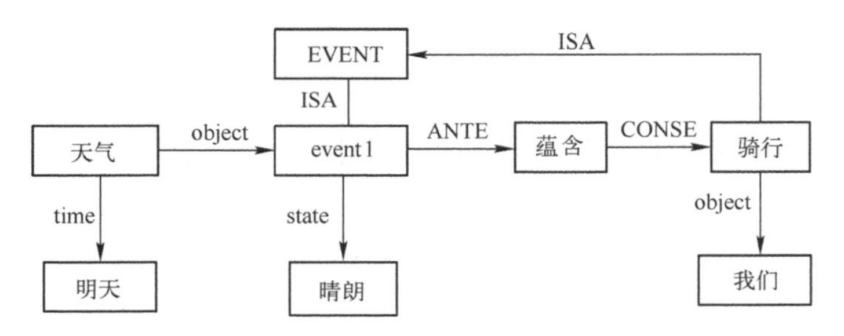

图 2.14　蕴含关系命题的语义网络示例

图 2.14 中，event1 表示天气晴朗事件，包含主体（object）属性、事件状态（state）属性、时间（time）属性。骑行也是一个事件，包含主体属性（object）。

2. 变元和量词在语义网络中的表示方法

存在量词在语义网络中直接用 ISA 弧表示，而全称量词就要用分块方法来表示。例如命题

The dog bit the postman.

命题中包含存在量词。图 2.15 给出了相应的语义网络。网络中 D 节点表示一特定的狗，P 表示一特定的邮递员，B 表示一特定的咬人事件。咬人事件 B 包括两部分，一部分是

攻击者（ASSAILANT），另一部分是受害者（VICTIM）。节点 D、B 和 P 都用 ISA 弧与概念节点 DOG、BITE、POSTMAN 相连，表示的是存在量词。

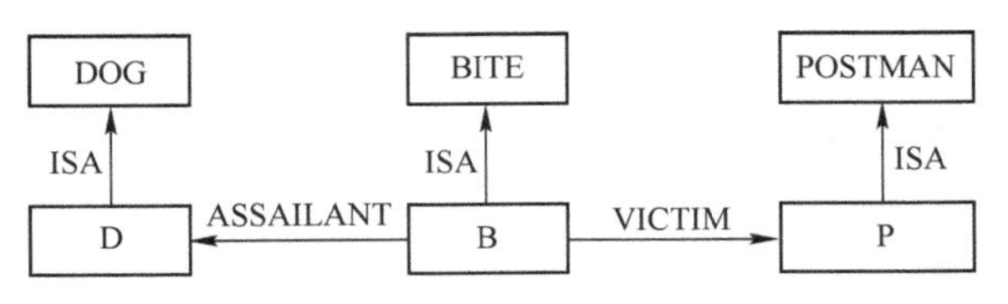

图 2.15　存在量词的语义网络示例

如果进一步表示

Every dog has bitten every postman.

这个事实，用谓词逻辑可表示为：

$$(\forall x)DOG(x)\rightarrow(\exists y)[POSTMAN(y)\wedge BITE(x,y)]$$

上述谓词公式中包含有全称量词。用语义网络来表示知识的主要困难之一是如何处理全称量词。一种方法是把语义网络分割成空间分层集合。每一个空间对应于一个或几个变量的范围。图 2.16 是上述事实的语义网络。其中，虚线所围的部分是一个特定的分割，表示一个断言 The dog has bitten the postman。

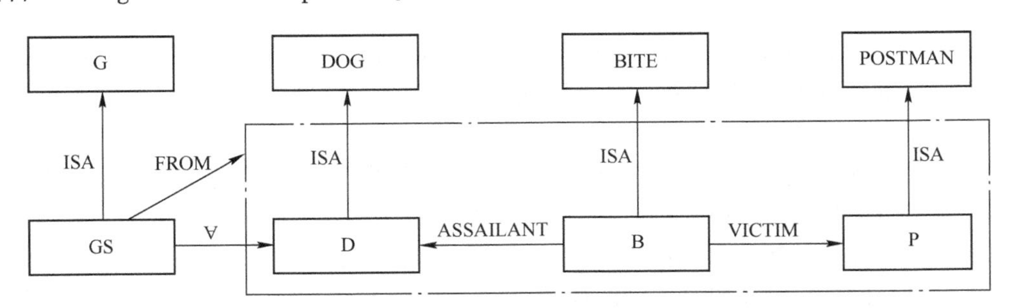

图 2.16　全称量词的语义网络示例

因为这里的狗应是指每一条狗，所以把这个特定的断言认作是断言 G。断言有两个部分：第一部分是断言本身，说明所断定的关系，称为格式（FROM）；第二部分代表全称量词的特殊弧∀，一个∀弧可表示一个全称量化的变量。GS 节点是一个概念节点，表示具有全称量化的一般事件，G 是 GS 的一个实例。在这个实例中，只有一个全称量化的变量 D，这个变量可代表 DOGS 这类物体的每一个成员，而其他两个变量 B 和 P 仍被理解为存在量化的变量。换句话说，这样的语义网络表示对每一条狗存在一个咬人事件 B 和一个邮递员 P，使得 D 是 B 中的攻击者（ASSAILANT），而 P 是受害者（VICTIM）。

同样，事实 Every dog has bitten every postman.

可以用图 2.17 表示。

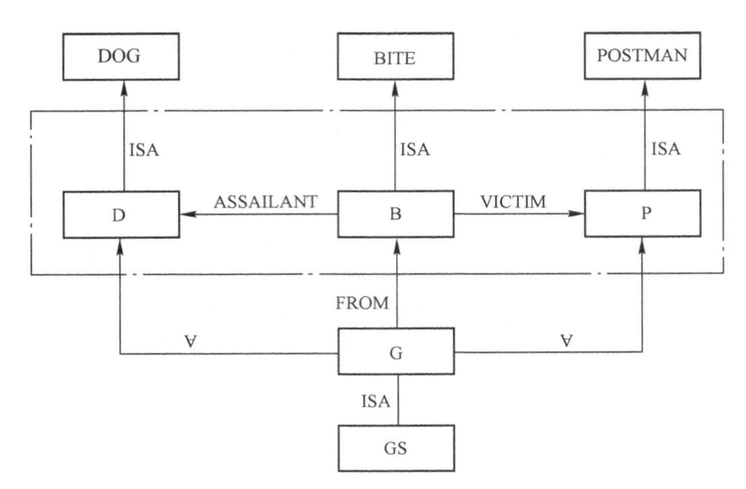

图 2.17　全称量词的语义网络示例

2.4.4　语义网络的推理过程

语义网络系统中的推理方法主要有两种：继承和匹配。

1. 继承推理

在语义网络中，有些层次的节点具有继承性，那么上层节点具有的性质下层节点也都具有。利用这些性质，可以由上层普通节点的性质推出下层特殊节点的性质。继承又分为值继承和过程继承两种。

（1）值继承。在由 ISA、AKO 联系的两层节点间，下层节点直接继承上层节点的属性，所以也称为“属性继承”。比如轿车是一种汽车，汽车有方向盘、轮子等，则轿车也有方向盘、轮子等。

（2）过程继承。过程继承又称为方法继承，此时下层节点的某些属性是上层节点没有的，但上层节点中指出了求解这种属性的方法，则下层节点可以继承这种方法，求出这种特殊的属性。如圆柱体的属性有底面半径 R 和高 H，计算体积的方法为 $W=\pi R^2H$。又如谷仓是一个圆柱体，圆柱形的砝码是一种圆柱体，它们的体积都不能从圆柱体直接继承，但是可利用圆柱体提供的方法计算出来。

2. 匹配推理

根据要求解的问题构造出一个局部网络称为求解网络，对其中某些节点或弧用变量进行标注，这些变量就是要求解的问题。

系统本身已具有一个知识库，知识库中存放的都是一些已知的语义网络。用求解网络搜索知识库，和知识库中的某些语义网络进行匹配，以便求得问题的解答。这种匹配不一定是完全的匹配，也可能是某种近似的匹配，这就需要考虑匹配的程度问题。

如求解网络和知识库中的语义网络相匹配，那么匹配的结果会把求解网络中的变量实例化，这种实例化的结果就是所求的解。

2.4.5　语义网络表示法的特点

语义网络表示法具有如下主要特点。

（1）结构性，与框架表示法一样，语义表示法也是一种结构化的知识表示方法。它能把事物的属性以及事物间的各种联系显式、明了、直观地表示出来。但是，框架表示法适合于比较固定的、典型的概念、事件和行为。而语义网络具有更强的灵活性。

（2）联想性，语义网络最初就是作为人类联想记忆模型提出来的，其表示方法着重强调事物间的语义联系。通过这些联系很容易找到与某一个节点有关的信息。这样不仅便于以联想的方式实现对系统的检索，使之具有记忆心理学中关于联想的特性，而且它所具有的这种自索引能力使之可以有效地避免搜索时可能遇到的组合爆炸问题。

（3）直观性，用语义网络表示知识更直观，更易于理解，适合于知识工程师与领域专家的沟通。从自然语言转换为语义网络也比较容易。

（4）非严格性，与谓词逻辑相比，语义网络没有公认的形式表示体系。语义网络结构的语义解释依赖于该结构的推理过程而没有固定的结构约定。所以，语义网络的推理结果不能保证像谓词逻辑那样绝对正确。

（5）处理复杂性，语义网络中多个节点间的联系可能构成线状、树状、网状，甚至是递归状结构。这样就使得相应的知识存储和检索过程比较复杂。

2.5 框架表示法

框架表示法理论是由美国的人工智能学者明斯基（Minsky）在1975年首先提出来的。该理论认为人们对现实世界中各种事物的认识都是以一种类似于框架的结构存储在记忆中，当面临一个新事物时，人们并不是重新认识它，而是从记忆中找出一个合适的结构，并根据实际情况对其细节加以修改、补充，从而形成对当前事物的认识。也就是说框架表示法表示的是一种经验性的、结构化的知识。框架表示法是一种结构化的知识表示方法。

这种知识结构在计算机内以数据结构的形式来表现就称为框架。

2.5.1 框架的基本结构

框架（frame）是一种描述所论对象（如一个事物、事件或概念）属性的数据结构。

它的顶层是框架名，用以指定某个概念、事物或事件，其下层由若干个称为“槽”的结构组成。每个槽描述框架描述对象的一个方面的特性，槽由槽名和槽值组成，对于比较复杂的框架，槽还可以分为若干个侧面，每个侧面由侧面名和若干个侧面值组成。无论是槽值或侧面值，一般都事先规定了赋值的约束条件，只有满足条件的值才能填进去。

框架的一种表现形式如图2.18所示。

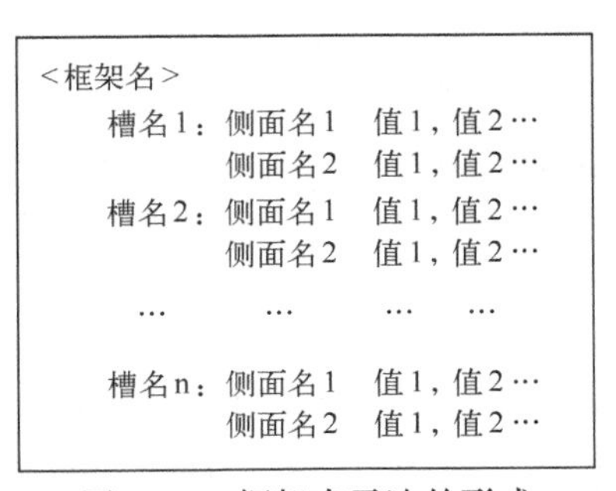

图2.18 框架表示法的形式

一个描述具体事物的框架的各个槽除了可以填充确定值外，还可以填充默认值。各槽的值可以是数字、符号串，也可以是其他子框架，从而实现框架间的调用。通常一个框架产生时，它的槽已被默认值填充好了，因此，一个框架可以包含大量情况中未指明的细节，这对于描述一般性信息及最有可能发生的情况是非常有用的。默认值是被“松弛地”赋予槽，它们很容易被符合当前情况的新值所取代。从某种意义上说，默认值起着变量的作用，因而在框架表示法中不必使用量词。

实例框架：对于一个框架，当人们把观察或认识到的具体细节填入后，就得到了该框架的一个具体实例，框架的这种具体实例就被称为实例框架。

框架系统：框架表示法中，框架是知识的基本单元，把一组有关的框架连接起来便可形成一个框架系统。在框架系统中，为了指明哪一个框架是当前框架的上层框架，需要在该层框架设立一个专门的槽，该槽的槽名是事先约定的，其值是上层框架的名字。

2.5.2 基于框架的推理过程

在框架表示法中，主要完成两种推理活动：一是匹配，即根据已知事实寻找合适的框架；二是填槽，即填写框架中的未知槽值。

1. 匹配

当利用由框架构成的知识库进行推理、形成概念和做出决策时，其过程往往是根据已知的消息，通过知识库中预先存储的框架进行匹配，即逐槽比较，从中找出一个或者几个与该信息所提供情况最合适的预选框架，形成初步假设，然后对所有预选框架进行评估，以决定最合适的预选框架。

框架的匹配与产生式的匹配不同，产生式的匹配一般是完全匹配，而框架只能做到不完全匹配。这是因为框架是对一类事物的一般描述，是这一类事物的代表，当应用于某个具体事物时，往往存在偏离该事物的某些特殊性。这种不完全匹配主要表现在：

（1）框架中规定的属性不存在。

（2）框架中规定的属性值与当前具体事物的属性值不一致。

（3）当前具体事物具有框架中没有说明的新属性。

当框架与当前具体事物之间出现不完全匹配时，有必要规定一些准则，用来确定事实与预选框架的匹配度。这些准则通常很简单。如以某个或某些重要属性是否存在，某属性值是否属于误差允许的范围等为条件。或者对框架的所有属性加权，计算符合属性的权值和不符合属性的权值，并以权值与所定义的阈值比较的结果来判定匹配是否成立。较复杂的评估准则可以是一组产生式规则或过程，用来推导匹配是否成立。在实际构造框架系统时，可以根据特定应用领域的要求来定义合适的判定原则。

在匹配过程中，为了加大匹配成功的可能性，往往将差异较小的框架用差位指针相互连接起来，这一组框架称为相似框架。差位指针不仅反映了框架之间的相似联系，而且指出了它们的差别所在。当框架的匹配不能完全一致时，可以沿着从该框架引出的差位指针，快速地查找其他候选框架。

如果选不到合适的可匹配框架，则应该重新建立一个框架来描述当前事物，包括定义框架名、槽、侧面及其取值。如果当前事物与现有框架之间的差异还没有达到必须采用新框架的地步，则可以对旧的框架进行现场修改，以符合新的要求。这就使人们有可能在认识和理解过程中发展相似框架网络，从而更客观地描述各种事物的特性及其联系。

2. 槽值的计算

在匹配过程中，有的属性值可能目前还不知道，在这种情况下，匹配引起槽值的计算，计算槽值可以通过继承（属性或属性值）来实现，也可以用一个附加过程来得到。在框架中，if needed，if added 等槽的槽值是附加过程，在推理过程中将起重要作用。

若将一个子框架视作一个知识单元，如同一条产生式规则，这样就可将一个问题的求解转化为通过匹配分散到各有关的子框架进行协调的过程。这个过程可描述为：

$$\text{推理机制}\underset{\text{依返回值评价决定下一步的附加过程}}{\overset{\text{向特定的框架系统发送消息并启动特定的附加过程}}{\rightleftharpoons}}\text{框架系统知识库}$$

附加过程在推理过程中的作用，可通过例子来说明。例如，确定一个人的年龄，在已知知识库中要匹配的框架为：

框架名：
年龄　NIL
If needed ASK
If added CHECK

这时便自动启动 if needed 槽的附加过程 ASK。而 ASK 是一个程序，表示向用户询问，并等待输入。例如，当用户输入“25”后，便将年龄槽设定为25，进而启动 if added 槽执行附加过程 CHECK 程序，用来检查该年龄值是否合适。如果这个框架有默认槽 default20，那么当用户没有输入年龄时，就默认年龄为20。

2.5.3 框架表示法的特点

Minsky 提出框架表示后，这种表示法以它表达能力强、层次结构丰富、提供了有效的组织知识的手段、容易处理默认值并较好地把叙述性表示与过程性表示协调起来等特点引起了人们的重视。

框架表示法的优点表现在：利用框架的嵌套式结构，可以由浅入深地对事物的细节做进一步的知识表达；利用空框，可以自由填写、补充、修改其内容和说明，便于事实的修改和增删；便于表达推测和猜想；具有自然性，体现了人在观察事物时的思维活动。

框架表示法的缺点是：由于框架表示法将叙述性知识和过程性知识放在一个基本框架中，加之在框架网络中各基本框架的数据结构有差异，使得这种表示方法清晰程度不高；另外许多实际情况与原型不符，对新的情况也不适应。

框架表示法与语义网络表示法的侧重点有所不同，前者重点突出了状态，后者重点突出了关系。因此，框架表示法对描述比较复杂的状态是很有效的。

2.6 案例：知识图谱

尽管有许多类型丰富的知识表示方法，但是随着时代和技术的发展，在不同的应用领域发展出一些具有新特点的知识表示方法。近年来，网络技术的发展，给人类社会带来了巨大的变化。网络数据内容呈现出爆炸式增长的态势。网络数据内容有很多不同于以往数据内容的特点，比如规模大、组织结构松散、存在大量的文本数据。人们只能依赖于网络搜索引擎来获取需要的内容，而网络搜索引擎并不能有效获取网络数据内容，还需要人为删选、组织。主要原因在于计算机无法获得网络文本的语义信息，不能像人类一样通过语义信息来推断获得潜在的有用数据内容。虽然现在人工智能技术不断发展，尤其是深度学习技术在很多领域获得了实际应用，在某些任务上甚至能够超过人类的能力，但是在智力水平上，计算机和人类还有很大的差距。机器和人类对文本数据的敏感度根本不能相互比较，机器没有人类这么丰富的背景知识来理解文本背后的含义。

为了让机器获得丰富的先验知识，需要对可描述的事物（实体）进行建模，记录实体的各种属性，描述实体之间的相互联系，这就是知识图谱。

2012 年 5 月 17 日谷歌公司推出知识图谱，以提高搜索引擎的能力，改善用户的搜索质量，提升用户的应用体验。现在知识图谱已经成为智能搜索、智能问答、个性化推荐等众多领域的关键技术。

知识图谱是知识工程的一个分支，是以众多知识表示方法为基础在新的形势下发展而来的。以知识工程中语义网络作为理论基础，并且结合了机器学习、自然语言处理、知识表示和推理的最新成果。知识图谱旨在描述现实世界中存在的实体以及实体之间的关系。图 2. 19 为知识图谱的结构示例。

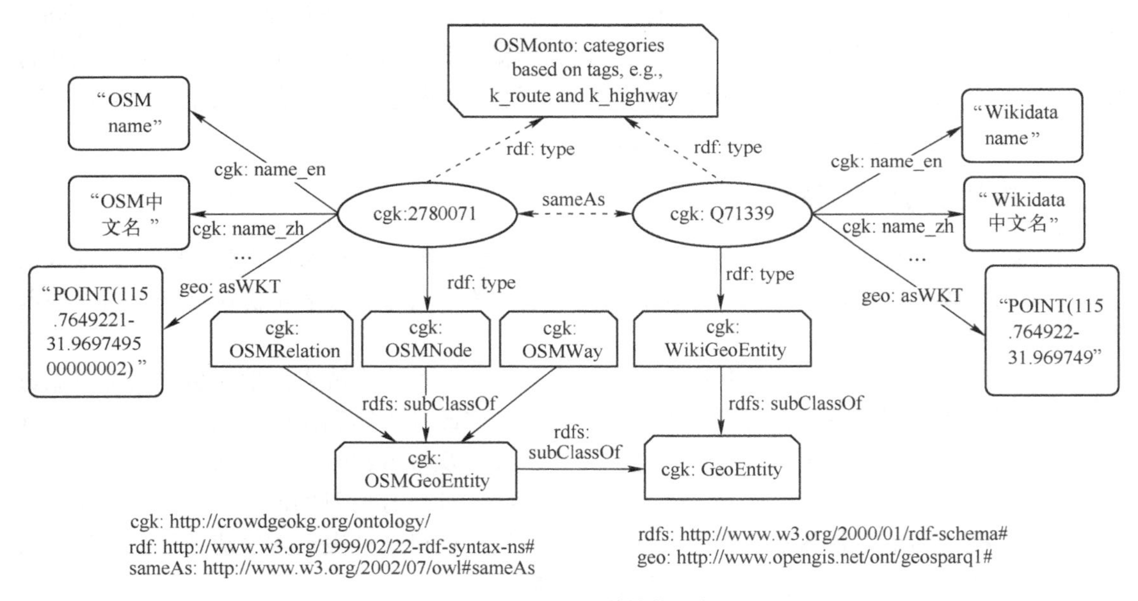

图 2. 19　知识图谱结构示例

知识图谱以语义网络为基础，又有区别于语义网络的特点。知识图谱和语义网络相比，具有更大的规模，这是由新形势下的应用要求的，现代网络文本数据的内容是巨大的，导致知识图谱有很大的数据规模。传统的知识表示方法都是一些应用在较小数据量的知识表示方法。而现代的互联网时代，网络产生了大量数据，知识图谱需要有能力表达大量数据。同时大量的数据也带来一些要求，要求能够自动化构建，或者采用合作构建的方式来构建大规模、高质量的知识图谱。相比于传统的知识库，采用人工构建的方式，知识图谱有很大的优势，比如自动化构建、成本降低、规模大。人工构建的知识库虽然质量较高，但是规模有限。有限的规模导致传统的知识表示不能在互联网时代大规模地应用。大规模是知识图谱的重要特征。所以知识图谱能够更好地应用在智能搜索方面。

读者可以登录网站“https://www.ownthink.com/knowledge.html?”搜索一些关键词的可视化知识图谱，可得到类似图2.20所示的结果。

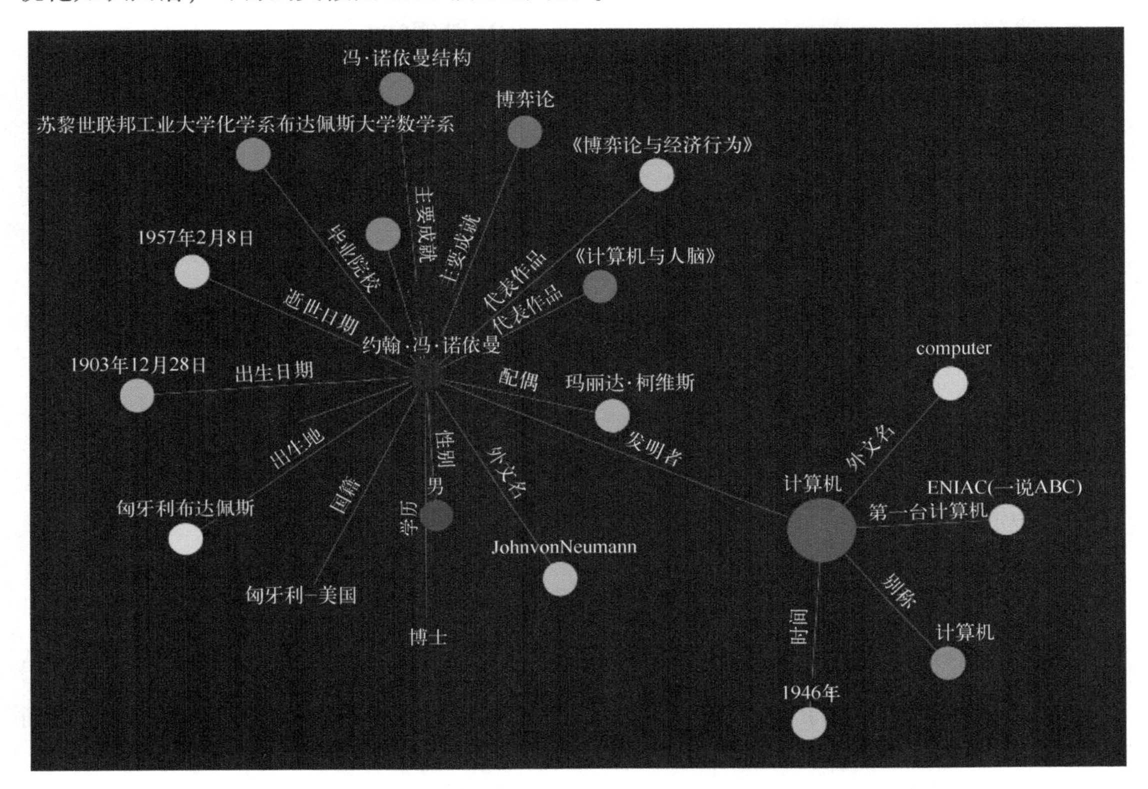

图2.20　由互联网信息构建的关于冯·诺依曼的可视化知识图谱

习题

一、单选题

1. 从不同的角度和背景来看，知识有不同的划分。按作用范围，可以将知识分为________和领域性知识。(　　)

A. 常识性知识　　B. 叙述性知识

C. 过程性知识　　D. 形象性知识

2. 知识的表示能力指能否正确、有效地将问题求解所需要的各种知识表示出来。以下四个方面，哪个是不包括在内的：(　　)。

A. 知识表示范围的广泛性　　B. 领域知识表示的高效性

C. 对非确定性知识表示的支持程度　　D. 知识应易读、易懂、易获取、易维护

3. 人工智能中用到的逻辑可以概括地分为两大类：一类是经典逻辑和________，另一类是泛指除经典逻辑外的那些逻辑。(　　)

A. 一阶谓词逻辑　　B. 模态逻辑

C. 时态逻辑　　D. 二阶谓词逻辑

4. 以下哪个不是谓词逻辑表示法的优点？（　　）

A. 自然性　　B. 规范性

C. 高效性　　D. 严密性

5. 以下哪个不是状态空间表示法的要素：（　　）。

A. 状态　　B. 算符

C. 状态空间方法　　D. 联系

6. 谓词逻辑表示法有如下缺点：（　　）。

A. 知识表示能力差　　B. 不够严密

C. 知识表示范围小　　D. 组合爆炸

7. 由于语义联系的丰富性，不同应用系统所需的语义联系的种类及其解释也不尽相同。比较典型的语义联系包括________和以谓词或联系为中心组织知识的语义联系。（　　）

A. 以个体为中心组织知识的语义联系　　B. 泛化联系

C. 聚集联系　　D. 属性联系

8. 语义网络表示法具有如下主要特点：（　　）。

A. 结构性　　B. 联想性

C. 直观性　　D. 严密性

9. 一种描述所论述对象属性的数据结构是？（　　）

A. 框架　　B. 谓词

C. 命题　　D. 元素

10. 什么是知识工程的一个分支，它以众多知识表示方法为基础，在新的形势下发展而来？（　　）

A. 知识图谱　　B. 计算机

C. 人工智能　　D. 互联网

二、判断题

1. 根据人们对复杂问题往往采用探索方法的启发，形成了状态空间表示法。（　　）

2. 知识的可组织性指知识应易读、易懂、易获取、易维护。（　　）

3. 后继节点与父辈节点：如果某条弧线从节点指向节点勺就叫作节点的继节点或后裔，而节点耳叫作节点勺的父辈节点或祖先。（　　）

4. 命题逻辑是在谓词逻辑的基础上发展起来的，谓词逻辑可看作是命题逻辑的一种特殊形式。（　　）

5. 利用搜索来求解问题是在某个可能的解空间内寻找一个解，这就首先要有一种恰当的解空间的表示方法。（　　）

6. 由一些基本的语义联系组合成任意复杂的语义联系是可以实现的。（　　）

7. 叙述性知识仅指有关领域内的概念。（　　）

8. 存在仅具备表达基本命题的能力的具有表达谓词公式能力的语义网络。（　　）

9. 继承推理是指在语义网络中，有些层次的节点具有继承性，那么上层节点具有的性质下层节点也都具有。（　　）

10. 框架表示法与语义网络表示法的侧重点有所不同，前者重点突出了关系，后者重点突出了状态。(　　)

三、简答题

1. 知识的含义是什么？有哪些分类？

2. 什么是知识表示？有哪些知识表示方法？

3. 描述一个好的知识表示需要有哪些特征？

4. 为以下事实开发一个语义网络。
   李华和王明是同学，他们在北京实验中学上学。

5. 框架法和面向对象编程有什么共同点？

6. 假如要使用一种知识表示方法表示篮球赛，应该使用哪一种知识表示方法？（可以查阅最新发展的一些方法）

第3章　逻辑推理及方法

逻辑推理是对人类思维过程的一种模拟，也是人工智能中的一个重要领域。逻辑推理有多种分类方式，依逻辑基础的不同可分为演绎推理和归纳推理；按演绎方法的差异又可分为归结演绎推理和非归结演绎推理，后两种是本章重点讨论的逻辑推理方法。归结演绎推理的理论基础——鲁滨逊归结原理是机器定理证明的基石，它的基本思想是检查子句集 S 中是否包含矛盾：若子句集 S 中包含矛盾，或者能从 S 中导出矛盾，就说明子句集 S 是不可满足的。非归结演绎推理可运用的推理规则比较丰富，因章节所限，本书仅讨论自然演绎推理和与或形演绎推理中的部分方法。

3.1　逻辑推理的概述

逻辑推理是证明一个公式可以由一些其他确定的公式逻辑地推理出来的过程。由于这些推理所用的知识与证据都是确定的，因此推出的结论也是确定的，故也可将逻辑推理称为确定性推理。本小节首先阐述逻辑推理的定义和方法，然后再对推理的控制策略和方向进行相关介绍。

3.1.1　逻辑推理的定义

人类在对各种问题进行分析与决策时，往往是从已知的事实出发，再通过运用已掌握的知识来找出其中蕴含的事实或归纳出新的事实结论。逻辑推理所用的事实可分为两种情况，一种是与求解问题有关的初始证据，另一种是推理过程中所得到的中间结论。本章涉及的逻辑推理是关于从一个永真的前提“必然地”推出一些结论的科学。比如说在医疗诊断专家系统中，所有与诊断有关的医疗常识和专家经验都被保存在知识库中。当系统开始工作时，首先需要把病人的症状和检查结果放到事实库中，然后再从事实库中的这些初始证据出发，按照某种策略在知识库中寻找可以匹配的知识，如果得到的是一些中间结论，还需要把它们作为新的事实放入事实库中，并继续寻找可以匹配的知识，如此反复进行，直到推导出最终结论为止。至此，可以总结出逻辑推理的定义：以原始证据为出发点，依照某种策略不断地运用知识库中的已有知识，通过逐步推导得出陈述或结论的过程。

在人工智能领域，逻辑推理包括两个基本问题：一个是逻辑推理的方法，另一个是逻辑推理的控制策略。下面对这两个问题进行讨论。

3.1.2　逻辑推理的分类

逻辑推理方法主要解决在逻辑推理过程中前提与结论之间的逻辑关系。逻辑推理可以有多种不同的分类方法，例如，可以按照推理的逻辑基础、所用知识的确定性、推理过程的单调性，以及推理的方向性来划分。

1. 按推理的逻辑基础分类

按照推理的逻辑基础，常用的逻辑推理方法可分为演绎推理和归纳推理。

（1）演绎推理

演绎推理是从已知的一般性知识出发，推出蕴含在这些已知知识中的适合于某种个别情况结论的一种逻辑推理方法。演绎推理按照演绎方法的差异又可分为归结演绎推理和非归结演绎推理。演绎推理的核心是三段论，常用的三段论由一个大前提、一个小前提和一个结论三部分组成。其中，大前提是已知的一般性知识或推理过程得到的判断；小前提是关于某种具体情况或某个具体实例的判断；结论是由大前提推出的，并且适合于小前提的判断。

例如，有如下三个判断：

① 软件工程专业的学生都会编程序。

② 小航是软件工程学院的一名学生。

③ 小航会编程序。

这是一个三段论推理。其中，①是大前提，②是小前提，③是经演绎推出来的结论。从这个例子可以看出，“小航会编程序”这一结论是蕴含在“软件工程专业的学生都会编程序”这个大前提中的。因此，演绎推理就是从已知的大前提中推导出适应于小前提的结论，即从已知的一般性知识中抽取所包含的特殊性知识。由此可见，只要大前提和小前提是正确的，则由它们推出的结论也必然是正确的。

（2）归纳推理

归纳推理是从一类事物的大量特殊事例出发，推出该类事物的一般性结论。它是一种由个别到一般的逻辑推理方法。归纳推理的基本思想是：先从已知事实中猜测出一个结论，然后对这个结论的正确性加以证明确认。数学归纳法就是归纳推理的一个典型例子。对于归纳推理，按照所选事例的广泛性可分为完全归纳推理和不完全归纳推理；按照推理所使用的方法可分为枚举归纳推理和类比归纳推理等。

1）完全归纳推理是指在进行归纳时需要考察相应事物的全部对象，并根据这些对象是否都具有某种属性，推出该类事物是否具有此属性。例如，某工厂生产一批洗衣机，如果对每台机器都进行了质量检验，并且都合格，则可得出结论：这批洗衣机的质量是合格的。

2）不完全归纳推理是指在进行归纳时只考察了相应事物的部分对象，就得出了关于该事物的结论。例如，某工厂生产一批电视机，如果只是随机地抽查了其中的部分电视，便可根据这些被抽查电视的质量来推出整批机器的质量。

3）枚举归纳推理是指在进行归纳时，如果已知某类事物的有限个具体事物都具有某种属性，则可推出该类事物都具有此种属性。设 $a_1,a_2,a_3,\cdots,a_n$ 是某类事物 A 中的具体事物，若已知 $a_1,a_2,a_3,\cdots,a_n$ 都具有属性 B，并没有发现反例，那么当 n 足够大时，就可得出“A 中的所有事物都具有属性 B”这一结论。

例如，设有如下事例：

小航是软件学院的学生，他会编程序；小北是软件学院的学生，她也会编程序；小软也是软件学院的学生，他同样会编程序……

当这些具体事例足够多时，就可归纳出一个一般性的知识：

“凡是软件学院的学生，就一定会编程序”。

4）类比归纳推理是指在两个或两类事物有许多属性都相同或相似的基础上，推出它们在其他属性上也相同或相似的一种归纳推理。

设 A，B 分别是两类事物的集合：

$A=(a_1,a_2,a_3,\cdots)$

$B=(b_1,b_2,b_3,\cdots)$

并设 a_i 与 b_i 总是成对出现，且当 a_i 有属性 P 时，b_i 就有属性 Q 与之对应，即

$P(a_i)\rightarrow Q(b_i)\quad i=1,2,3,\cdots$

则当 A 与 B 中有新的元素对出现时，若已知 a' 有属性 P，b' 有属性 Q，即

$P(a')\rightarrow Q(b')$

类比归纳推理的基础是相似原理，其可靠程度取决于两个或两类事物的相似程度，以及这两个或两类事物的相同属性与推出的那个属性之间的相关程度。

（3）演绎推理与归纳推理的区别

演绎推理与归纳推理是两种完全不同的推理方式。演绎推理是在已知领域内的一般性知识的前提下，通过演绎求解一个具体问题或者证明一个给定的结论。这个结论实际上早已蕴含在一般性知识的前提中，演绎推理只不过是将其揭示出来，因此它不能增加新知识。

在归纳推理中，所推出的结论是没有包含在前提内容中的。这种由个别事物或现象推出一般性知识的过程，是增殖新知识的过程。例如，一位计算机维修工人，当他刚开始从事这项工作时是一名只有书本知识而无实际经验的维修新手。但当他经过一段时间的工作实践后，就会通过大量实例积累起来一些经验而成为维修技术娴熟的工人，这些使他成为熟练工人的一般性知识就是采用归纳推理的方式从一个个维修实例中归纳总结出来的。而当他有了这些一般性知识后，就可以运用这些已具备知识去完成计算机的维修工作，此时这种针对某一台具体的计算机运用一般性知识进行维修的过程就是演绎推理，因为熟练工人仅仅是用经验去解决老问题，并未增加新知识。

2. 按所用知识的确定性分类

按所用知识的确定性，逻辑推理可分为确定性推理和非确定性推理。所谓确定性推理，是指推理所使用的知识和推出的结论都是可以精确表示的，其真值要么为真，要么为假，不会有第三种情况出现。

所谓非确定性推理，是指推理时所用的知识不都是确定的，推出的结论也不完全是确定的，其真值会位于真与假之间。由于现实世界中的大多数事物都具有一定程度的不确定性，并且这些事物是很难用精确的数学模型来进行表示与处理的，因此非确定性推理也就成了人工智能的一个重要研究课题，非确定性推理问题将在第 4 章讨论。

3. 按推理过程的单调性进行分类

按照推理过程的单调性，或者说按照推理过程所得到的结论是否越来越接近目标，逻辑推理可分为单调推理与非单调推理。所谓单调推理是指在推理过程中，每当使用新的知识后，所得到的结论会越来越接近于目标，而不会出现反复的情况，即不会由于新知识的加入而否定了前面推出的结论，从而使推理过程又退回到先前的某一步。

所谓非单调推理是指在推理过程中，当加入某些新知识后，会否定原来推出的结论，使推理过程退回到先前的某一步。非单调推理往往是在知识不完全的情况下发生的。在这种情况下，为使推理能够进行下去，就需要先进行某些假设，并在此假设的基础上进行推理。但

是，当后来由于新的知识加入，发现原来的假设不正确时，就需要撤销原来的假设及由此假设为基础推出的一切结论，再运用新知识重新进行推理。在日常生活中，经常会遇到非单调推理的情形，例如，当看到名称牌子上露出的一个字“猫”时，我们一般会在脑海中浮现出柔软可爱的小动物，它可以被人当宠物饲养；但之后随着遮挡物的移除，我们看到了牌子的完整内容是“天猫购物”。于是我们就取消了之前加入的猫很可爱可以当宠物养的结论，而重新加入天猫是一个网上购物平台这一个新的结论。

4. 按推理方向进行分类

（1）正向推理

正向推理是一种从已知事实出发、正向使用推理规则的推理方式，也称为数据驱动推理或前向链推理。其基本思想是：用户需要事先提供一组初始证据，并将其放入综合数据库 DB。推理开始后，推理机根据综合数据库 DB 中的已有事实，到知识库 KB 中寻找当前可用知识，形成一个当前可用知识集 KS，然后按照冲突消解策略，从该知识集 KS 中选择一条知识进行推理，并将新推出的事实加入综合数据库 DB，作为后面继续推理时可用的已知事实，如此重复这一过程，直到求出所需要的解或者知识库 KB 中再无可用知识为止。

正向推理过程可用如下算法描述。

① 把用户提供的初始证据放入综合数据库 DB。

② 检查综合数据库 DB 中是否包含了问题的解，若已包含，则求解结束，并成功退出；否则，执行下一步。

③ 检查知识库 KB 中是否有可用知识，若有，执行④；否则，执行⑥。

④ 将 KB 中的所有适用知识都选择出来构成当前可用知识集 KS。

⑤ 如果 KS 为空，则执行⑥；如果 KS 不为空，就按照某种冲突消解策略选取 KS 中的一条知识进行推理操作，然后将得到的事实加入到综合数据库 DB 中，接着执行②。

⑥ 询问用户是否可以进一步补充新的事实，若可补充，则将补充的新事实加入综合数据库 DB 中，然后转③；否则表示无解，失败退出。如图 3. 1 所示。

仅从正向推理的算法来看好像比较简单，但实际上，推理的每一步都还有许多工作要做。例如，如何根据综合数据库 DB 中的事实在知识库 KB 中选取可用知识；当知识库 KB 中有多条知识可用时，应该先使用哪一条知识等。这些问题涉及知识的匹配方法和冲突消解策略，如何解决，以后将进行讨论。正向推理的优点是比较直观，允许用户主动提供有用的事实信息，适合于诊断、设计、预测、监控等领域的问题求解。主要缺点是推理无明确的目标，求解问题时可能会执行许多与解无关的操作，导致推理效率较低。

（2）反向推理

反向推理也称逆向推理，它是一种以某个假设目标作为出发点的推理方法，也称为目标驱动推理或逆向链推理。其基本思想是：首先根据问题求解的要求提出假设，将要求证的目标（称为假设）构成一个假设集，然后从假设集中取出一个假设对其进行验证，检查该假设是否在综合数据库 DB 中，是否为用户认可的事实，当该假设在数据库中时，该假设成立，此时若假设集为空，则成功退出；若假设不在综合数据库 DB 中，但可被用户证实为原始证据时，将该假设放入综合数据库 DB，此时若假设集为空，则成功退出；若假设可由知

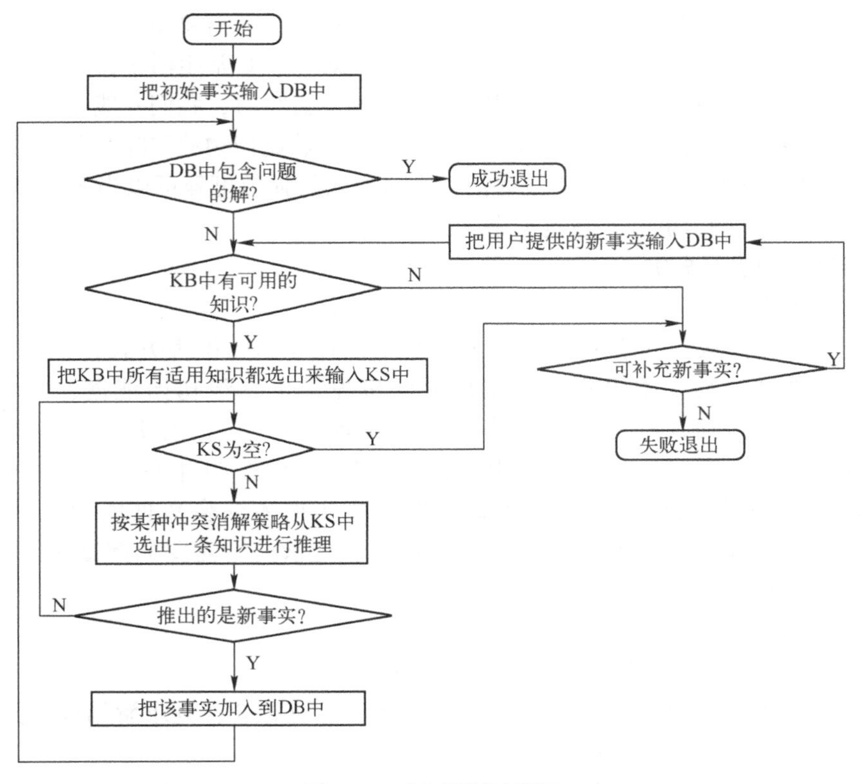

图 3.1　正向推理示意图

识库 KB 中的一个或多个知识导出，则将知识库 KB 中所有可以导出该假设的知识构成一个可用知识集 KS，并根据冲突消解策略，从可用知识集 KS 中取出一个知识，将其前提中的所有子条件都作为新的假设放入假设集。重复上述过程，直到假设集为空时成功退出，或假设集非空但可用知识集为空时，失败退出为止。

逆向推理过程可用如下算法描述。

① 将问题的初始证据放入综合数据库 DB 中并提出求证的目标（称为假设）。

② 从假设集中选出一个假设，检查该假设是否在综合数据库 DB 中。若在，则该假设成立。

此时，若假设集为空，则成功退出；否则，仍执行②。若该假设不在数据库 DB 中，则执行下一步。

③ 检查该假设是否可由知识库 KB 的某个知识导出。若不能由某个知识导出，则询问用户该假设是否为可由用户证实的原始事实。若是，该假设成立，并将其放入综合数据库 DB，再重新寻找新的假设；若不是，则转⑤。若能由某个知识导出，则执行下一步。

④ 将知识库 KB 中可以导出该假设的所有知识构成一个可用知识集 KS。

⑤ 检查可用知识集 KS 是否为空，若空，失败退出；否则，执行下一步。

⑥ 按冲突消解策略从可用知识集 KS 中取出一个知识，继续执行下一步。

⑦ 将该知识的前提中的每个子条件都作为新的假设目标放入假设集，执行步骤②。

以上算法的流程图如图 3. 2 所示。

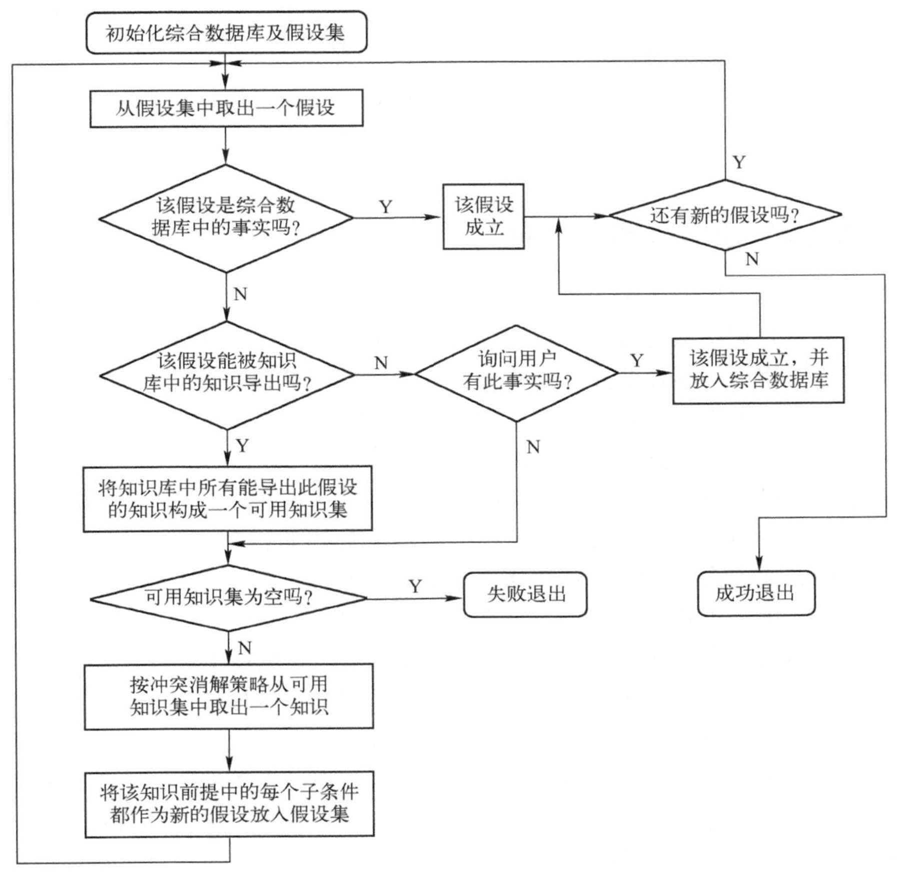

图 3. 2　反向推理示意图

逆向推理的主要优点是不必寻找和使用那些与假设目标无关的信息和知识，推理过程的目标明确，也有利于向用户提供解释，在诊断性专家系统中较为有效。主要缺点是当用户对解的情况认识不清时，由系统自主选择假设目标的盲目性比较大，若选择不好，可能需要多次提出假设，会影响系统效率。

(3) 双向推理

在定理证明等问题中，经常采用双向推理。所谓双向推理是指正向推理与逆向推理同时进行，且在推理过程中的某一步骤上“碰头”的一种推理。其基本思想是：一方面根据已知事实进行正向推理，但并不推导至最终的目标；另一方面从某假设目标出发进行反向推理，同样的，也无须推导至原始事实，而是让它们在中间相遇，即由正向推理所得到的中间结论恰好是逆向推理此时所要求的证据，这时推理就可以结束，逆向推理时所做的假设就是推理的最终结论。

双向推理的困难在于“碰头”的判断，另外，如何权衡正向推理与逆向推理的比重，即如何确定“碰头”的时机是一个困难的问题。

(4) 混合推理

由以上讨论可知，正向推理和逆向推理都有各自的优缺点。当问题较复杂时，单独使用其中的哪一种，都会影响到推理效率。为了更好地发挥这两种算法各自的长处，避免各自的短处，互相取长补短，可以将它们结合起来使用。这种把正向推理和逆向推理结合起来所进行的推理称为混合推理。混合推理可有多种具体的实现方法。例如，可以采用先正向推理，后逆向推理的方法；也可以采用先逆向推理，后正向推理的方法；还可以采用随机选择正向推理和逆向推理的方法。由于这些方法仅是正向推理和逆向推理的某种结合，因此对这三种情况不再进行讨论。

3.1.3 逻辑推理的控制策略及方向

逻辑推理过程不仅依赖于所用的推理方法，也依赖于推理的控制策略。推理的控制策略是指如何使用领域知识使推理过程尽快达到目标的策略。由于智能系统的推理过程一般表现为一种搜索过程，因此，推理的控制策略又可分为推理策略和搜索策略。其中，推理策略主要解决推理方向、冲突消解等问题，如推理方向控制策略、求解策略、限制策略、冲突消解策略等；搜索策略主要解决推理路线、推理效果、推理效率等问题。

控制策略用来确定推理的控制方式，即推理过程是从初始证据开始到目标，还是从目标开始到初始证据。按照对推理方向的控制，推理可分为正向推理、逆向推理和混合推理等。无论哪一种推理方式，系统都需要一个存放知识的知识库，一个存放初始证据及中间结果的综合数据库和一个用于推理的推理机。求解策略是指只求一个解，还是求所有解或最优解等。限制策略是指对推理的深度、宽度、时间、空间等所做的限制。冲突消解策略是指当推理过程有多条知识可用时，如何从这多条可用知识中选出一条最佳知识用于推理的策略。常用的冲突消解策略有领域知识优先和新鲜知识优先等。所谓领域知识优先，是指把领域问题的特点作为选择知识的依据；新鲜知识优先，是指把知识前提条件中事实的新鲜性作为选择知识的依据。例如，综合数据后生成的事实比先生成的事实具有更大的新鲜性。

对于推理控制策略所包含的推理策略和搜索策略，本章主要讨论推理策略，搜索策略将在第 5 章讨论。

3.2 逻辑推理的基础

在先前的论述中，已经大概了解了逻辑推理的分类以及知识表示，在 2.3 节中对谓词逻辑也进行了相关的阐述，谓词逻辑是一种形式语言，是人工智能中一种常用的知识表示方法。接下来将主要讨论逻辑推理所需要的谓词逻辑基础。

3.2.1 谓词公式

当 P 是一个不能再分解的 n 元谓词变元时，$x_1, x_2, x_3, \cdots, x_n$ 是个体变元，称 $P(x_1, x_2, x_3, \cdots, x_n)$ 是原子公式或谓词公式，当 n 为 0 的时候，P 表示命题变元或原子命题公式，故可以说谓词逻辑是更为广泛的一个定义，根据下述规则得到谓词公式。

① 单个谓词是谓词公式，通常称其为原子谓词公式。

② 如果 A 是谓词公式，那么 $\neg A$ 也应该是谓词公式。

③ 如果 A，B 都是谓词公式，那么其连词组合 $A \vee B, A \wedge B, A \rightarrow B, A \leftrightarrow B$ 均为谓词公式。

④ 如果 A 是谓词公式，那么其量词组合如 $(\forall x)A, (\exists x)A$ 同样也为谓词公式。

⑤ 当且仅当使用有限次规则① ~④ 时，得到的公式仍然是谓词公式。

谈及谓词公式，一定要了解量词的辖域与变元的约束，在一个公式中，如果有量词的出现，那么位于量词后面的单个谓词或者是用括号括起来的谓词公式就称为该量词的辖域，之所以要定义辖域的概念，是因为在量词的辖域内所有与量词同名的变元有一个统一的名称——约束变元，同理，在量词的辖域内，与量词无关的变元就被称为非约束变元或者自由变元，例如：

$$(\forall x)(P(x) \rightarrow (\exists y)Q(x,y,z))$$

其中 $P(x) \rightarrow (\exists y)Q(x,y,z)$ 是 $(\forall x)$ 的辖域，辖域内的变元 x 是受 $(\forall x)$ 约束的变元，同样，$Q(x,y,z)$ 是 $(\exists y)$ 的辖域，则变元 y 是受 $\exists y$ 约束的变元，而公式中的 z 则不受任何约束，即非约束变元。在这里要注意，在谓词逻辑中，变元的具体名字是不受太多束缚的，可以任意对谓词公式中的变元名进行自由更名替换，但在更名的过程中要注意：必须把量词辖域内的所有同名的约束变元统统改成相同的名字，同时还要满足，更改的名称不能与辖域内的非约束变元的名称重复；当对辖域内的非约束变元改名时，也要注意不能将其名称与约束变元的名称重复，如 $(\exists y)Q(x,y,z)$ 改名为 $(\exists t)Q(m,t,n)$，其中将约束变元 y 更名为 t，将非约束变元 x 与 z 更名为 m 和 n，这是完全符合规则的。

在命题逻辑中，命题公式的一个解释就是对该命题公式中各个命题变元的一次真值指派。有了命题公式的解释，只要命题确定了，就可以根据这个解释及其连接词的定义求出该命题公式的真值。但谓词逻辑就不一样了，由于谓词公式中可能包含有个体常量、个体变元或函数，因此不能像命题公式那样直接通过真值指派给出解释，必须先考虑个体常量和函数在个体域上的取值，然后才能根据常量与函数的具体取值为谓词分别指派真值。综上所述，存在许多种组合情况，所以一个谓词公式极有可能有许多种不同的解释，且根据每一个解释，谓词公式均可以求出一个真值 T 或者 F，下面介绍谓词公式的永真性、可满足性和不可满足性。

定义 3.1 如果谓词公式 P 对非空个体域 D 上的任一解释都取得真值 T，则称 P 在 D 上是永真的；如果 P 在任何非空个体域上均是永真的，则称 P 永真。

定义 3.2 如果谓词公式 P 对非空个体域 D 上的任一解释都取得假值 F，则称 P 在 D 上是永假的；如果 P 在任何非空个体域上均是永假的，则称 P 永假。谓词公式的永假性又称为不可满足性或不相容性。

由此定义可以看出，要判定一个谓词公式为永真或者永假，必须对每个非空个体域上的每个解释逐一进行判断。当解释的个数有限时，尽管工作量大，公式的永真性、永假性费些力气还是可以判定的，但当解释个数无限时，其永真性、永假性就很难判定了。

定义 3.3 对于谓词公式 P 如果至少存在 D 上的一个解释，使公式 P 在此解释下的真值为 T，则称公式 P 在 D 上是可满足的，反之称公式 P 是不可满足的。谓词公式的可满足性也称为相容性。

下面介绍谓词公式的等价性，谓词公式的等价性可以用相应的等价式来表示，由于这些等价表达式是演绎推理的主要依据，所以也称它们为推理规则。

谓词公式的等价式的定义如下。

定义 3.4 设 P 与 Q 是 D 上的两个谓词公式，若对 D 上的任意解释，P 与 Q 都有相同的真值，则称 P 与 Q 在 D 上是等价的。如果 D 是任意非空个体域，则称 P 与 Q 是等价的，

记为 $P \Leftrightarrow Q$。

本书中常用的一些等价式如下。

(1) 对合律(双重否定律)

$\neg\neg P \Leftrightarrow P$

(2) 交换律

$P \vee Q \Leftrightarrow Q \vee P$

$P \wedge Q \Leftrightarrow Q \wedge P$

(3) 结合律

$(P \vee Q) \vee R \Leftrightarrow P \vee (Q \vee R)$

$(P \wedge Q) \wedge R \Leftrightarrow P \wedge (Q \wedge R)$

(4) 分配律

$P \vee (Q \wedge R) \Leftrightarrow (P \vee Q) \wedge (P \vee R)$

$P \wedge (Q \vee R) \Leftrightarrow (P \wedge Q) \vee (P \wedge R)$

(5) De Morgen 定律

$\neg(P \vee Q) \Leftrightarrow \neg P \wedge \neg Q$

$\neg(P \wedge Q) \Leftrightarrow \neg P \vee \neg Q$

(6) 吸收律

$P \vee (P \wedge Q) \Leftrightarrow P$

$P \wedge (P \vee Q) \Leftrightarrow P$

(7) 否定律

$P \vee \neg P \Leftrightarrow T$

$P \wedge \neg P \Leftrightarrow F$

(8) 逆否律

$P \rightarrow Q \Leftrightarrow \neg Q \rightarrow \neg P$

(9) 连接词化规律

$P \rightarrow Q \Leftrightarrow \neg P \vee Q$

$P \leftrightarrow Q \Leftrightarrow (P \rightarrow Q) \wedge (Q \rightarrow P)$

$P \leftrightarrow Q \Leftrightarrow (P \wedge Q) \vee (\neg P \wedge \neg Q)$

(10) 量词转化规律

$\neg(\exists x)P \Leftrightarrow (\forall x)(\neg P)$

$\neg(\forall x)P \Leftrightarrow (\exists x)(\neg P)$

(11) 量词分配规律

$(\forall x)(P \wedge Q) \Leftrightarrow (\forall x)P \wedge (\forall x)Q$

$(\exists x)(P \vee Q) \Leftrightarrow (\exists x)P \vee (\exists x)Q$

下面介绍谓词公式的永真蕴含性,谓词公式的永真蕴含性可以用相应的永真蕴含式来表示,由于这些永真蕴含式是演绎推理的主要依据,所以它们也是推理规则的一种。

谓词公式的永真蕴含式可定义如下。

定义 3.5 对谓词公式 P 和 Q,如果 $P \rightarrow Q$ 永真,则称 P 永真蕴含 Q,且称 Q 为 P 的逻辑结论,P 为 Q 的前提,记作 $P \Rightarrow Q$。

本书中常用的永真蕴含式如下。

（1）附加律

$P \Rightarrow P \vee Q$

$Q \Rightarrow P \vee Q$

$Q \Rightarrow P \rightarrow Q$

（2）化简律

$P \wedge Q \Rightarrow P$

$P \wedge Q \Rightarrow Q$

（3）假言推理

$P, P \rightarrow Q \Rightarrow Q$

即由条件①P 为真和条件②P→Q 为真，可以推出 Q 为真。

（4）拒取式推理

$P \rightarrow Q, \neg Q \Rightarrow \neg P$

即由条件①P→Q 为真和条件②Q 为假，可以推出 P 为假。

（5）假言三段论

$P \rightarrow Q, Q \rightarrow R \Rightarrow P \rightarrow R$

即由条件①P→Q 为真和条件②Q→R 为真，可以推出 P→R 为真。

（6）析取三段论

$\neg P, P \vee Q \Rightarrow Q$

（7）二难推理

$P \vee Q, P \rightarrow R, Q \rightarrow R \Rightarrow R$

（8）存在固化

$(\exists x)P(x) \Rightarrow P(y)$

注意：y 是个体域中的某一个可以使得 $P(y)$ 为真的个体，利用此永真蕴含式可消去谓词公式中的存在量词。

（9）全称固化

$(\forall x)P(x) \Rightarrow P(y)$

注意：y 是个体域中的任一个体，利用此永真蕴含式可消去谓词公式中的全称量词。

上面给出的等价式和永真蕴含式是进行演绎推理的重要依据，因此这些公式也被称为推理规则。除了这些公式以外，3.4 节的归结演绎推理中，还需要将反证法推广到谓词公式集，请读者关注。接下来再介绍三条在谓词逻辑中非常重要的推理规则。

① P 规则：只要是在推理的过程中，那么在任何步骤前后均可以引入前提假设。

② T 规则：在推理的过程中，若前面步骤中有一个或几个公式是永真蕴含公式 M 的，那么就可以将公式 M 引入到推理过程中。

③ CP 规则：若能从 N（N 为任意引入的命题）和前提集合中推出结论 M 来，那么就能够从前提集合中推出 $N \rightarrow M$。

3.2.2 谓词公式的范式

在实际操作过程中，谓词公式的形式千变万化，这就给谓词的演算带来了很大的困难，为了简化谓词演算，将谓词公式在不失其原始语义的情况下进行标准变形，使其成为某种标准形，而这种标准形就是范式。即范式是公式的标准形式，公式往往需要变换为同它等价的范式，以便对它们进行一般性的处理，从而简化对谓词公式的研究。在谓词逻辑中，根据量词在公式中出现的情况不同，在谓词演算中，可将谓词公式的范式分为以下两种。

① 前束范式

定义 3.6 设 F 为一谓词公式，如果其中的所有量词均非否定地出现在公式的最前面，而它们的辖域为整个公式，则称 F 为前束范式。一般地，前束范式可写成

$$(Q_1x_1)\cdots(Q_nx_n)M(x_1,x_2,x_3\cdots,x_n)$$

式中，$Q_i(i=1,2,3,\cdots,n)$为前缀，它是一个由全称量词或存在量词组成的量词串；$M(x_1,x_2,x_3,\cdots,x_n)$为母式，它是一个不含任何量词的谓词公式。

例如，$(\forall x)(\forall y)(\exists z)(P(x)\wedge Q(y,z)\vee R(x,z))$是前束范式。

任一含有量词的谓词公式均可转化为与其对应的前束范式，其化简方法将在后面子句集的化简中讨论。

② 斯克林（Skolem）范式

定义 3.7 如果前束范式中所有的存在量词都在全称量词之前，则称这种形式的谓词公式为 Skolem 范式。

例如，$(\exists x)(\exists z)(\forall y)(P(x)\vee Q(y,z)\wedge R(x,z))$是 Skolem 范式。

任一含有量词的谓词公式均可转化为与其对应的 Skolem 范式，其化简方法也将在后面子句集的化简中讨论。

3.2.3 置换与合一

在不同谓词公式中，往往会出现谓词名相同但其个体不同的情况，此时逻辑推理过程是不能直接进行匹配的，需要先进行置换。例如，可根据全称固化推理和假言推理由谓词公式

$$P(y)\text{和}(\forall x)(P(x)\rightarrow Q(x))$$

推出 $Q(y)$，对谓词 $P(y)$而言，可以看作是全称固化推理，即$(\forall x)P(x)\Rightarrow P(y)$推出来的，其中 y 是任意个体常量，想要使用假言推理，需要先找到项 y 对变元 x 的置换，使$P(y)$与$P(x)$一致。类似这种寻找项对变元的置换，从而将谓词统一化的过程就称为合一。下面详细讨论置换与合一的有关概念及方法。

1. 置换（Substitution）

置换可以简单地理解为是在一个谓词公式中用置换项去替换变元。其形式定义如下。

定义 3.8 置换是形如

$$\{m_1/x_1,m_2/x_2,m_3/x_3,\cdots,m_n/x_n\}$$

的有限集合。其中，$m_1,m_2,\cdots,m_n$是项，$x_1,x_2,x_3,\cdots,x_n$是互不相同的变元；m_i/x_i表示用 m_i 置换 x_i，并且要求 m_i与 x_i不能相同，x_i不能循环地出现在另一个 m_i中。

例如，

$$\{a/x,b/y,f(c)/z\}$$

是一个置换。但是

$$\{g(y)/x,f(x)/y\}$$

则不是一个置换，原因是它在 x 与 y 之间出现了循环置换现象。置换的目的本来是要将某些变元用另外的变元、常量或函数取代，使其不在公式中出现。但在 $\{g(y)/x, f(x)/y\}$ 中，它用 $g(y)$ 置换 x，用 $f(g(y))$ 置换 y，既没有消去 x，也没有消去 y。如改为

$$\{g(a)/x, f(x)/y\}$$

就可以了，因为此时变元 y 用 $f(g(a))$ 来置换，从而消去了 x 和 y。

通常，置换是用希腊字母 $\theta,\delta,\tau,\alpha$ 来表示的。

定义 3.9 设 $\theta=\{m_1/x_1, m_2/x_2, m_3/x_3, \cdots, m_n/x_n\}$ 是一个置换，F 是一个谓词公式，把公式 F 中出现的所有 x_i 换成 $m_i(i=1,2,3,\cdots,n)$，得到一个新的公式 G，称 G 为 F 在置换 θ 下的例示，记做 $G=F\theta$。

显然，一个谓词公式中的任何示例都是该公式的逻辑结论。

下面介绍求两个置换合成的方法。

定义 3.10 设

$$\delta=\{p_1/x_1, p_2/x_2, p_3/x_3, \cdots, p_n/x_n\}$$

$$\theta=\{q_1/y_1, q_2/y_2, q_3/y_3, \cdots, q_m/y_m\}$$

是两个置换，且 δ 与 θ 的合成也是一个置换，记作 $\theta^\circ\delta$，它是从集合

$$\{p_1\theta_1/x_1, p_2\theta_2/x_2, p_3\theta_3/x_3, \cdots, p_n\theta_n/x_n, q_1/y_1, q_2/y_2, q_3/y_3, \cdots, q_m/y_m\}$$

中删去以下两类元素：

（1） 当 $p_i\theta_i=x_i$ 时，删去 $p_i\theta_i/x_i$，（$i=1,2,3,\cdots,n$）。

（2） 当 $y_j\in\{x_1,x_2,x_3,\cdots,x_n\}$ 时，删去 $q_j/y_j(j=1,2,3,\cdots,m)$。

后剩下元素所构成的集合，其中 $p_i\theta$ 表示对 p_i 运用 θ 置换，实际上 $\theta^\circ\delta$ 就是对一个公式先运用 θ 置换，再运用 δ 置换。接下来看一个求置换合成的例子。

例 3.1 设 $\delta=\{f(y)/x, z/y\}$，$\theta=\{a/x, b/y, y/z\}$，求 δ 与 θ 的合成。

解：先求出集合

$$\{f(b/y)/x, (y/z)/y, a/x, b/y, y/z\}=\{f(b)/x, y/y, a/x, b/y, y/z\}$$

式中，$f(b)/x$ 中的 $f(b)$ 是置换 θ 作用于 $f(y)$ 的结果；y/y 中的 y 是置换 θ 作用于 z 的结果。

在该集合中，y/y 满足定义中的条件①，需要删除；

a/x 和 b/y 满足定义中的条件②，也需要删除。删除整理后得

$$\delta^\circ\theta=\{f(b)/x, y/z\}$$

即为所求。

2. 合一（Unifier）

合一可以理解为是寻找项对变量的置换，使两个谓词公式一致，通常来讲，一个公式集的合一往往不是唯一的。合一的形式定义如下。

定义 3.11 设有公式集 $F=\{F_1, F_2, F_3, \cdots, F_n\}$，若存在一个置换 θ，可使 $F_1\theta=F_2\theta=F_3\theta=\cdots=F_n\theta$，则称 θ 是 F 的一个合一，此时称 $F_1, F_2, F_3, \cdots, F_n$ 是可合一的。

例如，设有公式集 $F=\{\mathrm{P}(x, y, f(y)), \mathrm{P}(a, g(x), z)\}$，那么

$$\theta=\{a/x, g(a)/y, f(g(a))/z\}$$

满足上述定义，故 θ 是公式集 F 的一个合一。

定义 3.12 设 θ 是公式集 F 的一个合一。如果对 F 的任意一个合一 δ，都存在一个置换

λ，使得

$$\delta=\theta\circ\lambda$$

则称 θ 是 F 的最一般合一。

一个公式集的最一般合一是唯一的。若用最一般合一代换那些可合一的谓词公式，则可使它们变成完全一致的谓词公式，即一模一样的字符串。那么如何求取最一般合一呢？这就需要先引入差异集的概念。差异集是指两个公式中相同位置处不同符号的集合。

例如，两个谓词公式

$$F_1:P(x,y,z)$$
$$F_2:P(x,f(a),h(b))$$

分别从 F_1 和 F_2 的第一个符号开始，逐项向右比较，此时可发现 F_1 中的 y 与 F_2 中的 $f(a)$ 不同。再继续比较，又可知 F_1 中的 z 与 F_2 中的 $h(b)$ 不同。于是可得到两个差异集：

$$D_1=\{y,f(a)\}$$
$$D_2=\{z,h(b)\}$$

求公式集 F 最一般合一的算法如下。

第 1 步，令 $k=0$，$F_k=F$，$\sigma_k=\varepsilon$，ε 代表空代换。F 为欲求最一般合一的公式集。

第 2 步，若 F_k 只含一个表达式，则算法停止。σ_k 就是最一般合一；否则，执行第 3 步。

第 3 步，找出 F_k 的差异集 D_k。

第 4 步，若 D_k 中存在元素 x_k 和 t_k，其中 x_k 是变元，t_k 是项，且 x_k 不在 t_k 中出现，则进行：

$$\sigma_{k+1}=\sigma_k\circ\{t_k/x_k\}$$
$$F_{k+1}=F_k\{t_k/x_k\}$$
$$k=k+1$$

然后转第 2 步。若不存在这样的 x_k 和 t_k，则执行第 5 步。

第 5 步，算法终止。F 的最一般合一不存在。下面来看一个求最一般合一的例子。

例 3.2 求出下面公式集的最一般合一。

$$F=\{P(a,x,f(g(y))),P(z,f(z),f(u))\}$$

解：

(1) 令 $F_0=F$，$\sigma_0=\varepsilon$。F_0 中有两个表达式，所以 σ_0 不是最一般合一。

(2) 得到差异集 $D_0=\{a,z\}$。

(3)

$$\sigma_1=\sigma_0\circ\{a/z\}=\{a/z\}$$
$$F_1=\{P(a,x,f(g(y))),P(a,f(a),f(u))\}$$

(4) 得到差异集 $D_1=\{x,f(a)\}$。

(5)

$$\sigma_2=\sigma_1\circ\{f(a)/x\}=\{a/z,f(a)/x\}$$
$$F_2=F_1\{f(a)/x\}=\{P(a,f(a),f(g(y))),P(a,f(a),f(u))\}$$

(6) 得到差异集 $D_2=\{g(y),u\}$。

(7)

$$\sigma_3=\sigma_2\circ\{g(y)/u\}=\{a/z,f(a)/x,g(y)/u\}$$
$$F_3=F_2\{g(y)/u\}=\{P(a,f(a),f(g(y)))\}$$

（8）因为 F_3 中只有一个表达式，所以 σ_3 就是最一般合一。

（9）所求最一般合一为

$$\{a/z, f(a)/x, g(y)/u\}$$

3.3 归结演绎推理

归结演绎推理是一种基于鲁滨逊归结原理的机器推理技术，它在人工智能、逻辑编程、定理证明和数据库理论等诸多领域都有广泛的应用。归结原理也称为消解原理，是鲁滨逊于1965年在海伯伦（Herbrand）理论的基础上提出的一种基于逻辑“反证法”的机械化定理证明方法。在人工智能中，几乎所有的问题都可以转化为一个定理证明问题。而定理证明的实质，就是要对前提 P 和结论 Q，证明 P→Q 永真。由 3.2 节可知，要证明 P→Q 永真，就是要证明 P→Q 在任何一个非空的个体域上都是永真的。这将是非常困难的，甚至是不可实现的。为此，人们进行了大量的探索，后来发现可以采用反证法的思想，把关于永真性的证明转化为关于不可满足性的证明。即要证明 P→Q 永真，只要能够证明 P∧¬Q 为不可满足即可，这正是归结演绎推理的基本出发点。

3.3.1 子句集

由于鲁滨逊归结原理是在子句集的基础上进行定理证明的，因此，在讨论这些方法之前，需要先介绍子句集的有关概念。

1. 子句和子句集

定义 3.13 原子谓词公式及其否定统称为文字。

例如，$P(x)$，$Q(x)$，$\neg P(x)$，$\neg Q(x)$ 等都是文字。

定义 3.14 任何文字的析取式称为子句。

例如，$P(x) \vee Q(x)$，$P(x,f(x)) \vee Q(x,g(x))$ 都是子句。

定义 3.15 不包含任何文字的子句称为空子句。

由于空子句不含有任何文字，也就不能被任何解释所满足，因此空子句是永假的，是不可满足的。空子句一般被记为 NIL。

定义 3.16 由子句或空子句所构成的集合称为子句集。

2. 子句集的化简

在谓词逻辑中，任何一个谓词公式都可以通过应用等价关系及推理规则化成相应的子句集。其化简步骤如下。

（1）消去连接词“→”和“↔”

反复使用如下等价公式

$$P \rightarrow Q \Leftrightarrow \neg P \vee Q$$

$$P \leftrightarrow Q \Leftrightarrow (P \wedge Q) \vee (\neg P \wedge \neg Q)$$

这样就能消去谓词公式中的连接词“→”和“↔”。

如公式：

$$(\forall x)((\forall y)P(x,y) \rightarrow \neg(\forall y)(Q(x,y) \rightarrow R(x,y)))$$

经等价变换后变为：

$$(\forall x)(\neg(\forall y)P(x,y) \vee \neg(\forall y)(\neg Q(x,y) \vee R(x,y)))$$

（2）减少否定符号的辖域

反复使用双重否定律

$$\neg(\neg P) \Leftrightarrow P$$

De Morgen 定律

$$\neg(P \vee Q) \Leftrightarrow \neg P \wedge \neg Q$$

$$\neg(P \wedge Q) \Leftrightarrow \neg P \vee \neg Q$$

量词转换定律

$$\neg(\exists x)P \Leftrightarrow (\forall x)(\neg P)$$

$$\neg(\forall x)P \Leftrightarrow (\exists x)(\neg P)$$

将每个否定符号"¬"移动到仅靠谓词之后的位置，使得每个否定符号最多仅仅作用在一个谓词上。

例如，（1）中所得公式经过本步变换后为

$$(\forall x)((\exists y)\neg P(x,y) \vee (\exists y)(Q(x,y) \wedge \neg R(x,y)))$$

（3）对变元标准化

在一个量词的辖域内，把谓词公式中受该量词约束的变元全部用另外一个没有出现过的任意变元代替，使不同量词约束的变元有不同的名字。

例如，（2）中所得公式经本步变换后为

$$(\forall x)((\exists y)\neg P(x,y) \vee (\exists z)(Q(x,z) \wedge \neg R(x,z)))$$

（4）化为前束范式

化为前束范式的方法是把所有量词都移到公式的左边，并且在移动时不能改变其相对顺序。由于（3）中已对变元进行了标准化，每个量词都有自己的变元，这就消除了任何由变元引起冲突的可能，因此这种移动是可行的。

例如，（3）中所得公式转化为前束范式后为

$$(\forall x)(\exists y)(\exists z)(\neg P(x,y) \vee (Q(x,z) \wedge \neg R(x,z)))$$

（5）消去存在量词

消去存在量词时，需要区分以下两种情况。

若存在量词不出现在全称量词的辖域内（即它的左边没有全称量词），只要用一个新的个体常量替换受该存在量词约束的变元，就可消去该存在量词。

若存在量词位于一个或多个全称量词的辖域内，例如：

$$(\forall x_1)(\forall x_2)\cdots(\forall x_n)(\exists y)P(x_1,x_2,x_3,\cdots,x_n,y)$$

则需要用 Skolem 函数 $f(x_1,x_2,x_3,\cdots,x_n)$ 替换受该存在量词约束的变元，然后再消去该存在量词。

例如，在（4）中所得公式中存在量词 $(\exists y)$ 和 $(\exists z)$ 都位于 $(\forall x)$ 的辖域内，因此都需要用 Skolem 函数来替换。设替换 y 和 z 的 Skolem 函数分别是 $f(x)$ 和 $g(x)$，则替换后的公式为：

$$(\forall x)(\neg P(x,f(x)) \vee (Q(x,g(x)) \wedge \neg R(x,g(x))))$$

（6）化为 Skolem 标准形

Skolem 标准形的一般形式为：

$$(\forall x_1)(\forall x_2)\cdots(\forall x_n)M(x_1,x_2,x_3,\cdots,x_n)$$

式中，$M(x_1,x_2,x_3,\cdots,x_n)$是 Skolem 标准形的母式，它由子句的合取所构成。

把谓词公式化为 Skolem 标准形需要使用以下等价关系。

$$P\vee(Q\wedge R)\Leftrightarrow(P\vee Q)\wedge(P\vee R)$$

例如，(5) 中所得的公式转化为 Skolem 标准形后为

$$(\forall x)((\neg P(x,f(x))\vee Q(x,g(x))\wedge(\neg P(x,f(x))\vee\neg R(x,g(x))))$$

(7) 消去全称量词

由于母式中的全部变元均受全称量词的约束，并且全称量词的次序已无关紧要，因此可以省掉全称量词。但剩下的母式，仍假设其变元是被全称量词量化的。

例如，(6) 中所得公式消去全称量词后为：

$$(\neg P(x,f(x))\vee Q(x,g(x)))\wedge(\neg P(x,f(x))\vee\neg R(x,g(x)))$$

(8) 消去合取词

在母式中消去所有合取词，把母式用子句集的形式表示出来。其中，子句集中的每一个元素都是一个子句。

例如，(7) 中所得公式的子句集中包含以下两个子句。

$$\neg P(x,f(x))\vee Q(x,g(x))$$
$$\neg P(x,f(x))\vee\neg R(x,g(x))$$

(9) 更换变元名称

对子句集中的某些变元重新命名，使任意两个子句中不出现相同的变元名。由于每一个子句都对应着母式中的一个合取元，并且所有变元都是由全称量词量化的，因此任意两个不同子句的变元之间实际上不存在任何关系。这样，更换变元名是不会影响公式的真值的。例如，对 (8) 中所得公式，可把第二个子句集中的变元名 x 更换为 y，得到如下子句集。

$$\neg P(x,f(x))\vee Q(x,g(x))$$
$$\neg P(y,f(y))\vee\neg R(y,g(y))$$

3. 子句集的应用

通过上述化简步骤，可以将谓词公式化简为一个标准子句集。由于在消去存在量词时所用的 Skolem 函数可以不同，因此化简后的标准子句集是不唯一的。这样，当原谓词公式为非永假时，它与其标准子句集并不等价。但是，当原谓词公式为永假（即不可满足）时，其标准子句集则一定是永假的，即 Skolem 化并不影响原谓词公式的永假性。这个结论很重要，是归结原理的主要依据，可用定理的形式来描述。

定理 3.1 设有谓词公式 F，其标准子句集为 S，则 F 为不可满足的充要条件是 S 为不可满足的。

在证明此定理之前，先进行如下说明。

为讨论问题方便，设给定的谓词公式 F 已为前束形

$$(Q_1x_1)\cdots(Q_rx_r)\cdots(Q_nx_n)M(x_1,x_2,x_3,\cdots,x_n)$$

式中，$M(x_1,x_2,x_3,\cdots,x_n)$已转化为合取范式。由于将 F 转化为这种前束形是一种很容易实现的等值运算，因此这种假设是可以的。

又设Q_rx_r是第一个出现的存在量词$\exists x_r$，即 F 为

$$F=(\forall x_1)(\forall x_2)\cdots(\forall x_{r-1})(\exists x_r)\cdots(Q_{r+1}x_{r+1})\cdots(Q_nx_n)M(x_1,\cdots,x_{r-1},x_r,x_{r+1},\cdots,x_n)$$

为把 F 转化为 Skolem 形，需要先消去这个 $\exists x_r$，并引入 Skolem 函数，得到

$$F_1=(\forall x_1)(\forall x_2)\cdots(\forall x_{r-1})\cdots(Q_{r+1}x_{r+1})\cdots(Q_nx_n)M(x_1,\cdots,x_{r-1},f(x_1,\cdots,x_{r-1}),x_{r+1},\cdots,x_n)$$

若能证明

$$F\text{ 不可满足}\Leftrightarrow F_1\text{ 不可满足}$$

则同理可证

$$F_1\text{ 不可满足}\Leftrightarrow F_2\text{ 不可满足}$$

重复这一过程，直到证明了

$$F_1\text{ 不可满足}\Leftrightarrow F_m\text{ 不可满足}$$

为止。此时，F_m 已为 F 的 Skolem 标准形。而 S 只不过是 F_m 的一种集合表示形式。因此有

$$F\text{ 不可满足}\Leftrightarrow S\text{ 不可满足}$$

下面开始用反证法证明

$$F\text{ 不可满足}\Leftrightarrow F_1\text{ 不可满足}$$

（1）先证明⇒

已知 F 不可满足，假设 F_1 是可满足的，则存在一个解释 I，使 F_1 在解释 I 下为真。即对任意 $x_1,\cdots,x_{r-1}$ 在 I 的设定下有

$$(Q_{r+1}x_{r+1})\cdots(Q_nx_n)M(x_1,\cdots,x_{r-1},f(x_1,\cdots,x_{r-1}),x_{r+1},\cdots,x_n)$$

为真。亦即对任意的 $x_1,\cdots,x_{r-1}$ 都有一个 $f(x_1,\cdots,x_{r-1})$ 使

$$(Q_{r+1}x_{r+1})\cdots(Q_nx_n)M(x_1,\cdots,x_{r-1},f(x_1,\cdots,x_{r-1}),x_{r+1},\cdots,x_n)$$

为真。即在 I 下有

$$(\forall x_1)(\forall x_2)\cdots(\forall x_{r-1})(\exists x_r)\ldots(Q_{r+1}x_{r+1})\cdots(Q_nx_n)M(x_1,\cdots,x_{r-1},x_r,x_{r+1},\cdots,x_n)$$

为真。即 F 在 I 下为真。

但这与前提 F 是不可满足的相矛盾，即假设 F_1 为可满足是错误的。从而可以得出“若 F 不可满足，则必有 F_1 不可满足”。

（2）再证明⇐

已知 F_1 不可满足，假设 F 是可满足的。于是便有某个解释 I 使 F 在 I 下为真。即对任意的 $x_1,\cdots,x_{r-1}$ 在 I 的设定下都可找到一个 x_r，使

$$(Q_{r+1}x_{r+1})\cdots(Q_nx_n)M(x_1,\cdots,x_{r-1},x_r,x_{r+1},\cdots,x_n)$$

为真。若扩充 I，使它包含一个函数 $f(x_1,\cdots,x_{r-1})$，且有

$$x_r=f(x_1,\cdots,x_{r-1})$$

这样，就可以把所有的 $(x_1,\cdots,x_{r-1})$ 映射到 x_r，从而得到一个新的解释 I'，并且在此解释下对任意的 $x_1,\cdots,x_{r-1}$ 都有

$$(Q_{r+1}x_{r+1})\cdots(Q_nx_n)M(x_1,\cdots,x_{r-1},f(x_1,\cdots,x_{r-1}),x_{r+1},\cdots,x_n)$$

为真。即在 I' 下有

$$(\forall x_1)(\forall x_2)\cdots(\forall x_{r-1})(Q_{r+1}x_{r+1})\cdots(Q_nx_n)M(x_1,\cdots,x_{r-1},f(x_1,\cdots,x_{r-1}),x_{r+1},\cdots,x_n)$$

为真。它说明 F 在解释 I' 下为真。但这与前提 F_1 是不可满足的相矛盾，即假设 F 为可满足是错误的。从而可以得出“若 F_1 不可满足，则必不可满足”。

于是，定理得证。

由此定理可知，要证明一个谓词公式是不可满足的，只要证明其相应的标准子句集是不可满足的即可。而有关如何证明一个子句集不可满足性的问题就无须我们关心了，它可由鲁

滨逊归结原理来解决。

3.3.2 鲁滨逊归结原理

鲁滨逊归结原理是在对子句集中的子句依次进行归结的基础上，证明子句集的不满足性的一种基础定理。由谓词公式转化为子句集的方法可以知道，在子句集中子句之间是合取关系，其中，只要有一个子句为不可满足，则整个子句集就是不可满足的。另外，前面已经指出空子句是不可满足的，因此，一个子句集中如果包含有空子句，则此子句集就一定是不可满足的。鲁滨逊归结原理就是基于上述认识提出的，它的基本思想是：首先把欲证明问题的结论否定，并加入子句集中，得到一个扩充的子句集 S′。然后设法检验子句集 S′是否含有空子句，若含有空子句，则表明 S′是不可满足的；若不含有空子句，则继续使用归结法，在子句集中选择合适的子句进行归结，直至导出空子句或不能继续归结为止。鲁滨逊归结原理可分为命题逻辑的归结原理和谓词逻辑的归结原理。

（1）命题逻辑的归结原理

归结推理的核心是求两个子句的归结式，因此需要先讨论归结式的定义和性质，然后再讨论命题逻辑的归结过程。下面先来讨论归结式的定义与性质。

定义 3.17 若 P 是原子谓词公式，则称 P 与 $\neg P$ 为互补文字。

定义 3.18 设 C_1 和 C_2 是子句集中的任意两个子句，如果 C_1 中的文字 L_1 与 C_2 中的文字 L_2 互补，那么可从 C_1 和 C_2 中分别消去 L_1 和 L_2，并将 C_1 中和 C_2 中余下的部分按析取关系构成一个新的子句 C_{12}，则称这一过程为归结，称 C_{12} 为 C_1 和 C_2 的归结式，称 C_1 和 C_2 为 C_{12} 的亲本子句。

例 3.3 设 $C_1=\mathrm{P}\vee \mathrm{Q}\vee \mathrm{R}$，$C_2=\neg \mathrm{P}\vee \mathrm{S}$，求 C_1 和 C_2 的归结式 C_{12}。

解：这里 $L_1=P$，$L_2=\neg \mathrm{P}$，通过归结可以得到

$$C_{12}=\mathrm{Q}\vee \mathrm{R}\vee \mathrm{S}$$

例 3.4 设 $C_1=\neg \mathrm{Q}, C_2=\mathrm{Q}$，求 C_1 和 C_2 的归结式 C_{12}。

解：这里 $L_1=\neg \mathrm{Q}$，$L_2=\mathrm{Q}$，通过归结可以得到

$$C_{12}=NIL$$

定理 3.2 归结式 C_{12} 是其亲本子句 C_1 和 C_2 的逻辑结论。

证明：设 $C_1=L\vee C_1'$，$C_2=\neg L\vee C_2'$ 关于解释 I 为真，则只需证明 $C_{12}=C_1'\vee C_2'$ 关于解释 I 也为真。对于解释 I 而言，L 和 $\neg L$ 中必有一个为假。

若 L 为假，则必有 C_1' 为真，不然就会使 C_1 为假，这将与前提假设 C_1 为真矛盾，因此只能有 C_1' 为真。

同理，若 $\neg L$ 为假，则必有 C_2' 为真。

因此，必有 $C_{12}=C_1'\vee C_2'$ 关于解释 I 也为真。即 C_{12} 是 C_1 和 C_2 的逻辑结论。

这个定理是归结原理中很重要的一个定理，由它可得到以下两个推论。

推论 1：设 C_1 和 C_2 是子句集 S 中的两个子句，C_{12} 是 C_1 和 C_2 的归结式，若用 C_{12} 代替 C_1 和 C_2 后得到新的子句集 S_1，则由 S 与 S_1 的不可满足性可以推出原子句集 S 的不可满足性。

即 S_1 的不可满足性 $\Rightarrow S$ 的不可满足性

推论 2：设 C_1 和 C_2 是子句集 S 中的两个子句，C_{12} 是 C_1 和 C_2 的归结式，若把 C_{12} 加入 S 中得到新的子句集 S_2，则 S 与 S_2 的不可满足性是等价的。

即 S_2 的不可满足性 $\Leftrightarrow S$ 的不可满足性

推论 1 和推论 2 的证明可利用不可满足性的定义和解释 I 的定义来完成，本书从略。这两个推论说明，为证明子句集 S 的不可满足性，只要对其中可进行归结的子句进行归结，并把归结式加入到子句集 S 中，或者用归结式代替它的亲本子句，然后对新的子句集证明其不可满足性就可以了。如果经归结能得到空子句，根据空子句的不可满足性，即可得到原子句集 S 是不可满足的结论。

在命题逻辑中，对不可满足的子句集 S，其归结原理是完备的。这种不可满足性可用如下定理描述。

定理 3.3 子句集 S 是不可满足的，当且仅当存在一个从 S 到空子句的归结过程。

要证明此定理，需要用到海伯伦原理，正是从这种意义上说，鲁滨逊归结原理是建立在海伯伦原理基础上的。对此定理的证明从略，有兴趣的读者请查阅参考文献中所列的有关材料。

这里需要指出，鲁滨逊归结原理对可满足的子句集 S 是得不出任何结果的。

（2）谓词逻辑的归结原理

在谓词逻辑中，由于子句中含有变元，所以不能像命题逻辑的归结原理那样直接消去互补文字，在归结之前必须要用最一般合一对变元进行代换，比如有如下两个子句：

$$C_1 = P(x) \vee Q(x)$$

$$C_2 = \neg P(a) \vee R(y)$$

在这种情况下，由于 $P(x)$ 与 $P(a)$ 的不一致，因此亲本子句 C_1 和 C_2 就无法进行归结，此时就要用 C_1 与 C_2 的最一般合一 $\delta = \{a/x\}$ 来对它们进行代换：

$$C_1\delta = P(a) \vee Q(a)$$

$$C_2\delta = \neg P(a) \vee R(y)$$

代换后消去 $P(a)$ 和 $\neg P(a)$ 即可对二式进行归结，得出最终结果：

$$Q(a) \vee R(y)$$

在一般情形下，往往会遇到比较复杂的问题，所以要用一套合适的规则来描述，谓词逻辑中的归结可用如下定义来描述。

定义 3.19 设 C_1 和 C_2 是两个没有公共变元的子句，L_1 和 L_1 分别是 C_1 和 C_2 中的文字。

如果 L_1 和 $\neg L_2$ 存在最一般合一 δ，则称

$$C_{12} = (\{C_1\delta\} - \{L_1\delta\}) \cup (\{C_2\delta\} - \{L_2\delta\})$$

为 C_1 和 C_2 的二元归结式，而 L_1 和 L_2 为归结式上的文字。

这里使用集合符号和集合的运算，是为了方便说明问题。即先将子句 $C_i\delta$ 和 $L_i\delta$ 写成集合的形式，并在集合表示下做减法和并集运算，然后再写成子句集的形式。

此外，定义中还要求 C_1 和 C_2 无公共变元，这也是合理的。例如 $C_1 = P(x), C_2 = \neg P(f(x))$，而 $S = \{C_1, C_2\}$ 是不可满足的。但由于 C_1 和 C_2 的变元相同，就无法合一了。没有归结式，就不能用归结法证明 S 的不可满足性，这就限制了归结法的使用范围。但是，如果对 C_1 或 C_2 的变元进行换名，便可通过合一对 C_1 和 C_2 进行归结。如上例，若先对 C_2 进行换名，即 $C_2 = \neg P(f(y))$，则可对 C_1 和 C_2 进行归结，可得到一个空子句 NIL，至此即可证明 S 是不可满足的。

事实上，在由公式集转化为子句集的过程中，其最后一步就是进行换名处理。因此，定义中假设 C_1 和 C_2 没有相同变元是可以的。下面看一些谓词逻辑归结的例子。

例 3.5 设 $C_1=P(a)\vee R(x)$，$C_2=\neg P(y)\vee Q(b)$，求 C_{12}。

解： 取 $L_1=P(a)$、$L_2=\neg P(y)$，则 L_1 和 L_2 的最一般合一是 $\delta=\{a/y\}$，根据定义 3.19 可得

$$\begin{aligned}C_{12}&=(\{C_1\delta\}-\{L_1\delta\})\cup(\{C_2\delta\}-\{L_2\delta\})\\&=(\{P(a),R(x)\}-\{P(a)\})\cup(\{\neg P(a),Q(b)\}-\{\neg P(a)\})\\&=\{R(x)\}\cup\{Q(b)\}\\&=\{R(x),Q(b)\}\\&=R(x)\vee Q(b)\end{aligned}$$

例 3.6 设 $C_1=P(x)\vee Q(a)$，$C_2=\neg P(x)\vee R(x)$，求 C_{12}。

解： 由于 C_1 和 C_2 有相同的变元 x 不符合定义 3.19 的要求。为了进行归结，需要修改 C_2 中变元的名字，令 $C_2=\neg P(b)\vee R(y)$。此时 $L_1=P(x)$，$L_2=\neg P(b)$，L_1 和 $\neg L_2$ 的最一般合一是 $\delta=\{b/x\}$。则有

$$\begin{aligned}C_{12}&=(\{C_1\delta\}-\{L_1\delta\})\cup(\{C_2\delta\}-\{L_2\delta\})\\&=(\{P(b),Q(a)\}-\{P(b)\})\cup(\{\neg P(b),R(y)\}-\{\neg P(b)\})\\&=\{Q(a)\}\cup\{R(y)\}\\&=\{Q(a),R(y)\}\\&=Q(a)\vee R(y)\end{aligned}$$

例 3.7 设 $C_1=P(x)\vee\neg Q(b)$，$C_2=\neg P(a)\vee Q(y)\vee R(z)$。

解： 对 C_1 和 C_2 通过最一般合一，可以得到两个互补对。但是需要注意，求归结式不能同时消去两个互补对，同时消去两个互补对的结果不是二元归结式。如在

$$\delta=\{a/x,b/y\}$$

下，若同时消去两个互补对，所得的 $R(z)$ 不是 C_1 和 C_2 的二元归结式。

例 3.8 设 $C_1=P(x)\vee P(f(a))\vee Q(x)$，$C_2=\neg P(y)\vee R(b)$。求 C_{12}。

解： 对参加归结的某个子句，若其内部有可合一的文字，则在进行归结之前应先对这些文字进行合一。本例的 C_1 中有可合一的文字 $P(x)$ 与 $P(f(a))$，若用它们的最一般合一 $\delta=\{f(a)/y\}$ 进行代换。可得到

$$C_1\delta=\{P(f(a))\vee Q(f(a))\}$$

此时可对 $C_1\delta$ 与 C_2 进行归结。选 $L_1=P(f(a))$，$L_2=\neg P(y)$，L_1 和 $\neg L_2$ 的最一般合一是 $\delta=\{f(a)/y\}$，则可得到 C_1 和 C_2 的二元归结式为

$$C_{12}=R(b)\vee Q(f(a))$$

在这个例子中，把 $C_1\delta$ 称为 C_1 的因子。一般来说，若字句 C 中有两个或两个以上的文字具有最一般合一 δ，则称 $C\delta$ 为子句 C 的因子。如果 $C\delta$ 是一个单文字，则称它为 C 的单元因子。应用因子概念，可对谓词逻辑中的归结原理给出如下定义。

定义 3.20 若 C_1 和 C_2 是无公共变元的子句，则

① C_1 和 C_2 的二元归结式。

② C_1 和 C_2 的因子 $C_2\delta_2$ 的二元归结式。

③ C_1 的因子 $C_1\delta_1$ 和 C_2 的二元归结式。

④ C_1 的因子 $C_1\delta_1$ 和 C_2 的因子 $C_2\delta_2$ 的二元归结式。

这四种二元归结式都是子句 C_1 和 C_2 的二元归结式，记为 C_{12}。

对于谓词逻辑的归结原理来说，归结式仍然为其亲本子句的逻辑结论，因此，用归结式

C_{12}来取代它在子句集 S 中的亲本子句所得到的新子句集，仍然保持着原子句集 S 的不可满足性，下面来看一个求二元归结式的例子。

例 3.9 设 $C_1=P(y)\vee P(f(x))\vee Q(g(x))$，$C_2=\neg P(f(g(a)))\vee Q(b)$，求 C_{12}。

解： 对 C_1来说，取最一般合一 $\delta=\{f(x)/y\}$，得 C_1的因子

$$C_1\delta_1=P(f(x))\vee Q(g(x))$$

对 C_1的因子和 C_2归结，可得到 C_1和 C_2的二元归结式

$$C_{12}=Q(g(g(a)))\vee Q(b)$$

3.3.3 归结反演

有了鲁滨逊归结原理，就可以据此进行定理的证明。应用归结原理证明定理的过程称为归结反演，归结原理给出了证明子句集不可满足性的方法，即归结演绎的推理方法，包含命题逻辑的归结反演和谓词逻辑的归结反演两种，下面对它们分别进行介绍。

（1）命题逻辑的归结反演

归结原理给出了证明子句集不可满足性的方法。若假设 F 为已知的前提条件，G 为欲证明的结论，且 F 和 G 都是公式集的形式。根据前面提到的反证法"G 为 F 的逻辑结论，当且仅当 $F\wedge\neg G$ 是不可满足的"，可把已知 F 证明 G 为真的问题，转化为证明 $F\wedge\neg G$ 为不可满足的问题。再根据之前的定理，在不可满足的意义上，公式集 $F\wedge\neg G$ 与其子句集是等价的，又可把 $F\wedge\neg G$ 在公式集上的不可满足问题，转化为子句集上的不可满足问题。这样，就可用归结原理来进行定理的自动证明。

在命题逻辑中，已知 F 证明 G 为真的归结反演过程如下。

① 否定目标公式 G，得$\neg G$。

② 把$\neg G$ 并入到公式集 F 中，得到 $\{F,\neg G\}$。

③ 把 $\{F,\neg G\}$ 转化为子句集 S。

④ 应用归结原理对子句集 S 中的子句进行归结，并把每次得到的归结式并入 S 中。如此反复进行，若出现空子句，则停止归结，此时就证明了 G 为真。

例 3.10 设已知的公式集为$\{P,(P\wedge Q)\rightarrow R,(S\vee T)\rightarrow Q,T\}$，求证结论 R。

解： 假设结论 R 为假，即$\neg R$ 为真，将$\neg R$ 加入公式集，并将其转化为子句集，步骤如下：

$$S=\{P,\neg P\vee\neg Q\vee R,\neg S\vee Q,\neg T\vee Q,T,\neg R\}$$

由于文字 R 与$\neg R$，P 与$\neg P$，Q 与$\neg Q$，T 与$\neg T$ 均为互补文字，根据归结原理，对子句集中的这些互补对分别进行归结处理，并且每一个互补对归结后均把归结式并入子句集中，迭代这一过程直到出现空子句 *NIL* 为止。此时，根据归结原理的完备性，可得子句 S 是不可满足的，即开始时假设的$\neg R$ 为真是错误的假设，故 R 为真已被证明。

（2）谓词逻辑的归结反演

谓词逻辑的归结反演与命题逻辑的归结反演的最大区别是两种方法中每个步骤的处理对象是不同的，但两种归结反演的主要思想都是统一的，即谓词逻辑的归结反演是仅有一条推理规则的问题求解方法，在使用归结反演来证明 $P\rightarrow Q$ 成立时，实际上是证明其反面不成立，即$\neg(P\rightarrow Q)$不可满足。在谓词逻辑中，由于子句集中的谓词一般都含有变元，因此不能像命题逻辑那样直接消去互补文字。而需要先用一个最一般合一对变元进行代换，然后才

能进行归结。可见，谓词逻辑的归结反演要比命题逻辑的归结反演稍复杂些，下面来看一个谓词逻辑的归结反演的示例。

例 3.11 已知

$$F:(\forall x)((\exists y)A(x,y)\land B(y)\rightarrow(\exists y)(C(y)\land D(x,y)))$$

$$G:\neg(\exists x)C(x)\rightarrow(\forall x)(\forall y)(A(x,y)\rightarrow\neg B(y))$$

求证：G 是 F 的逻辑结论。

证明： 先把 G 否定，并放入 F 中，得到的新子句集 $\{F,\neg G\}$ 为

$$\{(\forall x)((\exists y)A(x,y)\land B(y)\rightarrow(\exists y)(C(y)\land D(x,y))),\neg(\neg(\exists x)C(x)\rightarrow(\forall x)(\forall y)(A(x,y)\rightarrow\neg B(y)))\}$$

再把 $\{F,\neg G\}$ 转化成子句集，得到：

① $\neg A(x,y)\lor\neg B(y)\lor C(f(x))$。

② $\neg A(u,v)\lor\neg B(v)\lor D(u,f(u))$。

③ $\neg C(z)$。

④ $A(m,n)$。

⑤ $B(k)$。

其中，①，②是由 F 转化出的两个子句，③，④，⑤是由¬ G 转化出的三个子句。

最后应用谓词逻辑的归结原理，对上述子句集进行归结，其过程为：

⑥ $\neg A(x,y)\lor\neg B(y)$，由①和③归结，取 $\delta=\{f(x)/z\}$。

⑦ $\neg B(n)$，由④和⑥归结，取 $\delta=\{m/x,n/y\}$。

⑧ NIL，由⑤和⑦归结，取 $\delta=\{k/x\}$。

至此，出现空子句 NIL，故 G 是 F 的逻辑结论得证。

3.3.4 归结策略

归结演绎推理实际上就是从子句集中不断寻找可进行归结的子句对，并通过对这些子句对的归结，最终得出一个空子句的过程。由于事先并不知道哪些子句对可进行归结，更不知道通过对哪些子句对的归结能尽快得到空子句，因此就需要对子句集中的所有子句逐对进行比较，直到得出空子句为止。假设有子句集 $S=\{C_1,C_2,C_3,C_4\}$，则计算机中对此子句集的归结过程一般为：

第一步，把 S 内任意子句两两逐一进行归结，得到一组归结式，称为第一级归结式，记为S_1。

第二步，把 S 与S_1内的任意子句两两逐一进行归结，得到一组归结式，称为第二级归结式，记为S_2。

第三步，S 和S_1内的子句与S_2内的任意子句两两逐一进行归结，得到一组归结式，称为第三级归结式，记为S_3。

第四步，如此继续，直到出现了空子句或者不能再继续归结为止。只要子句集是不可满足的，上述归结过程一定会归结出空子句而终止。

这种盲目地全面进行归结的方法，不仅会产生许多无用的归结式，还会产生组合爆炸问题。因此，需要研究有效的归结策略来解决这些问题。

目前，常用的归结策略可分为两大类，一类是删除策略，另一类是限制策略。删除策略

是通过删除某些无用的子句来缩小归结范围；限制策略是通过对参加归结的子句进行某些限制，减少归结的盲目性，以尽快得到空子句。下面介绍几种使用频率较高的归结策略。

1. 删除策略

删除策略有以下几种删除方法。

（1）纯文字删除法

如果某文字 L 在子句集中不存在可与之互补的文字 $\neg L$，则称该文字为纯文字。显然，在归结时纯文字不可能被消去。因而用包含纯文字的子句进行归结时不可能得到空子句，即这样的子句对归结是无意义的。所以可以把纯文字所在的子句从子句集中删去，这样并不影响子句集的不可满足性。例如，子句集 $S=\{P \vee Q \vee R, \neg Q \vee R, Q, \neg R\}$，其中 P 是纯文字，因此可将子句 $P \vee Q \vee R$ 从 S 中删去。

（2）重言式删除法

如果一个子句中同时包含互补文字对，则称该子句为重言式。

例如，$P(x) \vee \neg P(x)$，$P(x) \vee Q(x) \vee \neg P(x)$ 都是重言式。重言式是真值为真的子句。对于一个子句集来说，不管是增加还是删去一个真值为真的子句都不会影响它的不可满足性。所以可从子句集中删去重言式。

（3）包孕删除法

设有子句 C_1 和 C_2，如果存在一个代换 δ 使得 $C_1\delta \in C_2$，则称 C_1 包孕于 C_2。

例如：

$P(x)$ 包孕于 $P(y) \vee Q(z)$，$\delta=\{y/x\}$

$P(x)$ 包孕于 $P(a) \vee Q(z)$，$\delta=\{a/x\}$

$P(x) \vee Q(a)$ 包孕于 $P(f(a)) \vee Q(a) \vee R(y)$，$\delta=\{f(a)/x\}$

删去子句集中包孕的子句（即较长的子句），不会影响子句集的不可满足性。所以可从子句集中删去包孕子句。

2. 支持集策略

支持集策略是一种限制策略。其限制的方法是：每次归结时，参与归结的子句中至少应有一个是由目标公式的否定所得到的子句，或者是它们的后裔。支持集策略是完备的，即假如对一个不可满足的子句集运用支持集策略进行归结，那么最终会导出空子句。

例 3.12 用支持集策略归结子句集 $S=\{\neg I(x) \vee R(x), I(a), \neg R(y) \vee \neg L(y), L(a)\}$，其中 $\neg I(x) \vee R(x)$ 是目标公式否定后得到的子句。

解：

用支持集策略进行归结的过程是：

S：（1）$\neg I(x) \vee R(x)$

（2）$I(a)$

（3）$\neg R(y) \vee \neg L(y)$

（4）$L(a)$

S_1：（1）与（2）归结得（5）$R(a)$，其中运用了最一般合一 $\{a/x\}$

（1）与（3）归结得（6）$\neg I(x) \vee \neg L(x)$，其中运用了最一般合一 $\{x/y\}$

（1）与（4）无法归结

S_2：（1）与（5）无法归结

(1) 与 (6) 无法归结

(2) 与 (5) 无法归结

(2) 与 (6) 归结得 (7) $\neg L(a)$，其中运用了最一般合一 $\{a/x\}$

(3) 与 (5) 归结得 (8) $\neg L(a)$，其中运用了最一般合一 $\{a/y\}$

(3) 与 (6) 无法归结

(4) 与 (5) 无法归结

(4) 与 (6) 归结得 (9) $\neg I(a)$，其中运用了最一般合一 $\{a/x\}$

S_3：(1) 与 (7) 无法归结

(1) 与 (8) 无法归结

(1) 与 (9) 无法归结

(2) 与 (7) 无法归结

(2) 与 (8) 无法归结

(2) 与 (9) 归结得 *NIL*（结束）

至此，归结结束。

上述支持集策略的归结过程可用归结树来表示，如图 3.3 所示。

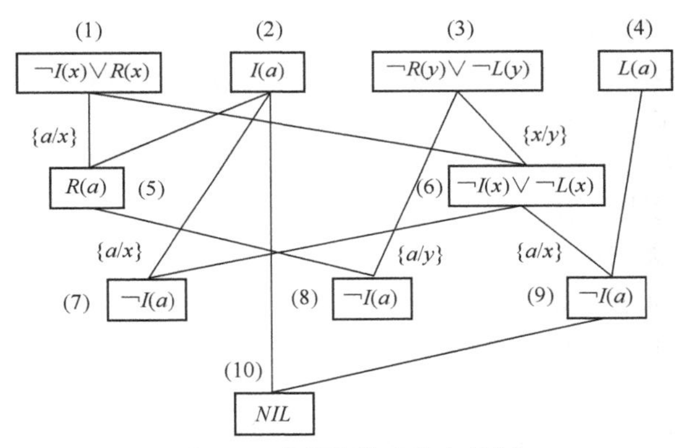

图 3.3　支持集策略的归结树

3. 线性输入策略

线性输入策略的限制方法是：参与归结的两个子句中至少有一个是原始子句集中的子句(包括那些待证明公式的否定)。线性输入策略可限制生成归结式的数量，具有简单、高效的优点。但是线形输入策略是不完备的。例如，用线性输入策略对子句集 $S=\{P\vee Q, P\vee\neg Q, \neg P\vee Q, \neg P\vee\neg Q\}$ 进行归结，就得不到空子句。但是该子句集是不可满足的，用支持集策略可以归结出空子句。

例 3.13　用线性输入策略对例 3.12 中的子句集进行归结。

解：

用线性输入策略进行归结的过程是：

S：(1) $\neg I(x)\vee R(x)$

(2) $I(a)$

(3) $\neg R(y)\vee\neg L(y)$

(4) $L(a)$

S_1:(1) 与 (2) 归结得 (5) $R(a)$，其中运用了最一般合一$\{a/x\}$

(1) 与 (3) 归结得 (6) $\neg I(x) \vee \neg L(x)$，其中运用了最一般合一$\{x/y\}$

(1) 与 (4) 无法归结

(2) 与 (3) 无法归结

(2) 与 (4) 无法归结

(3) 与 (4) 归结得 (7) $\neg R(a)$，其中运用了最一般合一$\{a/y\}$

S_2:(1) 与 (5) 无法归结

(1) 与 (6) 无法归结

(1) 与 (7) 归结得 (8) $\neg I(a)$，其中运用了最一般合一$\{a/x\}$

(2) 与 (5) 无法归结

(2) 与 (6) 归结得 (9) $\neg L(a)$，其中运用了最一般合一$\{a/x\}$

(2) 与 (7) 无法归结

(3) 与 (5) 归结得 (10) $\neg L(a)$，其中运用了最一般合一$\{a/y\}$

(3) 与 (6) 无法归结

(3) 与 (7) 无法归结

(4) 与 (5) 无法归结

(4) 与 (6) 归结得 (11) $\neg I(a)$，其中运用了最一般合一$\{a/x\}$

(4) 与 (7) 无法归结

S_3:(1) 与 (8) 无法归结

(1) 与 (9) 无法归结

(1) 与 (10) 无法归结

(1) 与 (11) 无法归结

(2) 与 (8) 归结得 *NIL* (结束)

至此，归结结束。

上述支持集策略的归结过程可用归结树来表示，如图 3.4 所示。

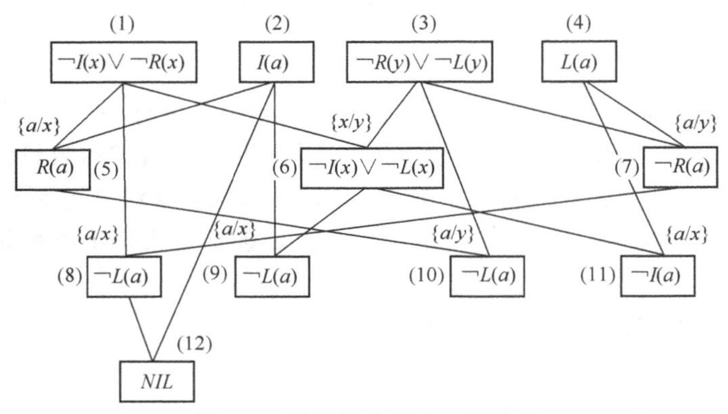

图 3.4　线性输入策略的归结树

3.4　自然演绎推理

接下来讨论非归结演绎推理中的自然演绎推理。首先看它的定义：从一组已知为真的事实出发，直接运用经典逻辑的推理规则推出结论的过程称为自然演绎推理。自然演绎推理常被用在数理逻辑的证明中，其最主要的推理规则是由一大一小两个前提与一个结论组成的三段论法。其中，基本的推理是上一小节提出的 P 规则、T 规则、假言推理和拒取式推理等。

假言推理的一般形式是：

$$P, P \to Q \Rightarrow Q$$

它表示：由 $P \to Q$ 为真及 P 为真，可推出 Q 为真。

例如，由“如果 x 是可燃物，那么 x 可以燃烧”和“塑料袋是可燃物”可以推出“塑料袋可以燃烧”的结论。

拒取式推理的一般形式是：

$$P \to Q, \neg Q \Rightarrow \neg P$$

它表示：由 $P \to Q$ 为真并且 Q 为假，可推出 P 为假。

例如，由“如果 x 是可燃物，那么 x 可以燃烧”和“石头不可以燃烧”可以推出“石头不是可燃物”的结论。

说到这里，读者要特别注意避免否定前件 P 及其肯定后件 Q 这两种类型的错误。

(1) 如果打开 MP3，则能听到优美的音乐。

(2) 没有打开 MP3。

(3) 所以，不能听到优美的音乐。

这就是应用了否定前件 P 的推理，显然是不正确的，因为其违背了确定性推理的逻辑规则，我们知道，通过手机、计算机、iPad 或前往音乐厅等诸多方式均能听到优美的音乐，故如此多的媒介，凭什么下“不打开 MP3 就听不到优美的音乐”这种荒谬的结论呢？因此，当 $P \to Q$ 为真时，希望通过否定前件 P 为将来推出后件 Q 为假是不正确的，这是第一类错误。

(4) 如果打开 MP3，则能听到优美的音乐。

(5) 听到了优美的音乐。

(6) 所以，打开了 MP3。

这就是应用了肯定后件 Q 的推理，同样是不正确的，其照样违背了经典逻辑的逻辑规则。因此，当 $P \to Q$ 为真时，希望通过肯定后件 Q 为真来推出前件 P 为真也是不正确的，这是第二类错误。

下面举例说明自然演绎推理方法。

例 3.14 设定已知如下事实：

(1) 只要是好玩的游戏小航都爱玩。

(2) 企鹅公司出品的游戏都很有意思。

(3)《王者荣誉》是企鹅公司的一款游戏。

求证：小航爱玩游戏《王者荣誉》。

证明：

第一步，要将谓词定义出来。

FANCY(x)：x 是一款好玩的游戏；

LIKE(x,y)：x 喜欢玩 y 游戏；

T(x)：x 是 T 公司的一款游戏。

第二步，再将上述已知的事实与带证明的问题用谓词公式表示出来。

$(\forall x)(\mathrm{FANCY}(x)\to\mathrm{LIKE}(\mathrm{Hang},x))$ 只要是好玩的游戏，小航都喜欢玩；

$(\forall x)(\mathrm{T}(x)\to\mathrm{FANCY}(x))$ 企鹅公司出品的游戏都很有意思；

$\mathrm{T}(w)$ 《王者荣誉》是企鹅公司出品的一款游戏；

$\mathrm{LIKE}(\mathrm{Hang},w))$ 待求证：小航爱玩游戏《王者荣誉》。

第三步，根据上述自然演绎推理的相应规则进行推理。

因为

$$(\forall x)(\mathrm{FANCY}(x)\to\mathrm{LIKE}(\mathrm{Hang},x))$$

经全称固化，由一般到特殊有：

$$\mathrm{FANCY}(m)\to\mathrm{LIKE}(\mathrm{Hang},m))$$

又因为

$$(\forall x)(\mathrm{T}(x)\to\mathrm{FANCY}(x))$$

经全称固化，由一般到特殊有：

$$(\mathrm{T}(n)\to\mathrm{FANCY}(n))$$

依据 P 规则引入前提，再由假言推理得：

$$\mathrm{T}(w),\mathrm{T}(n)\to\mathrm{FANCY}(n)\Rightarrow\mathrm{FANCY}(w)$$

由 T 规则将永真蕴含公式$(\forall x)(\mathrm{T}(x)\to\mathrm{FANCY}(x))$引入推理过程得：

$$\mathrm{FANCY}(w),\mathrm{FANCY}(m)\to\mathrm{LIKE}(m)\Rightarrow\mathrm{FANCY}(\mathrm{Hang},w)$$

再次应用 P 规则及假言推理得：

$$\mathrm{LIKE}(\mathrm{Hang},w)$$

综上所述，小航喜欢玩《王者荣誉》得证。

通常意义上讲，由已知事实推出的结论可能有两个甚至更多个，但只要欲解决的问题包含在这些结论之中，那么就可以认定推理成功，即欲证明问题得以解决。

自然演绎推理是一种证明过程自然流畅、表达方法简明易懂的推理方法，它拥有非常清晰准确的推理规则，推理过程严密而不失灵活性，可以在推理规则中嵌入某领域的特定知识；但自然演绎推理也有其局限性，因其在推理过程中得到的中间结论过于繁多且增长速率巨大（呈指数级增长），容易产生组合爆炸，故不适用于复杂的问题，接下来就来看看适用于复杂问题的推理方法。

3.5 与或形演绎推理

本节将讨论第二种经典的非归结演绎推理方法——与或形演绎推理。它与归结演绎推理最大的区别是：归结演绎推理要求把有关问题的知识及目标的否定都转化成子句形式，然后通过归结进行演绎推理。而归结演绎所遵循的推理规则只有一条，即归结规则。对于许多公式来说，子句集是一种不够高效的表达式，为提高公式推理和证明的效率，与或形演绎推理则不再把有关知识转化为子句集，而是把领域知识和已知事实分别用蕴含式及与或形表示出来，然后通过运用蕴含式进行演绎推理，从而证明某个目标公式。

与或形演绎推理分为正向演绎、逆向演绎和双向演绎三种推理形式，下面对其分别进行讨论。

3.5.1 与或形正向演绎推理

在与或形正向演绎推理中，以正向方式使用的规则称为 F 规则，其具有如下形式。

$$L \rightarrow W$$

式中，L 为单文字，W 为与或形。

与或形正向演绎的推理方法是从已知事实出发，正向使用蕴含式（F 规则）进行演绎推理，直至得到某个目标公式的一个终止条件为止。在这种推理中，对已知事实、F 规则及目标公式的表示形式均有一定要求。如果不是所要求的形式，则需要进行变换。

1. 事实表达式的与或形变换及其树形表示

与或形正向演绎推理要求已知事实用不含蕴含符号“→”的与或形表示。把一个公式转化为与或形的步骤与转化为子句集的步骤类似。只是不必把公式转化为子句的合取形式，也不能消去公式中的合取词。其具体过程为：

第一步，利用 $P \rightarrow Q \Leftrightarrow \neg P \vee Q$ 消去公式中的蕴含连接词“→”。

第二步，利用摩根律及量词转换律把否定词“¬”移到紧靠谓词的位置上。

第三步，重新为变元命名，使不同量词约束的变元有不同的名字。

第四步，引入 Skolem 函数消去存在量词。

第五步，消去全称量词，且使各主要合取式中的变元不同名。

例如，对如下谓词公式

$$(\exists x)(\forall y)\{Q(y,x) \wedge \neg[R(y) \vee P(y) \wedge S(x,y)]\}$$

按上述步骤转化后得到

$$Q(z,a) \wedge \{[\neg R(y) \wedge \neg P(y)] \vee \neg S(a,y)\}$$

这个不包含蕴含连接词“→”的表达形式，称为与或形。

事实表达式的与或形可用一棵与或树表示，称为事实与或树。如上式可用图 3.5 所示的与或树表示。

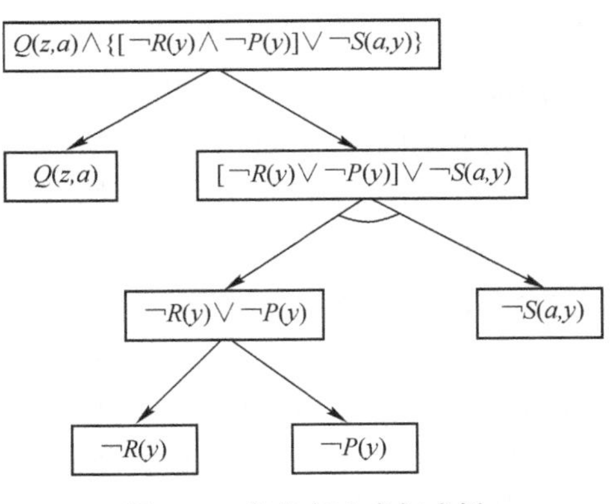

图 3.5 事实表达式与或树

在图 3.5 中，根节点代表整个表达式，叶子节点表示不可再分解的原子公式，其他节点表示还可分解的子表达式。对于用析取符号“∨”连接而成的表达式，用一个 n 连接符，即图中的半圆弧把它们连接起来。对于用合取符号“∧”连接而成的表达式，无须使用连接符。由与或树也可以很方便地获得原表达式的子句集。

2. F 规则的表示形式

我们知道，在与或形正向演绎中 F 规则的形式为 $L \rightarrow W$，式中之所以限制 F 规则的左部为单文字，是因为在进行演绎推理时，要用 F 规则作用于事实与或树。而该与或树的叶子节点都是单文字。这样就可用 F 规则的左部与叶子节点进行简单匹配（合一）了。

如果知识领域的表示形式不是所要求的形式，则需要通过变换将它变成规定的形式。变换步骤为：

第一步，暂时消去蕴含词“→”。例如，对公式

$$(\forall x)\{[(\exists y)(\forall z)P(x,y,z)] \rightarrow (\forall u)Q(x,u)\}$$

运用等价关系可转化为

$$(\forall x)\{\neg[(\exists y)(\forall z)P(x,y,z)] \vee (\forall u)Q(x,u)\}$$

第二步，把否定词“¬”移到紧靠谓词的位置上。运用摩根律及量词转换律将否定词“¬”移到括弧中。于是上式可转化为

$$(\forall x)\{(\forall y)(\exists z)[\neg P(x,y,z)] \vee (\forall u)Q(x,u)\}$$

第三步，引入 Skolem 函数消去存在量词。消去存在量词之后上式可转化为

$$(\forall x)\{(\forall y)[\neg P(x,y,f(x,y))] \vee (\forall u)Q(x,u)\}$$

第四步，消去全称量词。将上式消去全称量词后转化为

$$\neg P(x,y,f(x,y)) \vee Q(x,u)$$

此时公式中的变元都被视为受全称量词约束的变元。

第五步，恢复为蕴含式。例如，用等价关系将上式变为

$$P(x,y,f(x,y)) \rightarrow Q(x,u)$$

3. 目标公式的表示形式

在与或形正向演绎推理中，要求目标公式用子句表示。如果目标公式不是子句形式，就需要转化成子句形式。转化方法如上节所述。

3.5.2 与或形反向演绎推理

与或形逆向演绎推理是从待证明的问题（目标）出发，通过逆向使用蕴含式（B 规则）进行演绎推理，直到得到包含已知事实的终止条件为止。

与或形逆向演绎推理对目标公式、B 规则及已知事实的表示形式也有一定的要求。若不符合要求，则需进行转换。

1. 目标公式的与或形变换及与或树表示

在与或形逆向演绎推理中，要求目标公式用与或形表示。其变换过程和与或形逆向演绎推理中对已知事实的变换基本相似。但是要用存在量词约束的变元的 Skolem 函数替换由全称量词约束的相应变元，并且先消去全称量词，再消去存在量词。这是与或形逆向演绎与正向演绎进行变换的不同之处。例如，对如下目标公式

$$(\exists y)(\forall x)\{P(x) \rightarrow [Q(x,y)] \wedge \neg R(x) \wedge S(y)]\}$$

经过与或形逆向演绎方法转化后可得到

$$\neg P(f(z)) \vee \{Q(f(y),y) \wedge [\neg R(f(y)) \vee \neg S(y)]\}$$

在变换时应使各个主要的析取式具有不同的变元名。

目标公式的与或形也可用与或树表示。但其表示方式和与或形正向演绎中的事实与或树

的表示略有不同。目标公式与或树中的 n 连接符用来把具有合取关系的子表达式连接起来，而在与或形正向演绎中的 n 连接符则是把已知事实中具有析取关系的子表达式连接起来。上述目标公式的与或树如图 3.6 所示。

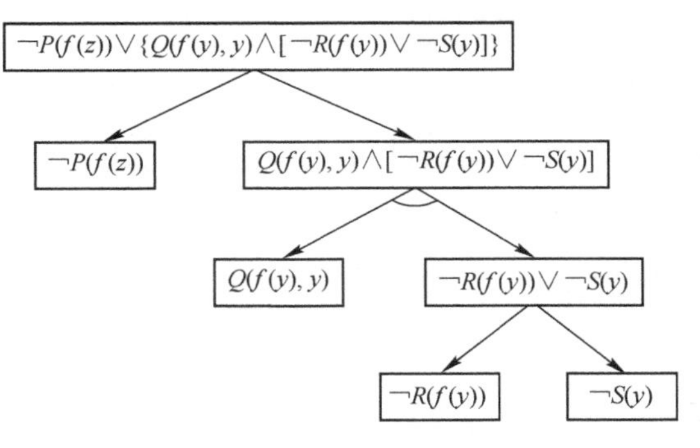

图 3.6　目标公式的与或树

2. *B* 规则的表示形式

B 规则的表示形式为

$$W \to L$$

其中，W 为与或形公式，L 为单文字。

之所以限制规则的右部为文字，是因为推理时要用它与目标与或树中的叶子节点进行匹配，而目标与或树中的叶子节点是文字。如果已知的 B 规则不是所要求的形式，则可用与转换 F 规则类似的方法将其转化成规定的形式。特别是对于像

$$W \to (L_1 \wedge L_2)$$

这样的蕴含式均可转化为两个 B 规则

$$W \to L_1, W \to L_2$$

3. 已知事实的表示形式

与或形逆向演绎推理中，要求已知事实是文字的合取式，即形如

$$F_1 \wedge F_2 \wedge \cdots \wedge F_n$$

在问题求解中，由于每个 $F_i(i=1,2,\cdots,n)$ 都可单独起作用，因此可把上式表示为事实的集合

$$\{F_1, F_2, \cdots, F_n\}$$

4. 推理过程

应用 B 规则进行与或形逆向演绎推理的目的在于求解问题。当从目标公式的与或树出发，通过运用 B 规则最终得到了某个终止在事实节点上的一致解图时，推理就成功结束。一致解图是指在推理过程中所用到的代换应该是一致的。与或形逆向演绎推理的过程（见图 3.7）如下。

第一步，用与或树将目标公式表示出来。

第二步，将 B 规则的右部和与或树的叶子节点进行匹配，并将匹配成功的 B 规则加入到与或树中。

第三步，重复第二步，直到产生某个终止在事实节点上的一致解图为止。推理过程如图 3.7 所示。

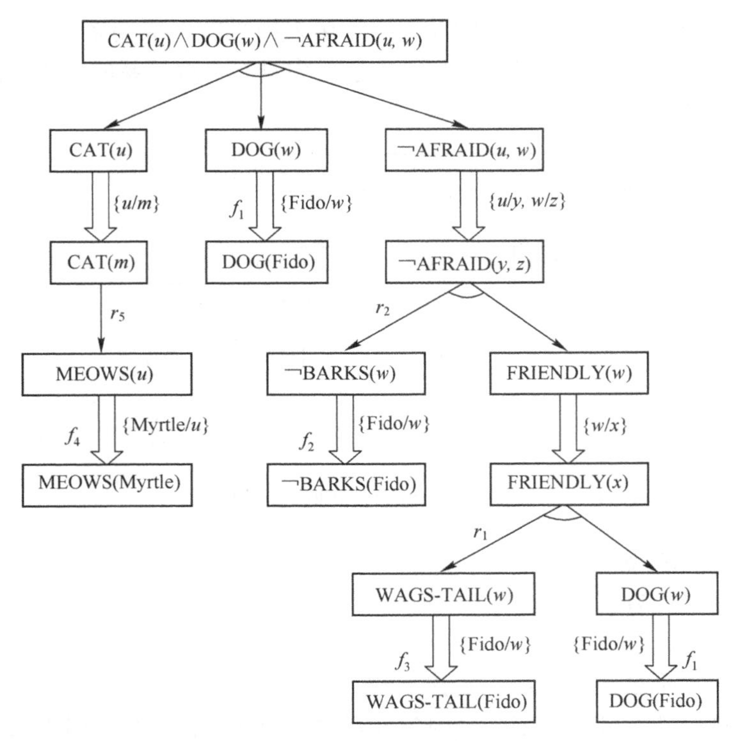

图 3.7 与或形反向演绎的推理过程

3.5.3 与或形双向演绎推理

与或形正向演绎推理要求目标公式是文字的析取式。与或形逆向演绎推理要求事实公式为文字的合取式。这两点使得与或形正向演绎和逆向演绎推理都有一定的局限性。为了克服这种局限，充分发挥各自优势，可使用双向演绎推理。

正向和逆向组合系统是建立在两个系统相结合的基础上的。此组合系统的总数据库由表示目标和表示事实的两个与或图结构组成。这些与或图最初用来表示给出的事实和目标的某些表达式集合，现在这些表达式的形式都不受约束。这些与或图结构分别用正向系统的 F 规则和逆向系统的 B 规则来修正。设计者必须决定哪些规则用来处理事实图，以及哪些规则用来处理目标图。尽管新系统在修正由两部分构成的数据库时只沿一个方向进行，但我们仍然把这些规则分别称为 F 规则和 B 规则。继续限制 F 规则为单文字前项和 B 规则为单文字后项。

组合演绎系统的主要复杂之处在于其终止条件。终止涉及两个图结构之间的适当交接。

在完成两个图之间的所有可能匹配之后，目标图中根节点上的表达式是否已经根据事实图中根节点上的表达式和规则得到证明的问题仍然需要判定。只有得到这样的证明时，推理过程才算成功终止。当然，若能断定在给定方法限度内找不到证明时，推理则以失败告终。也就是说，分别从正、反两个方向进行推理，其与或树分别向着对方扩展。只有当它们对应的叶子节点都可以合一时，推理才能结束。在推理过程中用到的所有代换必须是一致的。

定义 3.21 设代换集合

$$\theta=\{\theta_1,\theta_2,\cdots,\theta_n\}$$

中的第 i 个代换 $\theta_i(i=1,2,\cdots,n)$ 为

$$\theta_i=\{t_{i1}/x_{i1},t_{i2}/x_{i2},\cdots,t_{im(i)}/x_{im(i)}\}$$

其中，t_{ij}为项，$x_{ij}(j=1,2,3,\cdots m(i))$为变元，则代换集是一致的充要条件是如下两个元组可合一。

$$T=\{(t_{11},t_{12},\cdots t_{1m(1)},t_{21},t_{22},t_{2m(2)},\cdots,t_{nm(n)})\}$$

$$X=\{(x_{11},x_{12},\cdots x_{1m(1)},x_{21},x_{22},x_{2m(2)},\cdots,x_{nm(n)})\}$$

例如，

（1）设 $\theta_1=\{x/y\}$，$\theta_2=\{y/z\}$，则 $\theta=\{\theta_1,\theta_2\}$是一致的。

（2）设 $\theta_1=\{f(g(x_1))/x_3,f(x_2)/x_4\}$，$\theta_2=\{x_4/x_3,g(x_1)/x_2\}$，则 $\theta=\{\theta_1,\theta_2\}$是一致的。

（3）设 $\theta_1=\{a/x\}$，$\theta_2=\{b/x\}$，则 $\theta=\{\theta_1,\theta_2\}$是不一致的。

（4）设 $\theta_1=\{g(y)/x\}$，$\theta_2=\{f(x)/y\}$，则 $\theta=\{\theta_1,\theta_2\}$是不一致的。

与或形的演绎推理不必把公式转化为子句集，保留了蕴含连接词“→”。这样就可直观地表达出因果关系，比较自然。但是，与或形正向演绎推理把目标表达式限制为文字的析取式。与或形逆向演绎推理把已知事实表达式限制为文字的合取式。与或形双向推理虽然可以克服以上限制，但是其终止时机与判断却难于被掌握。

3.6 案例：家庭财务分配管理系统

为了更好地说明如何按谓词公式描述问题以及如何针对问题领域进行逻辑推理，本节设计一个简单的家庭财务分配管理系统，将其作为例子来表明经典逻辑推理在涉及的若干实际问题中的应用。

本系统帮助用户判定是将资金存在银行还是去理财，或者既存银行也理财。家庭资金的使用取决于家庭收入和当前银行存款总额，可以按下述标准判断。

（1）不论家庭收入如何，银行存款不足的家庭应优先考虑增加存款额。

（2）有足够银行存款和足够收入的家庭应考虑理财，这种情况下可以承受一定的风险，使投资利润更大化。

（3）已有足够银行存款的低收入家庭可考虑将收入的余额用于银行存款和理财，这样既能增加必要时便于使用的积蓄，也能通过理财增加家庭收入。

例如，存款额和家庭收入是否足够，由家庭必须赡养的人数确定。这里要求人均银行存款至少为 5000 元。足够的收入必须是稳定收入，且每年至少应有 50000 元加上各赡养人的年均消费 4000 元。

可以使用一元谓词符号 S 和 I 分别描述家庭银行存款和收入是否充足，它们的变元都为 *yes* 或 *no*。从而，S(*yes*)、S(*no*)、I(*yes*)和 I(*no*)分别描述有充足、不足的银行存款，以及有充足、不足的家庭收入。咨询系统的结论用一元谓词 Investment 描述，变元可为 Stocks、Savings 或 Combination。故 Investment（Stocks）、Investment（Savings）和 Investment（Combination）分别描述资金用于理财、存入银行及既理财也存银行。

使用这些谓词，可用蕴含式表示资金使用的不同策略。上面给出的标准（1）～（3）可表示为：

（1）S(no)→Investment(Savings)

(2) $(S(yes) \wedge I(yes)) \rightarrow Investment(Stocks)$

(3) $(S(yes) \wedge I(no)) \rightarrow Investment(Combination)$

其次，系统必须判定银行存款和收入怎样才算足够或不够。需定义一元函数 mS 来确定最小足够存款额，其变元为家庭赡养人数，且 $mS(y)=5000*y$。用该函数，存款是否足够可由下述句子确定。

(4) $(Sum(x) \wedge D(y) \wedge Greater(x, mS(y))) \rightarrow S(yes)$

(5) $(Sum(x) \wedge D(y) \wedge \neg Greater(x, mS(y))) \rightarrow S(no)$

其中 $Sum(x)$ 和 $D(y)$ 分别表示当前家庭银行存款总额为 x 及家庭赡养人数为 y，句子中出现的变量皆为全称量化变量。同样，定义函数 minI 为：

$minI(x)=50000+4000*x$ 用于计算当家庭赡养人数为 x 时，家庭最小足够收入。下述句子判定家庭收入是否足够。

(6) $(E(x, steady) \wedge D(y) \wedge Greater(x, minI(y))) \rightarrow I(yes)$

(7) $(E(x, steady) \wedge D(y) \wedge \neg Greater(x, minI(y))) \rightarrow I(no)$

(8) $E(x, unsteady) \rightarrow I(no)$

其中二元谓词 $E(x,y)$ 表示家庭当前总收入为 x，y 表示 x 是否为稳定收入，y 只能取 steady 或 unsteady。句子中出现的变量皆为全称量化变量。

用户咨询该系统时需用谓词 Sum、E 和 D 描述他的家庭情况。

设用户家庭当前银行存款总额为 22000 元，有 25000 元的稳定收入，赡养人数为 3，可描述为：

(9) $Sum(22000)$

(10) $E(25000, steady)$

(11) $D(3)$

上述（1）至（11）构成的句子集合 S 描述了问题领域。使用一致化算法和假言推理可推断出该用户正确使用资金的策略，策略是 S 的逻辑推论。

首先考虑蕴含式（7）的前件中第一成分 $(E(x, steady)$ 与（10）是可一致的，其最一般合一为 $\{25000/x\}$。(7) 的前件中第二成分 $D(y)$ 与（11）是可一致的，其最一般合一为 $\{3/y\}$。

将这两个最一般合一合成为合成 $\{25000/x, 3/y\}$ 作用到（7）上得出 $I(no)$，即

$$(E(25000, steady) \wedge D(3) \wedge \neg Greater(25000, minI(3))) \rightarrow I(no)$$

计算出函数 $minI(3)$ 后得出：

$$(E(25000, steady) \wedge D(3) \wedge \neg Greater(25000, 27000)) \rightarrow I(no)$$

前件中 $\neg Greater(25000, 27000)$ 为真，且 $E(25000, steady) \wedge D(3)$ 与（10）及（11）的合取相匹配，按假言推理可推断出 $I(no)$，将其加入 S 可得出：

(12) $I(no)$

同样，(9) 及（11）的合取 $Sum(22000) \wedge D(3)$ 与（4）的前件中前两成分可一致化，且（4）按最一般合一为 $\{22000/x, 3/y)$ 可得：

$$(Sum(22000) \wedge D(3) \wedge Greater(22000, mS(3)))) \rightarrow S(yes)$$

计算出 $mS(3)$ 的值后，前件中 $Greater(22000, 50000)$ 为真，其余部分与（9）和（11）的合取相匹配，按假言推理推断出 $S(yes)$，将其加入 S 可得：

(13) S(*yes*)

蕴含式(3)的前件与(13)和(12)的合取完全匹配，再由假言推理得出结论。

(14) Investment(Combination)

这便是系统提供给用户的资金使用建议，将家庭资产进行储蓄和理财。

习题

一、单选题

1. 设 $C_1 = P \lor Q \lor R$，$C_2 = \neg P \lor S$，则 C_1 与 C_2 的归结式 C_{12} 为（　　）。

A. $Q \lor R \lor S$　　B. $Q \land R \land S$　　C. $Q \lor R \land S$　　D. $Q \land R \lor S$

2. 如果命题 p 为真、命题 q 为假，则下述哪个复合命题为真命题？（　　）

A. p 且 q　　B. 如果 q 则 p　　C. 非 p　　D. 如果 p 则 q

3. 下面哪个逻辑等价关系是不成立的？（　　）

A. $\forall x \neg P(x) \equiv \neg \exists x P(x)$　　B. $\exists x P(x) \equiv \neg \forall x P(x)$

C. $\forall x P(x) \equiv \neg \exists x \neg P(x)$　　D. $\neg \forall x P(x) \equiv \exists x \neg P(x)$

4. 下面哪一句话对命题逻辑中的归结（resolution）规则的描述是不正确的？（　　）

A. 对命题 q 及其反命题应用归结法，所得到的命题为假命题

B. 对命题 q 及其反命题应用归结法，所得到的命题为空命题

C. 在两个析取复合命题中，如果命题 q 及其反命题分别出现在这两个析取复合命题中，则通过归结法可得到一个新的析取复合命题，只是在析取复合命题中要去除命题 q 及其反命题

D. 如果命题 q 出现在一个析取复合命题中，命题 q 的反命题单独存在，则通过归结法可得到一个新的析取复合命题，只是在析取复合命题中要去除命题 q 及其反命题

5. 下面哪一句话对命题范式的描述是不正确的？（　　）

A. 一个合取范式是成立的，当且仅当它的每个简单析取式都是成立的

B. 有限个简单析取式构成的合取式称为合取范式

C. 一个析取范式是不成立的，当且仅当它包含一个不成立的简单合取式

D. 有限个简单合取式构成的析取式称为析取范式

6. 设 P(x)：x 是鸟，Q(x)：x 会飞，命题“有的鸟不会飞”可符号化为（　　）。

A. $\neg(\forall x)(p(x) \rightarrow Q(x))$　　B. $\neg(\forall x)(p(x) \land Q(x))$

C. $\neg(\exists x)(p(x) \rightarrow Q(x))$　　D. $\neg(\exists x)(p(x) \land Q(x))$

7. $\neg(P \land Q) \Leftrightarrow \neg P \lor \neg Q$ 是（　　）。

A. 德·摩根律　　B. 吸收律　　C. 补余律　　D. 结合律

8. $A \lor (B \land C) \Leftrightarrow (A \lor B) \land (A \lor C)$ 是（　　）。

A. 结合律　　B. 连接词化归律　　C. 分配律　　D. 德·摩根律

9. 下列命题公式不是永真式的是（　　）。

A. $(p \rightarrow q) \rightarrow p$　　B. $p \rightarrow (q \rightarrow p)$　　C. $\neg p \lor (q \rightarrow p)$　　D. $(p \rightarrow q) \lor p$

10. 下列谓词公式中是前束范式的是（　　）。

A. $\forall x F(x) \land \neg(\exists x) G(y)$　　B. $\forall x P(x) \land \forall y G(y)$

C. $\forall x(P(x)\to\exists yQ(x,y))$　　　　　　　　D. $\forall x\exists y(P(x)\to Q(x,y))$

二、判断题

1. 演绎推理的核心是三段论，常用的三段论由一个大前提、一个小前提和一个结论3部分组成。(　　)

2. 归纳推理是从一类事物的大量特殊事例出发，去推出该类事务的一般性结论。(　　)

3. 演绎推理是在已知领域内的一般性知识前提下，通过演绎求解一个具体问题或证明一个给定的结论。(　　)

4. 归纳推理中，所推理出的结论包含在前提内容中。(　　)

5. 混沌推理是将正向推理与反向推理结合起来的一种推理。(　　)

6. 应用归结原理证明定理的过程称为归结反演。(　　)

7. 谓词逻辑的归结反演与命题逻辑的归结反演的最大区别是两种方法中每个步骤的处理对象是不同的，所以两种归结反演的主要思想也是不同的。(　　)

8. 归结演绎推理世界上就是从子句集中不断寻找可进行归结的子句对，并通过对这些子句对的归结，最终得到一个空子句。(　　)

9. 自然演绎推理是指从一组已知为真的事实出发，直接运用经典逻辑的推理规则推出结论的过程。(　　)

10. 与或型正向演绎推理要求目标公式是文字的合取式，与或型逆向演绎推理要求事实公式是文字的析取式。(　　)

三、简答题

1. 什么是推理？请从多种角度阐述推理的分类。

2. 什么是逆向推理？它的基本过程是什么。

3. 什么是置换？什么是合一？

4. 请阐述鲁滨逊归结原理的基本思想。

5. 将下列谓词公式转化成对应的子句集。

(1) $(\forall x)(\forall y)P(x,y)\land Q(x,y)$

(2) $(\forall x)(\forall y)P(x,y)\to Q(x,y)$

(3) $(\forall x)(\exists y)\neg P(x,y)\lor R(y)\to Q(x,y)$

6. 设已知：

(1) 如果 x 是 y 的父亲，y 是 z 的父亲，则 x 是 z 的祖父。

(2) 每个人都有一个父亲。

使用归结演绎推理证明：对于某人 u，一定存在一个人 v，v 是 u 的祖父。

7. 设已知：

(1) 能阅读的人是识字的。

(2) 小狗不识字。

(3) 有些小狗是很聪明的。

请用归结演绎推理证明：有些很聪明的人并不识字。

第 4 章　非确定性推理及方法

除了建立在经典逻辑基础上的确定性推理，还必须讨论处理非确定性知识的非确定性推理。目前已经有多种表示和处理非确定性知识的方法。接下来首先讨论非确定性推理中的基本问题，然后着重介绍基于概率论的有关理论发展起来的非确定性推理方法，包括概率方法、主观贝叶斯方法、可信度方法、证据理论方法等，最后介绍目前在专家系统、信息处理、自动控制等领域广泛应用的依据模糊理论发展起来的模糊推理方法。

4.1　为什么是非确定性推理

前面讨论了建立在经典逻辑基础上的确定性推理，这是一种运用确定性知识，从确定的事实或证据进行精确推理得到确定性结论的推论方法。但是现实世界中的事物非常复杂，客观上具有随机性、模糊性以及某些事物或现象暴露的不充分性，导致人们对它们的认识往往是不精确、不完全的，具有一定程度的非确定性。这种认识上的非确定性反映到知识以及由观察所得到的证据上来，就分别形成了非确定性的知识及非确定性的证据。此外，还有一些如多种原因导致同一结论、解决方案不唯一的多可能性场景。在这种情况下，人们往往是在信息不完善、不精确的情况下，运用非确定性知识进行思考、求解问题的，推出的结论也是不确定的。因而还必须对非确定性的知识的表示推理进行研究。

非确定性推理是从非确定性的初始证据出发，通过运用非确定性的知识，最终推出具有一定程度的非确定性但是合理或者近乎合理的结论的思维过程。

在非确定性推理中，知识和证据都具有某种程度的非确定性，除了需要解决在确定性推理中所提到的推理方向、推理方法、控制策略等基本问题外，一般还需要解决非确定性的表示、非确定性的匹配、非确定性证据的组合算法、非确定性的传递和非确定性结论的合成等问题。

1. 非确定性的表示

非确定性的表示包括知识的非确定性表示和证据的非确定性表示。一般情况下，知识是人们的经验总结，把已知的信息称为证据。

（1）知识的非确定性表示

知识的表示与推理是密切相关的两个方面，不同的推理方法要求有相应的知识表示方法。在选择知识的非确定性表示方法时，有两个因素需要考虑。一是能够比较准确地描述问题本身的非确定性，二是便于推理过程中非确定性的计算。对这两方面的因素，一般是将它们结合起来综合考虑的，只有这样才会得到较好的表示效果。

目前，在专家系统中知识的非确定性一般是由领域专家给出的，通常是一个数值，它表示相应知识的非确定性程度，称为知识的静态强度。静态强度有多种含义，可以是该知识在应用中成功的概率，也可以是该知识的可信程度等。如果用概率来表示静态强度，则其取值范围为[0,1]，该值越接近1，说明该知识越接近“真”；该值越接近0，说明该知识越接近“假”。如果用可信度来表示静态强度，则其取值范围可以设置为[-1,1]，当该值>0时，值越大说明知识越接近“真”；当该值<0时，值越小说明该知识越接近“假”。同时，由于这个表示知识非确定性的数值是由领域专家给出的，所以这个数值也有一定程度的非确定性。

（2）证据的非确定性表示

证据的来源主要有两种。一种是用户在求解问题时获得的初始证据，例如机器的运行状态、功率输出的数值等；另一种是在推理中得出的中间结果，即把当前推理中得到的中间结论放入综合数据库，并作为以后推理的证据来使用。前者由于证据往往来源于观察或者测量，通常是不精确、有随机性误差的；后者由于使用的知识和证据都具有非确定性，因而得出的结论也具有非确定性，当把具有非确定性的结论用作后面的推理时，也会带来非确定性。在实际过程中，证据非确定性的表示方法应与知识非确定性的表示方法保持一致，以便于推理过程中对非确定性进行统一的处理。在一些系统中，为便于用户的使用，对初始证据的非确定性与知识的非确定性采用了不同的表示方法，但在系统内部会做出相应的转换。

证据的非确定性通常也是用一个数值来表示。它代表相应证据的非确定性程度，称为动态强度。对于初始证据，其值由用户给出；对于前面推理所得到的结论作为当前推理的证据，其值由推理中非确定性的传递算法通过计算得到。

（3）非确定性的度量

对于不同的知识及不同的证据，它们的非确定性程度一般是不同的，需要用不同的数据表示其非确定性的程度，同时还需要事先规定它的取值范围，只有这样每个数据才会有确定的意义。例如，用可信度表示知识及证据的非确定性，取值范围为[-1,1]，可信度取>0的数值时，其值越大表示相应的知识或证据越接近“真”；当可信度的取值<0时，其值越小表示相应的知识或证据越接近“假”。

在确定一种度量方法及其范围时，应注意以下内容。

① 度量要能充分表达相应知识及证据非确定性的程度。

② 度量范围的指定应便于领域专家及用户对非确定性的估计。

③ 度量要便于对非确定性的传递进行计算，而且对结论计算出的非确定性度量不能超出度量规定的范围。

④ 度量的确定应当是直观的，同时应有相应的理论依据。

2. 非确定性的匹配

推理过程实际是一个不断寻找和运用可用知识的过程。可用知识是指其前提条件可与综合数据库中的已知事实相匹配的知识。只有匹配成功的知识才可以被使用。在非确定性推理中，需要首先解决这样一个问题：由于知识和证据都是不确定的，而且知识所要求的非确定性程度与证据实际具有的非确定性程度不一定相同，那么怎样才算是匹配成功呢？目前常用的解决方法是，设计一个用来计算匹配双方相似程度的算法，并给出一个相似的限度，如果匹配双方的相似程度落在规定的限度内，则称匹配双方是可以匹配的，否则，称匹配双方是不能匹配的。这个限度即设定的匹配阈值。

3. 非确定性证据的组合算法

在非确定性的系统中，知识的前提条件可能是简单的单个条件，也可能是复杂的组合条件，当进行匹配时，一个简单条件只对应一个单一的证据，一个复合的条件将对应于一组证据，又因为结论的非确定性是通过对证据和知识的非确定性进行某种运算得到的，因此，当知识的前提条件为组合条件时，需要有合适的算法来计算复合证据的非确定性。目前，用来计算复合证据非确定性的主要方法有最大/最小法、概率方法和有界方法。

4. 非确定性的传递算法

非确定性推理的根本目的是根据用户提供的初始证据，通过运用非确定性知识，最终推出非确定性的结论，并推算出结论的非确定性程度。那么就存在两个问题：一是在每一步推理过程中，如何利用知识和证据的非确定性去更新结论；二是在整个推理过程中如何把初始证据的非确定性传递给最终结论。

对于第一个问题，一般做法是按照某种算法，由知识和证据的非确定性计算出结论的非确定性。对于不同的非确定性推理方法的计算方法各不相同。这些计算方法将在后续内容中介绍。对于第二个问题，不同的非确定性推理方法的处理方式却基本相同，都是把当前推出的结论及其非确定性作为新的证据放入综合数据库，供以后推理使用。由于推理第一步得出的结论是由初始证据推出的，该结论的非精确性当然会受到初始证据的非确定性的影响，而把它放入综合数据库作为新的证据进行后续的推理时，该非确定性又会传递到后面的结论，如此进行下去，就会把初始证据的非确定性逐步传递到最终结论。

5. 非确定性结论的合成算法

推理中有时会出现这样一种情况：用不同的知识进行推理得到了相同的结论，但非确定性的程度却不相同。此时，需要用合适的算法对它们进行合成。在不同的非确定性推理方法中所采用的合成方法各不相同。

以上简要地列出了非确定性推理中应该考虑的一些基本问题，一个具体问题可能并不会包含上述所有方面或者又有其他的内容。

长期以来，概率论的有关理论和方法都被用作度量非确定性的重要手段，因为它不仅有完善的理论，而且还为非确定性的合成与传递提供了现成的公式，因而它被最早用于非确定性知识的表示与处理，像这样纯粹用概率模型来表示和处理非确定性的方法称为纯概率方法或概率方法。纯概率方法虽然有严密的理论依据，但它通常要求给出时间的先验概率和条件概率，而这些数据又不易获得，因此其应用受到了限制。为了解决这个问题，人们在概率论的基础上发展出来一些新的方法和理论，主要有 Bayes 方法、可信度方法、证据理论等。

基于概率的方法虽然可以表示和处理现实世界中存在的某些非确定性，在人工智能的非确定性推理方面占有重要的地位，但它们都没有把事物自身所具有的模糊性反映出来，也不能对其客观存在的模糊性进行有效的处理。扎德等人提出的模糊理论及在此基础上发展起来的模糊逻辑弥补了这一缺憾，对由模糊性引起的非确定性的表示及处理开辟了一种新途径，并得到了广泛应用。接下来将详细介绍几种主要的非确定性推理方法。

4.2 基本的概率推理

在讲解概率推理之前先来简单论述一下概率的概念。

在概率理论中，所有可能事件的集合称为样本空间，这些可能事件是互斥的、完备的。例如，如果投掷一个色子，那么可能的样本空间分别是六个数值，每个样本空间是互斥的，而且只能出现样本空间中的一种。这六个数值是互斥的，不可能同时出现数值一和数值六；这六个数值也是完备的，不可能出现六个数值之外的情况。另外，一个完全说明的概率模型应为每一个可能事件附一个数值概率。概率理论的基本公理规定，每个可能事件具有一个0到1的概率，且样本空间中的可能事件的总概率是1。基本概率推理以概率理论为基础。

4.2.1 经典概率方法

设有如下产生式规则：

$$\text{IF } E \text{ THEN } H_i \quad i=1,2,\cdots,n$$

其中，E 为前提条件，H_i 为结论，具有随机性。

根据概率论中条件概率的含义，可以用条件概率 $P(H_i \mid E)$ 表示上述产生式规则的非确定性程度，即表示为在证据 E 出现的条件下，结论 H_i 成立的确定性程度。

对于复合条件

$$E=E_1 \text{ AND } E_2 \text{ AND } \cdots \text{ AND } E_m$$

可以用条件概率 $P(H_i \mid E_1,E_2,\cdots,E_m)$ 作为在证据 $E_1,E_2,\cdots,E_m$ 出现时结论 H 的确定程度。

显然这是一种很简单的方法，只能用于简单的非确定性的推理。另外，由于它只考虑证据为“真”或“假”这两种极端情况，因而其应用受到了限制。

4.2.2 逆概率方法

1. 逆概率的基本理论

经典概率方法要求给出在证据E出现情况下结论 $P(H_i \mid E)$ 的条件概率 $P(E \mid H_i)$。这在实际应用中是相当困难的。逆概率方法是根据Bayes定理用逆概率 $P(H_i \mid E)$ 来求原概率 $P(E \mid H_i)$。确定逆概率 $P(E \mid H_i)$ 比确定原概率 $P(H_i \mid E)$ 要容易。例如，若以E代表车辆出现故障（车辆无法正常行驶），以 H_i 代表产品有质量缺陷，如欲得到条件概率 $P(H_i \mid E)$，即一个车辆故障是产品缺陷导致的可能性，就需要统计发生故障的车辆中有多少是由于产品缺陷造成的。不是所有的质量缺陷都会表现为车辆故障，有时候质量缺陷并不影响车辆行驶，有时候车辆故障是由其他原因导致的。由于车辆故障的基数是很大的，所以统计工作较困难，而要得到逆概率 $P(E \mid H_i)$ 相对容易些，因为这时仅仅需要统计在有质量缺陷的情况中有多少是表现为车辆故障的，比如有质量缺陷的汽车一般是一个工厂的同一批次产品，只需统计这一个批次产品中有多少车辆出现了故障。

在接下来的讨论之前，先简单说明一下贝叶斯公式的内容。这里仅简单给出贝叶斯公式，具体内容请查阅相关书籍。

贝叶斯公式定义如下。设 Ω 为实验 M 的样本空间，B 为 M 的事件，$A_1,A_2,\cdots,A_i$ 为 Ω 的一个划分，且 $P(B)>0,P(A_i>0)\ (i=1,2,\cdots,n)$，则

$$P(A_i \mid B)=\frac{P(B \mid A_i)P(A_i)}{\sum_{j=1}^{n}P(B \mid A_j)P(A_j)} \quad i=1,2,\cdots,n;j=1,2,\cdots,n$$

2. 单个证据的情况

如果产生式规则

$$\text{IF } E \text{ THEN } H_i \quad i=1,2,\cdots,n$$

中的前提条件 E 代替贝叶斯公式中的 B，用 H_i 代替公式中的 A_i，就可得到

$$P(H_i \mid E)=\frac{P(E \mid H_i)P(H_i)}{\sum_{j=1}^{n}P(E \mid H_j)P(H_j)} \quad i=1,2,\cdots,n;j=1,2,\cdots,n$$

这就是说，当已知结论 H_i 的先验概率 $P(H_i)$，并且已知结论 $H_i(i=1,2,\cdots,n)$ 成立时前提条件 E 所对应的概率出现的条件概率 $P(E \mid H_i)$，就可以用上式求出相应证据出现时结论 H_i 的条件概率 $P(H_i \mid E)$，也称后验概率。

3. 多个证据的情况

对于有多个证据 $E_1,E_2,\cdots,E_m$ 和多个结论 $H_1,H_2,\cdots,H_n$，并且每个证据都以一定程度支持结论的情况，上面的式子可以改写为：

$$P(H_i \mid E_1,E_2,\cdots,E_m)=\frac{P(E_1 \mid H_i)P(E_2 \mid H_i)\cdots P(E_m \mid H_i)P(H_i)}{\sum_{j=1}^{n}P(E_1 \mid H_j)P(E_2 \mid H_j)\cdots P(E_m \mid H_j)P(H_j)} \quad i=1,2,\cdots,n$$

此时只要已知 H_i 的先验概率 $P(H_i)$ 以及 H_i 成立时的证据 $E_1,E_2,\cdots,E_m$ 出现的条件概率 $P(E_1 \mid H_i),P(E_2 \mid H_i),\cdots,P(E_m \mid H_i)$，就可以利用上式计算出在 $E_1,E_2,\cdots,E_m$ 出现情况下 H_i 的条件概率 $P(H_i \mid E_1,E_2,\cdots,E_m)$。

例 设某工厂有甲、乙、丙三个车间生产同一种产品，一次产量占全厂的45%、35%、20%，且各车间的次品率分别为4%、2%和5%。现在从一批产品中检查出一个次品，问该次品是由哪个车间生产的可能性最大。

解 设 A_1、A_2、A_3 表示产品来自甲、乙、丙三个车间，B 表示产品为“次品”的概率，可知，A_1、A_2、A_3 是样本空间 Ω 的一个划分，且有 $P(A_1)=0.45$、$P(A_2)=0.35$、$P(A_3)=0.2$、$P(B \mid A_1)=0.04$、$P(B \mid A_2)=0.02$、$P(B \mid A_3)=0.05$。

由全概率公式可得：

$$\begin{aligned}P(B)&=P(A_1)P(B \mid A_1)+P(A_2)P(B \mid A_2)+P(A_3)P(B \mid A_3)\\&=0.45\times0.04+0.35\times0.2+0.2\times0.05=0.035\end{aligned}$$

由贝叶斯公式可得：

$$P(A_1 \mid B)=\frac{P(A_1)P(B \mid A_1)}{P(B)}=0.45\times\frac{0.04}{0.035}=0.514$$

$$P(A_2 \mid B)=\frac{P(A_2)P(B \mid A_2)}{P(B)}=0.35\times\frac{0.02}{0.035}=0.2$$

$$P(A_3 \mid B)=\frac{P(A_3)P(B \mid A_3)}{P(B)}=0.2\times\frac{0.05}{0.035}=0.286$$

由此可见，该次品由甲车间生产的可能性最大。

4. 逆概率方法的优缺点

逆概率方法的优点是有较强的理论背景和良好的数学特征，当证据及结论都彼此独立时计算的复杂度比较低。缺点是要求给出结论 H_i 的先验概率 $P(H_i)$ 及证据 E_m 的条件概率 $P(E_m \mid H_i)$，尽管 $P(E_m \mid H_i)$ 比 $P(H_i \mid E_m)$ 相对容易得到，但是要想得到这些数据仍然是一件相当困难的工作。另外，Bayes 公式的应用条件是很严格的，它要求各事件互相独立等。如果各个证据间存在依赖关系，就不能直接使用这个方法。

4.3 主观贝叶斯推理

由于直接使用贝叶斯公式的逆概率方法有上述限制，所以又发展了主观贝叶斯推理。主观贝叶斯推理是应用贝叶斯定理的另一种推理方法。该方法是 Duda、Hart 等人 1976 年在贝叶斯公式的基础上经适当改进提出的，它是最早用于非确定性推理的方法之一。主观贝叶斯推理与其他统计学推断方法有很大的不同。主观贝叶斯推理是建立在主观判断基础上的，具体来说，它可以不需要客观证据，而是先估计一个主观的值，然后根据实际结果不断修正，最终达到理想状态。正是因为它的主观性太强，曾经遭到许多统计学家的诟病。主观贝叶斯推理需要大量的计算，因此历史上很长一段时间无法得到广泛应用。计算机诞生以后，它才获得真正的重视。人们发现，许多统计量是无法事先进行客观判断的，而互联网时代出现的大型数据集，再加上高速运算能力，为验证这些统计量提供了方便，也为应用贝叶斯推理创造了条件，它的威力正在日益显现。

4.3.1 非确定性表示

1. 知识非确定性的表示

主观贝叶斯推理中，为了度量知识的非确定性引入了几个概念。

由贝叶斯公式可知：

$$P(H \mid E)=\frac{P(E \mid H)P(H)}{P(E)}$$

$$P(\neg H \mid E)=\frac{P(E \mid \neg H)P(\neg H)}{P(E)}$$

由两式相除得几率函数

$$\frac{P(H \mid E)}{P(\neg H \mid E)}=\frac{P(E \mid H)}{P(E \mid \neg H)}\times\frac{P(H)}{P(\neg H)}$$

该几率函数的定义为：

$$O(x)=\frac{P(x)}{1-P(x)} \text{或} O(x)=\frac{P(x)}{P(\neg x)}$$

几率函数表示 x 的出现概率与不出现概率之比，从公式可以看出，随着 $P(x)$ 的加大，$O(x)$ 也加大。当 $P(x)=0$ 时，有 $O(x)=0$，当 $P(x)=1$ 时，有 $O(x)=\infty$。即通过该函数的定义，使得取值范围为［0，1］的 $P(x)$ 被映射为取值范围为 $[0,\infty)$ 的 $O(x)$。

充分性度量。充分性度量的定义为

$$LS=\frac{P(E/H)}{P(E/\neg H)}$$

它表示 E 对 H 的支持程度，取值范围为 $[0,\infty)$，在应用时由专家给出。

必要性度量。必要性度量的定义为：

$$LN=\frac{P(\neg E/H)}{P(\neg E/\neg H)}=\frac{1-P(E/H)}{1-P(E/\neg H)}$$

它表示 $\neg E$ 对 H 的支持程度，即 E 对 H 为真的必要性程度，取值范围为 $[0,\infty)$，也是由专家给出经验值。

在主观贝叶斯推理方法中，知识是用产生式规则表示的，具体形式如下。

$$\text{IF } E \text{ THEN } (LS, LN)\ H$$

其中，(LS,LN)用来表示该知识的强度。由$O(x)$定义可得：

$$O(H \mid E)=\frac{P(E \mid H)}{P(E \mid \neg H)}\times O(H)$$

由LS的定义可得：

$$O(H \mid E)=LS\times O(H)$$

同理可得关于LN的公式：

$$O(H \mid \neg E)=LH\times O(H)$$

从上面两式可知，当E为真时，可以利用LS将H的先验几率$O(H)$更新为其后验几率$O(H \mid E)$；当E为假时，可以利用LH将H的先验几率$O(H)$更新为其后验几率$O(H \mid \neg E)$。

LS的性质如下。

(1) 当$LS>1$时，可得$O(H \mid E)>O(H)$，由于$P(x)$与$O(x)$具有相同单调性，可知，$P(H \mid E)>P(H)$。这表明，当$LS>1$时，由于证据E的存在，将增大结论H为真的概率，而且LS越大，$P(H \mid E)$越大。当$LS\to\infty$时，$O(H \mid E)\to\infty$，即$P(H \mid E)\to 1$，表明由于证据E的存在，将导致H为真，由此可见，E的存在对H为真是充分的，故称LS为充分性度量。

(2) 当$LS=1$时，可得$O(H \mid E)=O(H)$，这说明E与H无关。

(3) 当$LS<1$时，可得$O(H \mid E)<O(H)$，这说明证据E的存在将会使H为真的可能性降低。

(4) 当$LS=0$时，可得$O(H \mid E)=0$，说明当证据E存在，那么H将为假。

当领域专家为LS赋值时，将会考虑上述一些LS的性质。当证据E愈是支持H为真时，应使相应LS的值愈大。

LN的性质如下。

(1) 当$LN>1$时，可得$O(H \mid \neg E)>O(H)$，由于$P(x)$与$O(x)$具有相同单调性，可知，$P(H \mid \neg E)>P(H)$。这表明，当$LN>1$时，由于证据E不存在，将增大结论H为真的概率，而且LN越大，$P(H \mid \neg E)$越大。当$LN\to\infty$时，$O(H \mid \neg E)\to\infty$，即$P(H \mid \neg E)\to 1$，表明由于证据$E$不存在，将导致$H$为真。

(2) 当$LN=1$时，可得$O(H \mid \neg E)=O(H)$，这说明$\neg E$与H无关。

(3) 当$LN<1$时，可得$O(H \mid \neg E)<O(H)$，这说明证据E不存在将会使H为真的可能性降低。由此可见，E对H为真的必要性，故称LN为必要性度量。

(4) 当$LN=0$时，可得$O(H \mid \neg E)=0$，说明当证据E不存在，那么H将为假。由此也可见，E对H为真的必要性，故称LN为必要性度量。

当领域专家为LN赋值时，将会考虑上述一些LN的性质。当证据E对H为真愈是必要的，应使相应LN的值愈小。

*LS 和LN 的关系*如下。

由于一个证据不可能同时支持H或者反对H，所以在一条知识中的LS和LN不应该出现如下情况：

(1) $LS>1, LN>1$

（2） $LS<1, LN<1$

2. 证据非确定性的表示

主观贝叶斯推理中的证据包括基本证据和组合证据两种类型。基本证据就是单一证据，而组合证据是多个单一证据逻辑组合而成的。

（1） 基本证据的表示

主观贝叶斯推理中使用概率或几率来表示证据 E 的非确定性。概率与几率之间的关系为：

$$O(E)=\frac{P(E)}{P(\neg E)}=\begin{cases} 0 & E\text{ 为假时} \\ \infty & E\text{ 为真时} \\ (0,+\infty) & E\text{ 非真也非假时} \end{cases}$$

上式给出了证据 E 的先验概率和先验几率之间的关系，除此之外，在一些情况下还要考虑在当前观察 S 下证据 E 的先验概率和先验几率之间的关系。以概率情况为例，对初始证据 E，用户可以根据当前观察 S 将其先验概率 $P(E)$ 更改为后验概率 $P(E \mid S)$，即相当于给出证据 E 的动态强度。但由于后验概率 $P(E \mid S)$ 不直观，因而在具体的应用系统中往往采用符合经验的比较直观的方法，如让用户在-5 到 5 之间的 11 个整数中根据实际情况按照经验选择一个数作为证据的可信程度 $C(E \mid S)$。然后再从可信程度 $C(E \mid S)$ 计算出 $P(E \mid S)$。计算公式如下。

$$P(E \mid S)=\begin{cases} \dfrac{C(E \mid S)+P(E)\times(S-C(E \mid S)}{5} \\ \dfrac{P(E)\times(5+C(E \mid S))}{5} \end{cases}$$

当 $C(E \mid S)=-5$ 时，表示在观察 S 下证据 E 肯定不存在，即 $P(E \mid S)=0$。

当 $C(E \mid S)=0$ 时，表示在观察 S 下与证据 E 无关，此时其概率和先验概率相同，即 $P(E \mid S)=P(E)$。

当 $C(E \mid S)=5$ 时，表示在观察 S 下证据 E 肯定存在，即 $P(E \mid S)=1$。

当 $C(E \mid S)$ 为其他数值时，与 $P(E \mid S)$ 的对应关系可以通过上述三点进行分段线性插值获得，故计算公式为分段函数，如上式所示。

（2） 组合证据的表示

复杂的组合证据是由单一证据组合而成的，其基本组合形式只有合取和析取两种。

当组合证据是多个单一证据的合取时，即

$$E=E_1 \text{ AND } E_2 \text{AND} \cdots \text{AND } E_m$$

如果已知在当前观察 S 下，每个单一证据 E_i 有概率 $P(E_i \mid S)$，则组合证据的概率取各个单一证据的概率的最小值，即

$$P(E \mid S)=\min\{P(E_1 \mid S), P(E_2 \mid S), \cdots, P(E_i \mid S)\}$$

当组合证据是多个单一证据的析取时，即

$$E=E_1 \text{ OR } E_2 \text{ OR } \cdots \text{ OR } E_m$$

如果已知在当前观察 S 下，每个单一证据 E_i 有概率 $P(E_i \mid S)$，则组合证据的概率取各个单一证据的概率的最大值，即

$$P(E \mid S)=\max\{P(E_1 \mid S), P(E_2 \mid S), \cdots, P(E_i \mid S)\}$$

4.3.2 非确定性传递

在主观贝叶斯方法中先验概率 $P(H)$ 是专家依据经验给出的，主观贝叶斯推理的任务是根据证据 E 的概率 $P(E)$ 及 LS 和 LN 的值把 H 的先验概率 $P(H)$ 或先验几率 $O(H)$ 更新为当前观察 S 下的后验概率 $P(H \mid S)$ 或后验几率 $O(H \mid S)$，由于一条知识对应的证据可能为真，也可能为假，还可能既非真又非假，因此把 H 的先验概率或先验几率更新为后验概率或后验几率时，需要根据证据的不同情况取计算后验概率或后验几率。下面分别讨论这些情况。

（1）证据在当前观察下肯定为真的情况

当证据肯定存在时，$P(E)=P(E \mid S)=1$

由贝叶斯公式可得证据 E 成立情况下，结论 H 成立的概率为：

$$P(H \mid E)=\frac{P(E \mid H)P(H)}{P(E)}$$

同理，证据 E 成立的情况下，结论 H 不成立的概率为：

$$P(\neg H \mid E)=\frac{P(E \mid \neg H)P(\neg H)}{P(E)}$$

二者相除可得：

$$\frac{P(H \mid E)}{P(\neg H \mid E)}=\frac{P(E \mid H)}{P(E \mid \neg H)}\times\frac{P(H)}{P(\neg H)}$$

由几率函数的定义及 LS 的定义可知：

$$O(E)=LS\times O(H)$$

由几率和概率的相互关系带入上式，可得：

$$P(H \mid E)=\frac{LS\times P(H)}{(LS-1)\times P(H)+1}$$

这就是把先验概率 $P(H)$ 更新为后验概率 $P(H \mid E)$ 的计算方法。

（2）证据在当前观察下肯定为假的情况

当证据肯定存在时，$P(E)=P(E \mid S)=0$，$P(\neg E)=1$，将 H 的先验几率更新为后验几率的公式为 $O(H \mid \neg E)=LH\times O(H)$，由几率和概率的相互关系带入上式，可得：

$$P(H \mid \neg E)=\frac{LS\times P(H)}{(LS-1)\times P(H)+1}$$

这就是把先验概率 $P(H)$ 更新为后验概率 $P(H \mid \neg E)$ 的计算方法。

（3）证据在当前观察下既非真又非假的情况

除了证据肯定存在和肯定不存在的情况，现实世界中更多的情况是介于二者之间。因为客观事物或者现象是不精确的，所以用户能够提供的证据也是不确定的。而且，一条知识的证据往往来源于另一条知识的推论，也是具有一定程度的不确定性。比如用户只有 60%的把握说明证据 E 是真的，那么初始证据为真的程度为 0.6，即 $P(E \mid S)=0.6$，S 表示对证据 E 的有关观察。这时就需要在 $0<P(E \mid S)<1$ 的情况下，更新 H 的后验概率。

这时应使用如下公式：

$$P(H \mid S)=P(H \mid E)\times P(E \mid S)+P(\neg H \mid E)\times P(\neg E \mid S)$$

该公式的证明是由杜达等人于1976年完成的，这里省略。

当 $P(E \mid S)=1$ 时，此公式即为证据肯定存在的情况。

当 $P(E \mid S)=0$ 时，此公式即为证据肯定不存在的情况。

当 $P(E \mid S)=P(E)$ 时，表示 E 与 S 无关。由全概率公式可得：

$$P(H \mid S)=P(H \mid E)\times P(E \mid S)+P(\neg H \mid E)\times P(\neg E \mid S)=P(H \mid E)\times P(E)+P(H \mid \neg E)\times P(\neg E)$$
$$=P(H)$$

这样就得到了 $P(E \mid S)$ 上三个特殊点的值：0、$P(E)$ 及 1，和它们对应的 $P(H \mid S)$ 的值：$P(H \mid \neg E)$、$P(H)$、$P(H \mid E)$。这些构成了三个特殊的点。当 $P(E \mid S)$ 为其他值时，$P(E \mid S)$ 的值可通过上述三个特殊点的分段线性插值函数求得。该分段线性插值函数的 $P(H \mid S)$ 函数的解析表达式为：

$$P(H \mid S)=\begin{cases} P(H \mid \neg E)+\dfrac{P(H)-P(H \mid \neg E)}{P(E)}\times P(E \mid S) & 0\leqslant P(E \mid S)<P(E) \\ P(H)+\dfrac{P(H \mid E)-P(H)}{1-P(E)}\times[P(E \mid S)-P(E)] & P(E)\leqslant P(E \mid S)\leqslant 1 \end{cases}$$

4.3.3 结论非确定性的组合

假设有 n 条知识都支持统一结论 H,并且这些知识的前提条件分别是 n 个相互独立的证据 $E_1,E_2,\cdots,E_m$，而每个证据所对应的观察又分别是 $S_1,S_2,\cdots,S_m$。这些观察下，求 H 的后验概率的方法是：首先对每条知识分别求出后验几率 $O(H \mid S_i)$，然后利用这些后验几率按下述公式求出所有观察下 H 的后验几率。

$$O(H \mid S_1,S_2,\cdots,S_m)=\frac{O(H \mid S_1)}{O(H)}\times\frac{O(H \mid S_2)}{O(H)}\times\cdots\times\frac{O(H \mid S_n)}{O(H)}\times O(H)$$

主观贝叶斯方法的主要优点是基于概率发展而来，理论模型精确，灵敏度高，不仅能考虑证据间的关系，还考虑了证据存在与否对假设的影响。缺点主要是需要的主观概率太多，专家不易给出。

4.4 基于可信度的推理

可信度方法是处理关于证据和规则的非确定性而采用的一种非确定性推理方法，是以确定性理论（Theory of Confirmation）为基础结合概率论而进行非确定性推理的一种方法。这种方法直观，非确定性测度的计算也比较简便，因而在许多专家系统中得到了有效的应用。

可信度是人们根据自身经验对观察到的某个事物或者现象可以相信其为真的程度做出的一个判断。例如，某个学生以生病为由请假。就这个理由而言，有以下两种可能性。一种是该学生真的生病，即理由为真；另一种是该学生根本没有生病，只是想找一个接口，即理由为假。对于这个理由，老师可能相信，也可能不信，老师对这个理由的相信程度与该学生过去的表现有关。这里的相信程度就是我们所说的可信度的概念。由此看来，可信度具有比较大的主观性，是很难准确把握的。但是就某一个具体领域而言，由于该领域专家具有丰富的专业知识和实践经验，有很大的可能性给出该领域知识的可信度。因此可信度方法也是一种实用的非确定性推理方法。

4.4.1 非确定性表示

1. 知识非确定性的表示

可信度推理模型也称为 CF（Certainty Factor）模型，在 CF 模型中，知识是用产生式规则表示的，其形式为：

$$\text{IF } E \text{ THEN } H \quad (CF(H,E))$$

其中 E 是知识的前提证据，前提证据 E 可以是一个简单的条件，也可以是由合取和析取构成的复合条件。H 是知识的结论，结论 H 可以是一个单一的结论，也可以是多个结论。$CF(H,E)$ 是知识的可信度。可信度因子 CF 通常简称为可信度，或称为规则强度。它的取值范围为$[-1,1]$，表示当证据 E 为真时，该证据对结论 H 为真的支持强度。$CF(H,E)$ 的值越大，说明 E 对结论 H 为真的支持程度越大，反映的是前提证据和结论之间的强度联系，即相应知识的知识强度。例如：

IF　发烧　*AND*　流鼻涕　THEN　感冒(0.8)

表示当默认确实有发烧及流鼻涕症状时，则有 80%的可能是患了感冒。

2. 可信度的定义及性质

$CF(H,E)$ 的定义为：

$$CF(H,E)=MB(H,E)-MD(H,E)$$

式中，MB（Measure Belief）称为信任增长度，表示因为证据 E 的出现，使结论 H 为真的信任增长程度。$MB(H,E)$ 定义为：

$$MB(H,E)=\begin{cases} 1 & P(H)=1 \\ \dfrac{\max\{P(H\mid E),P(H)\}-P(H)}{1-P(H)} & \text{其他} \end{cases}$$

MD（Measure Disbelief）称为不信任增长度，表示因证据 E 的出现，对结论 H 为真的不信任增长程度，或者是对结论 H 为假的信任增长度。$MD(H,E)$ 定义为：

$$MD(H,E)=\begin{cases} 1 & P(H)=0 \\ \dfrac{\max\{P(H\mid E),P(H)\}-P(H)}{1-P(H)} & \text{其他} \end{cases}$$

上述式子中，$P(H)$ 表示 H 的先验概率，$P(H\mid E)$ 表示在证据 E 下结论 H 的条件概率。由 MB 与 MD 的定义可以看出：

当 $P(H\mid E)>P(H)$ 时，说明证据 E 的出现增加了 H 的信任程度，此时 $MB(H,E)>0$。

当 $P(H\mid E)<P(H)$ 时，说明证据 E 的出现降低了 H 的信任程度，此时 $MB(H,E)<0$。

由 $CF(H,E)$、$MB(H,E)$、$MD(H,E)$ 的定义可得：

$$CF(H,E)=\begin{cases} MB(H,E)-1=\dfrac{P(H\mid E)-P(H)}{1-P(H)} & P(H\mid E)>P(H) \\ 0 & P(H\mid E)=P(H) \\ 0-MD(H,E) & P(H\mid E)<P(H) \end{cases}$$

由公式可以看出：

若 $CF(H,E)>0$，则 $P(H\mid E)>P(H)$。说明由于证据 E 的出现增加了 H 为真的概率，即

增加了 H 的可信度，$CF(H,E)$ 的值越大，增加 H 为真的可信度就越大。

若 $CF(H,E)=0$，则 $P(H|E)=P(H)$。说明证据 E 与 H 无关，H 的先验概率等于它的后验概率。

若 $CF(H,E)<0$，则 $P(H|E)>P(H)$。说明由于证据 E 的出现减少了 H 为真的概率，即减少了 H 的可信度，$CF(H,E)$ 的值越小，增加 H 为假的可信度就越大。

在实际应用过程中，$P(H|E)$ 和 $P(H)$ 的值是很难获得的，因此 $CF(H,E)$ 的值应有领域专家给出，其原则是：若相应证据的出现会增加 H 为真的可信度，则 $CF(H,E)>0$，证据的出现对 H 为真的支持程度越高，则 $CF(H,E)$ 的值越大；反之，若证据的出现减少 H 为真的可信度，则 $CF(H,E)<0$，证据的出现对 H 为假的支持程度越高，则 $CF(H,E)$ 的值越小；若证据的出现与 H 无关，则 $CF(H,E)=0$。

3. 证据非确定性的表示

CF 模型中的非确定性证据也是用可信度来表示的，其取值范围同样是[-1,1]，证据的可信度可能有以下来源。如果是初始证据，可信度是由提供证据的用户给出的；如果是先前推出的中间结论又作为当前推理的证据，则其可信度是原来在推出该结论时由非确定性的更新算法计算得到的。

对证据 E，其可信度 $CF(E)$ 的值的含义如下。

$CF(E)=1=1$，证据 E 肯定为真。

$CF(E)=1=-1$，证据 E 肯定为假。

$CF(E)=0=0$，证据 E 的情况无法判断。

$0<CF(E)<1$，证据 E 以 $CF(E)$ 的程度为真。

$-1<CF(E)<0$，证据 E 以 $CF(E)$ 的程度为假。

4.4.2 非确定性计算

1. 否定证据的非确定性计算

设证据为 E，则该证据的否定记为 $\neg E$。若已知 E 的可信度为 $CF(E)$，则

$$CF(\neg E)=-CF(E)$$

2. 组合证据非确定性的计算

组合证据的基本组合方法有两种，合取和析取。

当组合证据是多个单一证据的合取时，即：

$$E=E_1 \quad \text{AND} \quad E_2 \quad \text{AND} \quad \cdots\text{AND} \quad E_n$$

若已知 $CF(E_1),CF(E_2),\cdots,CF(E_n)$，则：

$$CF(E)=\min\{CF(E_1),CF(E_2),\cdots,CF(E_n)\}$$

当组合证据是多个单一证据的析取时，即：

$$E=E_1 \quad \text{OR} \quad E_2 \quad \text{OR} \quad \cdots\text{OR} \quad E_n$$

若已知 $CF(E_1),CF(E_2),\cdots,CF(E_n)$，则：

$$CF(E)=\max\{CF(E_1),CF(E_2),\cdots,CF(E_n)\}$$

4.4.3 非确定性的更新

基于 CF 模型的非确定性推理的初始证据是不确定的，通过相关的非确定性推理，最终

得到结论的可信度值。计算结论 H 的可信度的方法为：

$$CF(H)=CF(H,E)\times\max\{0,CF(E)\}$$

从上式中可以看到，CF 模型没有考虑证据为假时对结论 H 所产生的影响。因为当 $CF(E)<0$时，$CF(H)=0$。当证据 $CF(E)=1$ 时，可以得到 $CF(H)=CF(H,E)$，这表明知识中的规则强度 $CF(H,E)$ 的本质就是在前提条件对应的证据为真时结论 H 的可信度，也就是说，当知识的前提条件所对应的证据存在而且为真时，结论 H 的可信度大小为 $CF(H,E)$。

4.4.4 结论非确定性的组合

当同一条结论可以由多条不同的知识推出，但每条知识推出的结论的可信度不同时，需要综合考虑多条知识的情况，给出这个结论的可信度，这个过程称为结论非确定性的组合。多条知识的综合考虑可以由两两知识的综合考虑推广得到，下面讲述两两知识的结论非确定性的组合。

设有如下知识：

$$\text{IF}\quad E\quad \text{THEN}\quad H(CF(H,E_1))$$

$$\text{IF}\quad E\quad \text{THEN}\quad H(CF(H,E_2))$$

则结论 H 的综合可信度可分两个步骤计算。

1. 分别对每一条知识求出 $CF(H)$

$$CF_1(H)=CF(H,E)\times\max\{0,CF(E_1)\}$$

$$CF_2(H)=CF(H,E)\times\max\{0,CF(E_2)\}$$

2. 求出 E_1、E_2 对 H 的综合影响得到的可信度 $CF_{1,2}(H,E_2)$

$$CF_{1,2}(H)=\begin{cases}CF_2(H)+CF_2(H)-CF_1(H)CF_2(H) & 若\ CF_1(H)\geqslant 0,CF_2(H)\geqslant 0\\ CF_1(H)+CF_2(H)+CF_2(H)CF_2(H) & 若\ CF_1(H)<0,CF_2(H)<0\\ \dfrac{CF_1(H)+CF_2(H)}{1-\min\{|CF_2(H)|,|CF_2(H)|\}} & 若\ CF_1(H)CF_2(H)<0\end{cases}$$

4.5 证据理论

主观贝叶斯推理的主要缺点是需要的主观概率太多，需要经验丰富的专家才能给出，或者很难由专家给出。而证据理论可以处理由“不知道”引起的非确定性，并且不必事先给出知识的先验概率，与主观贝叶斯推理相比，具有较大的灵活性。证据理论是由德普斯特（A. P. Dempster）首先提出，并由沙佛（G. Shafer）进一步发展起来的用于处理非确定性的一种理论。证据理论（Dempster/Shafer theory of evidence）也称为 D-S 理论，它将概率中的单点复制扩展为集合赋值，弱化了相应的公理系统，需要满足的要求比概率更弱。目前证据理论已经发展出多种非确定性的推理模型。

4.5.1 D-S 理论

证据理论使用集合表示命题，基本思想是：首先定义一个概率分配函数把命题的非确定性转换为集合的非确定性；再利用该概率分配函数建立相应的信任函数、似然函数及类概率函数，分别来描述知识的精确信任度、不可驳斥信任度和估计信任度；最后利用给这些非确定性度量，按照证据理论的推理模型完成推理。

1. 概率分配函数

假设有 x 的样本空间 D，那么 D 是变量 x 所有可能取值的集合，且 D 中的元素是互斥的，在任一时刻 x 都取且只能取 D 中的某一个元素为值。若取 D 的任何若干个 x 组成一个子集 A，那么在证据理论中，子集 A 对应一个命题关于 x 的命题，称该命题为"x 的值在 A 中"。我们把 D 的所有子集构成的集合称为幂集，记为 2^D。例如，x 代表颜色，$D=\{$红,黄,白$\}$，则 $A=\{$红$\}$表示"x 是红色"；幂集 2^D 包含的子集有：

$$A_0=\varnothing \quad A_1=\{红\} \quad A_2=\{黄\} \quad A_3=\{白\} \quad A_4=\{红,黄\}$$

$$A_5=\{红,白\} \quad A_6=\{黄,白\} \quad A_7=\{红,黄,白\}$$

设 D 为样本空间，领域内的命题都用 D 的子集来表示，则概率分配函数（Basic Probability Assignment Function）定义如下：

定义：设函数 $M:2^D \rightarrow [0,1]$，即对任何一个属于 D 的子集 A，令它对应一个数 $M \in [0.,1]$，且满足

$$M(\varnothing)=0$$

$$\sum_{A \subseteq D} M(A) = 1$$

则称 M 是 2^D 上的基本概率分配函数，$M(A)$称为 A 的基本概率函数。

概率分配函数的说明如下。

（1）概率分配函数的作用是把 D 上的任意一个子集都映射为$[0,1]$上的一个数 $M(A)$。

概率分配函数实际上是对 D 的各个子集进行信任分配，$M(A)$表示分配给 A 的那一部分。例如设：

$$A=\{红\},M(A)=0.3$$

表示对命题"x 是红色"的正确性的信任度是 0.3。

当 A 由多个元素组成时，$M(A)$不包括对 A 的子集的信任度，而且也不知道该对它如何进行分配。例如在

$$M(\{红,黄\})=0.2$$

中不包括对 $A=\{$红$\}$的信任度 0.3，而且也不知道该把这个 0.2 分配给 $\{$红$\}$ 还是分配给 $\{$黄$\}$。

当 $A=D$ 时，$M(A)$是对 D 的各个子集进行信任分配后剩下的部分，它表示不知道该对这部分如何进行分配。例如当

$$M(D)=\{红,黄,白\}=0.1$$

时，它表示不知道该对这个 0.1 如何分配。但是它不属于 $\{$红$\}$ 就一定属于 $\{$黄$\}$ 或者 $\{$白$\}$，只是由于一些未知信息，不知道应该如何分配。

（2）概率分配函数和概率不同

例如当

$$D=\{红,黄,白\}$$

且有

$$M(\{红\})=0.3, M(\{黄\})=0, M(\{白\})=0.1, M(\{红,黄\})=0.2$$

$$M(\{红,白\})=0.2, M(\{黄,白\})=0.1, M(\{白,黄,白\})=0.1, M(\phi)=0.2$$

显然 M 符合概率分配函数的定义，但是若按照概率的定义

$$M(\{红\})+M(\{黄\})+M(\{白\})=1$$

(3) 一个特殊的概率分配函数

设 $D=\{s_1,s_2,s_3,\cdots,s_n\}$，$m$ 为定义在 2^D 上的概率分配函数，且 m 满足：

① $m(\{s_i\})\geqslant 0.2$，对任何 $s_i\in D$。

② $\sum_1^n m(\{s_i\})\leqslant 1$。

③ $m(D)=1-\sum_1^n m(\{s_i\})$。

④ 当 $A\subset D$ 且 $|A|>0$ 或 $|A|=0$ 时，$m(A)=0$，其中 $|A|$ 表示命题 A 对应的集合中元素的个数。

上述定义说明对这个特殊的概率分配函数，只有当子集的元素个数为 1 时，其概率分配函数才有可能大于 0；当子集中有多个或 0 个元素，且不等于全集时，其概率分配函数均为 0；全集的概率分配函数按 $m(D)=1-\sum_1^n m(\{s_i\})$ 计算。

(4) 概率分配函数的合成

在实际问题中，由于证据的来源不同，对同一个集合，可能得到不同的概率分配函数。这时需要对它们进行合成。概率分配函数的合成方法是求两个概率分配函数的正交和。对前面定义的特殊概率分配函数，它们的正交和定义如下。

定义：设 m_1 和 m_2 是 2^D 上的基本概率分配函数，它们的正交和 $m=m_1\oplus m_2$ 定义为：

$$m(\{s_i\})=\frac{[m_1(s_i)m_2(s_i)+m_1(s_i)m_2(D)+m_1(D)m_2(s_i)]}{m_2(D)m_2(D)+\sum_{i=1}^n[m_1(s_i)m_2(s_i)+m_2(s_i)m_2(D)+m_1(D)m_2(s_i)]}$$

2. 信任函数和似然函数

根据上述特殊概率分配函数，可以定义相应的信任函数和似然函数。

定义：对任何命题 $A\subseteq D$ 其信任函数为：

$$\begin{cases}\mathrm{Bel}(A)=\sum\limits_{s_i\in A}m(\{s_i\})\\ \mathrm{Bel}(D)=\sum\limits_{B\in D}m(B)=\sum\limits_{1}^{n}m(\{s_i\})+m(D)=1\end{cases}$$

信任函数也称为下限函数，$\mathrm{Bel}(A)$ 表示对 A 的总体信任度。

定义：对任何命题 $A\subseteq D$，其似然函数为：

$$\begin{aligned}\mathrm{PI}(A)&=1-\mathrm{Bel}(-A)=1-\sum_{s_i\in\neg A}m(\{s_i\})=1-\left[\sum_{2}^{n}m(\{s_i\})-\sum_{s_i\in A}m(\{s_i\})\right]\\&=1-[1-m(D)-\mathrm{Bel}(A)]\\&=m(D)+\mathrm{Bel}(A)\end{aligned}$$

$$\mathrm{PI}(D)=1-\mathrm{Bel}(\neg A)=1-\mathrm{Bel}(\varnothing)=1$$

似然函数也称为不可驳斥函数或上限函数，$\mathrm{PI}(A)$ 表示对 A 为非假的信任度。由于 $\mathrm{Bel}(A)$ 表示对 A 为真的信任程度，所以 $\mathrm{Bel}(\neg A)$ 表示的是 $\neg A$ 为真的信任程度，即 A 为假的信任程度。由此可以得 $\mathrm{PI}(A)$ 表示对 A 为非假的信任程度。

从上面的定义可以看出，对任何命题 $A \subseteq D$ 和 $B \subseteq D$ 有

$$\mathrm{PI}(A)-\mathrm{Bel}(A)=\mathrm{PI}(B)-\mathrm{Bel}(B)=m(D)$$

它表示对 A（或 B）不知道的程度。

下面举一个例子来理解如何根据公式求 PI(A)。同样使用上述给出的 $D=\{红,黄,白\}$ 为基本概率函数的数据。

那么根据似然函数的定义有：

$$\begin{aligned}\mathrm{PI}(\{红\})&=1-\mathrm{Bel}(\neg\{红\})=1-\mathrm{Bel}(\{黄,白\})=1-[M(\{黄\}),M(\{白\}),M(\{黄,白\})]\\&=1-[0+0.1+0.1]=0.8\end{aligned}$$

同时，PI({红})表示红为非假的信任程度，即表示与{红}相交不为空的那些子集，根据概率分配函数的定义有：

$$\begin{aligned}\sum_{\{红\}\cap B\neq\varnothing}M(B)&=M(\{红\})+M(\{红,黄\}),M(\{红,白\}),M(\{红,黄,白\})\\&=0.3+0.2+0.2+0.1=0.8\end{aligned}$$

可见 PI({A})有两种方式可以求解，分别为

$$\mathrm{PI}(\{A\})=1-\mathrm{Bel}(\neg A)$$

$$\mathrm{PI}(\{A\})=\sum_{\{红\}\cap B\neq\varnothing}M(B)$$

第二种求解方式的证明如下。

$$\begin{aligned}\mathrm{PI}(\{A\})-\sum_{A\cap B\neq\varnothing}M(B)&=1-\mathrm{Bel}(\neg A)-\sum_{A\cap B\neq\varnothing}M(B)=1-(\mathrm{Bel}(\neg A)+\sum_{A\cap B\neq\varnothing}M(B))\\&=1-\left(\sum_{C\subseteq\neg A}M(C)+\sum_{A\cap B\neq\varnothing}M(B)\right)=1-\sum_{E\subseteq D}M(E)=0\end{aligned}$$

所以有 $\mathrm{PI}(A)=\sum_{A\cap B\neq\phi}M(B)$

信任函数与似然函数都表示对 A 的信任程度，只是 PI(A)表示对 A 为非假的信任程度，Bel(A)表示对 A 为真的信任程度。又因为

$$\mathrm{Bel}(\neg A)+\mathrm{Bel}(A)=\sum_{B\subseteq A}M(B)+\sum_{C\subseteq\neg A}M(C)\leqslant\sum_{E\subseteq D}M(E)=1$$

所以有

$$\mathrm{PI}(A)-\mathrm{Bel}(A)=1-\mathrm{Bel}(\neg A)-\mathrm{Bel}(A)=1-(\mathrm{Bel}(\neg A)+)\mathrm{Bel}(A)\geqslant 0$$

所以 $\mathrm{PI}(A)\geqslant\mathrm{Bel}(A)$。

由于 PI(A)表示对 A 非假的信任程度，Bel(A)表示对 A 为真的信任程度，因此可分别称 Bel(A)和 PI(A)为对 A 信任程度的下限与上限，记为

$$A(\mathrm{Bel}(A),\mathrm{PI}(A))$$

3. 类概率函数

利用信任函数 Bel(A)和似然函数 PI(A)，可以定义 A 的类概率函数，并把它作为 A 的非精确性度量。

定义： 假设 D 为有限域，对任何命题 $A\subseteq D$，命题 A 的类概率函数为

$$f(A)=\mathrm{Bel}(A)+\frac{|A|}{|D|}\cdot[\mathrm{PI}(A)-\mathrm{Bel}(A)]$$

类概率函数 $f(A)$ 具有以下性质。

(1) $\sum_{i=1}^{n} f(\{s_i\})=1$

证明：

因为

$$f(\{s_i\})=\mathrm{Bel}(\{s_i\})+\frac{|\{s_i\}|}{|D|}\cdot[\mathrm{PI}(S_i)-\mathrm{Bel}(\{S_i\})]=m(\{s_i\})+\frac{1}{n}\times m(D)\quad i=1,2,3,\cdots,n$$

所以

$$\sum_{i=1}^{n} f(\{s_i\})=\sum_{i=1}^{n}\left[m(\{s_i\})+\frac{1}{n}\times m(D)\right]=\sum_{i=1}^{n} m(\{s_i\})+m(D)=1$$

(2) 对任何 $A\subseteq D$，有 $\mathrm{Bel}(A)\leqslant f(A)\leqslant \mathrm{PI}(A)$。

证明：根据 $f(A)$ 的定义

因为 $\mathrm{PI}(A)-\mathrm{Bel}(A)=m(D)\geqslant 0$，$\frac{|A|}{|D|}\geqslant 0$

所以 $\mathrm{Bel}(A)\leqslant f(A)$

又 $\frac{|A|}{|D|}\leqslant 1$，由 $f(A)$ 定义有 $f(A)\leqslant \mathrm{Bel}(A)+\mathrm{PI}(A)-\mathrm{Bel}(A)$

所以 $f(A)\leqslant \mathrm{PI}(A)$

(3) 对任何 $A\subseteq D$，有 $f(\neg A)=1-f(A)$。

证明：

因为

$$f(\neg A)=\mathrm{Bel}(\neg A)+\frac{|\neg A|}{|D|}\cdot[\mathrm{PI}(\neg A)-\mathrm{Bel}(\neg A)]$$

$$\mathrm{Bel}(\neg A)=\sum_{s_i\in\neg A} m(\{s_i\})-m(D)=1-\mathrm{Bel}(A)-m(D)$$

$$|\neg A|=|D|-|A|$$

$$\mathrm{PI}(\neg A)-\mathrm{Bel}(\neg A)=m(D)$$

所以

$$f(\neg A)=1-\mathrm{Bel}(A)-m(D)+\frac{|D|-|A|}{|D|}\times m(D)$$

$$=1-\mathrm{Bel}(A)-m(D)+m(D)-\frac{|A|}{|D|}\times m(D)$$

$$1-\left[\mathrm{Bel}(A)+\frac{|A|}{|D|}\times m(D)\right]=1-f(A)$$

根据以上性质，可得到以下推论。

① $f(\varnothing)=0$。

② $f(D)=1$。

③ 对任何 $A\subseteq D$，有 $0\leqslant f(A)\leqslant 1$。

有了概率分配函数、信任函数、似然函数和概率函数，就可以应用证据理论的推理模型。

4.5.2 非确定性表示

在 DS 理论中，非确定性知识的表示形式为：

$$\text{IF} \quad E \quad \text{THEN} \quad H=\{h_1,h_2,h_3,\cdots,n\} \quad CF=\{c_1,c_2,c_3,\cdots,n\}$$

其中，E 为前提条件，既可以是简单条件，也可以是用合取或析取词连接起来的复合条件；H 是结论，用样本空间中的子集表示，$h_1,h_2,h_3,\cdots,n$ 是该子集中的元素；CF 是可信度因子，用集合形式表示，其中的元素 $c_1,c_2,c_3,\cdots,n$ 用来表示 $h_1,h_2,h_3,\cdots,n$ 的可信度，c_1 与 h_1 一一对应，并且 c_1 满足如下条件：

$$\begin{cases} c_i \geqslant 0 \\ \sum_{i=1}^{n} c_i \leqslant 1 \end{cases}$$

DS 理论中将所有输入的已知数据、规则前提条件及结论部分的命题都称为证据。证据的非确定性用该证据的确定性表示。

定义：设 A 是规则条件部分的命题，E'是外部输入的证据和已证实的命题，在证据 E'的条件下，命题 A 与证据 E' 的匹配程度为

$$MD(A \mid E')=\begin{cases} 1 & \text{如果 } A \text{ 的所有元素都出现在 } E' \text{中} \\ 0 & \text{否则} \end{cases}$$

定义：条件部分命题 A 的确定性为

$$CER(A)=MD(A \mid E') \times f(A)$$

式中，$f(A)$ 为类概率函数。因为 $f(A) \in [0,1]$，因此 $CER(A) \in [0,1]$。在实际系统中，如果是初始证据，其确定性是由用户给出的；如果是推理过程中的中间结论，则其确定性由推理得到。

4.5.3 非确定性计算

规则的前提条件可以用合取或析取连接起来的组合证据。当组合证据是多个证据的合取时，即：

$$E=E_1 \text{ AND } E_2 \text{ AND } \cdots \text{ AND } E_n$$

则：

$$CER(E)=\min\{CER(E_1),CER(E_2),\cdots,CER(E_n)\}$$

当组合证据是多个证据的析取时，即：

$$E=E_1 \text{ OR } E_2 \text{ OR } \cdots \text{ OR } E_n$$

$$CER(E)=\max\{CER(E_1),CER(E_2),\cdots,CER(E_n)\}$$

4.5.4 非确定性更新

设有知识：

$$\text{IF} \quad E \quad \text{THEN} \quad H=\{h_1,h_2,h_3,\cdots,n\} \quad CF=\{c_1,c_2,c_3,\cdots,c_n\}$$

则求结论 H 的确定性 $CER(H)$ 的方法如下。

（1）求 H 的概率分配函数

$$m(\{h_1,h_2,\cdots,h_n\})=(CER(E)\times c_1,CER(E)\times c_2,\cdots,CER(E)\times c_n)$$

$$m(D)=1-\sum_{i=1}^{n} m(\{h_1\})$$

如果有两条知识支持同一结论 H，即

IF E_1 THEN $H=\{h_1,h_2,h_3,\cdots,n\}$ $CF_1=\{c_{11},c_{12},c_{13},\cdots,c_{1n}\}$

IF E_2 THEN $H=\{h_1,h_2,h_3,\cdots,n\}$ $CF_2=\{c_{21},c_{22},c_{23},\cdots,c_{2n}\}$

则按照正交和求 $CER(H)$。

即先求出每一知识的概率分配函数，

$$m_1(\{h_1\},\{h_2\},\cdots,\{h_n\})$$

$$m_2(\{h_1\},\{h_2\},\cdots,\{h_n\})$$

再用公式 $m=m_1\oplus m_2$ 对 m_1、m_2 求正交和，从而得到 H 的概率分配函数 m。

（2）求 $\mathrm{Bel}(H)$、$\mathrm{PI}(H)$ 及 $f(H)$

$$\mathrm{Bel}(H)=\sum_{i=1}^{n} m(\{h_i\})$$

$$\mathrm{PI}(H)=1-\mathrm{Bel}(\neg H)$$

$$f(H)=\mathrm{Bel}(H)+\frac{|H|}{|D|}\cdot[\mathrm{PI}(H)-\mathrm{Bel}(H)]=\mathrm{Bel}(H)+\frac{|H|}{|D|}m(D)$$

（3）求 $\mathrm{CER}(H)$，按照公式

$$\mathrm{CER}(H)=\mathrm{MD}(A\mid H')\times f(H)$$

计算结论 H 的确定性。

证据理论推理的特性如下。

证据理论的主要优点是能满足比概率更弱的公理系统，能处理由“不知道”引起的非确定性，并且由于辨别框的子集可以是多个元素的集合，因而知识的结论部分不必限制在单个元素表示的最明显的层次上，而可以是一个更一般的不明确的假设，这样更利于领域专家在不同细节、不同层次上进行知识表示。

证据理论的主要缺点是要求 D 中的元素满足互斥条件，这在实际系统中不易实现，并且需要给出的概率分配函数太多，计算比较复杂。

4.6 模糊推理

模糊推理是一种基于模糊逻辑的非确定性推理方法。1965 年，美国加利福尼亚大学的扎德教授（L、A、Zadeh）发表了题为“fuzzy set”的论文，首次提出了模糊理论。“模糊”是人脸感知环境、获取知识、逻辑推理、决策实施的重要特征。“模糊”比“确定”又有更多的信息和更丰富的内涵，更加符合真实世界的特点。模糊理论可以用数学方法来描述和处理自然界出现的不精确、不完整的信息。

4.6.1 模糊理论

1. 模糊集合的定义

模糊集合是经典集合的延伸，首先介绍集合论中的一些概念。

论域：问题所限定范围内的全体对象称为论域。一般用 U、E 等大写字母表示论域。

元素：论域中的每个对象。一般常用 a，b，c 等小写字母表示集合中的元素。

集合：论域中具有某种相同属性的确定的、可以彼此区别的元素的全体，常用 A，B，C 等表示。如 $A=\{x\mid f(x)>0\}$ 表示所有使 $f(x)>0$ 的 x 所组成的集合。

在经典集合中，元素 a 和集合 A 的关系只有两种：a 属于 A 和 a 不属于 A，即只有两个值“真”和“假”。

经典集合只能描述确定性的概念，例如，“这杯水凉了，不能喝了”的概念，而不能描述现实世界中模糊的概念。模糊逻辑模仿人类的方法，引入隶属度的概念，描述介于“真”与“假”的中间概念。在模糊理论中和经典集合相对应的是模糊集合，模糊集合继承于经典集合，但是对它进行了补充，即经典集合是模糊集合的特例。模糊集合包含两个方面的含义，一个是继承于经典集合的，即其中都有哪些元素。二是这些元素对应的一个描述属于一个集合的强度，这个强度是一个介于 0 和 1 之间的实数，其值称为元素属于一个模糊集合的隶属度。

模糊集合中所有元素的隶属度全体构成了集合的隶属函数。

与经典集合表示不同的是，模糊集合中不仅要列出属于这个集合的元素，而且要注明这个元素属于这个集合的隶属度。当论域中的元素数目有限时，模糊集合 F 的数学描述为：

$$F=\{(x,u_F(x)),x\in X\}$$

其中，$u_A(x)$ 为元素 x 属于模糊集 A 的隶属度，x 是元素 x 的论域。

2. 模糊集的表示方法

模糊集的表示方法与论域性质有关，对离散且有限论域

$$U=\{u_1,u_2,\cdots,u_n\}$$

其模糊集可表示为 $F=\{u_F(u_1),u_F(u_2),\cdots,u_F(u_n)\}$。为了表示论域中元素与其隶属度之间的对应关系，引入一种模糊集的表示方法，为论域中的每个元素都标上其隶属度，再用“+”把它们都链接起来，即：

$$F=\{u_F(u_1)/u_1+u_F(u_2)/u_2+\cdots+u_F(u_n)/u_n\}$$

也可写成 $F=\sum_{i=1}^{n}u_F(u_i)/u_i$，式中，$u_F(u_i)$ 为 u_i 对 F 的隶属度；“$u_F(u_i)/u_i$”不是相除，而是表示隶属关系；“+”表示连接，只是一个连接符号，而不是相加。在这种表示方法中，当某个 u_i 对 F 的隶属度 $u_F(u_i)$ 为零时，可省略不写。

模糊集也可以写成如下形式。

$$F=\{u_F(u_1)/u_1,u_F(u_2)/u_2,\cdots,u_F(u_n)/u_n\}$$

或者 $F=\{(u_F(u_1),u_1),(u_F(u_2),u_2),\cdots,(u_F(u_n),u_n)\}$，前一种形式称为单点形式，后一种形式称为序偶形式。

如果是连续的，则其模糊集可以用一个实函数来表示。例如，扎德以年龄为论域，取 $U=[0,100]$，给出了“年轻”和“年老”这两个模糊概念的隶属函数。

$$\mu_{Young}=\begin{cases}1 & 0\leqslant u\leqslant 25\\ \left[1+\left(\dfrac{u-25}{5}\right)^2\right]^{-1} & 25<u\leqslant 100\end{cases}$$

$$\mu_{old}=\begin{cases}1 & 0\leqslant u\leqslant 50\\ \left[1+\left(\dfrac{5}{u-50}\right)^2\right]^{-1} & 50<u\leqslant 100\end{cases}$$

类比于微积分中的积分形式，不管类域 U 是有限还是无限，扎德都给出了一种类似于积分的一般表示形式如下。

$$F=\int_{u\in U}u_F(u)/u$$

式中，“$\int$”不是数学中的积分符号，也不是求和，只是表示论域中各元素与其隶属度的对应关系的总括。

3. 模糊集运算

模糊集合是经典集合的推广，经典集合的运算可以推广到模糊集合。

(1) 模糊集合的包含关系

设 A、B 是论域 U 中的两个模糊集，若对任意 $u\in U$，都有 $u_A(x)\geqslant u_B(x)$，则称 A 包含 B，记作 $A\supseteq B$。

(2) 模糊集合的相等关系

设 A、B 是论域 U 中的两个模糊集，若对任意 $u\in U$，都有 $u_A(x)=u_B(x)$，则称 A 与 B 相等，记作 $A=B$。

(3) 模糊集合的交并补运算

设 A、B 是论域 U 中的两个模糊集。

① 交运算（intersection）$A\cap B$：

$$u_{A\cap B}(x)=\min\{u_A(x),u_B(x)\}=u_A(x)\wedge u_B(x)$$

② 并运算（union）$A\cup B$：

$$u_{A\cup B}(x)=\max\{u_A(x),u_B(x)\}=u_A(x)\vee u_B(x)$$

③ 补运算（complement）$\overline{A}$

$$u_{\overline{A}}(x)=1-u_A(x)$$

4. 模糊关系与模糊关系的合成

模糊关系是普通关系的推广，普通关系是描述两个集合中的元素之间是否有关联，模糊关系则描述两个模糊集合中的元素之间的关联程度。当论域为有限时，可以采用模糊矩阵来表示模糊关系。

模糊关系的定义如下。

设 A、B 是两个模糊集合，在模糊数学中，模糊关系可用笛卡儿乘积（Cartesian Product）（又称叉积）表示如下。

$$R:A\times B\rightarrow[0,1]$$

每一数对 (a,b) 都对应介于 0 和 1 之间的一个实数，它描述了数对相互之间关系的强弱。在模糊逻辑中，这种叉积常用最小算子运算，即：

$$u_{A\times B}(a,b)=\min\{u_A(a),u_B(b)\}$$

若 A、B 为离散模糊集，其隶属函数分别为：

$$\mu_A=[u_A(a_1)u_A(a_2),\cdots,u_A(a_n)]$$
$$\mu_B=[u_B(b_1)u_B(b_2),\cdots,u_B(b_n)]$$

则其叉积运算为

$$u_{A\times B}(a,b)=u_A^{\mathrm{T}}\circ u_B$$

其中“∘”为模糊向量的乘积运算符。上述定义的模糊关系是二元模糊关系。通常所谓的模糊关系 R，一般是指二元模糊关系。下面举例说明模糊关系的具体求取方法。

例：已知输入的模糊集合 A 和输入的模糊集合 B 分别为：

$$A=1.0/a_1+0.5/a_2+0.5/a_3+0.2/a_4+0/a_5$$

$$A=0.3/b_1+0.6/b_2+0.6/b_3+0/b_4$$

求 A 到 B 的模糊关系 R。

解：

$$R=A\times B=u_A^{\mathrm{T}}\circ u_B=\begin{pmatrix}1.0\\0.5\\0.5\\0.2\\0\end{pmatrix}\circ(0.3\quad 0.6\quad 0.6\quad 0)$$

$$=\begin{pmatrix}1.0\wedge 0.3 & 1.0\wedge 0.6 & 1.0\wedge 0.6 & 1.0\wedge 0\\0.5\wedge 0.3 & 0.5\wedge 0.6 & 0.5\wedge 0.6 & 0.5\wedge 0\\0.5\wedge 0.3 & 0.5\wedge 0.6 & 0.5\wedge 0.6 & 0.5\wedge 0\\0.2\wedge 0.3 & 0.2\wedge 0.6 & 0.2\wedge 0.6 & 0.2\wedge 0\\0\wedge 0.3 & 0\wedge 0.6 & 0\wedge 0.6 & 0\wedge 0\end{pmatrix}\begin{pmatrix}0.3 & 0.6 & 0.6 & 0\\0.3 & 0.5 & 0.5 & 0\\0.5 & 0.5 & 0.5 & 0\\0.2 & 0.2 & 0.2 & 0\\0 & 0 & 0 & 0\end{pmatrix}$$

可以看出，两个模糊向量的叉积，类似于两个向量的乘积，只是其中的乘积运算用取小运算代替。上述式子的含义表示模糊关系中元素(a_1,b_1)隶属于模糊关系 R 的程度是 0.3。

二元模糊关系可以推广到多元模糊关系。

定义：设 F_i 是 $U_i(i=1,2,\cdots,n)$上的模糊集，则称

$$F_1\times F_2\times\cdots\times F_n=\int_{U_1\times U_2\times\cdots\times U_n} u_{F_1}(u_1)\wedge u_{F_2}(u_2)\wedge\cdots\wedge u_{F_n}(u_n)/(u_1,u_2,\cdots,u_n)$$

为 $F_1,F_2,\cdots,F_n$ 的笛卡儿乘积，它是 $U_1\times U_2\times\cdots\times U_n$ 上的一个模糊集。

定义：在 $U_1\times U_2\times\cdots\times U_n$ 上的一个 n 元模糊集 R 是指以 $U_1\times U_2\times\cdots\times U_n$ 为论域的一个模糊集，记为：

$$R=\int_{U_1\times U_2\times\cdots\times U_n} u_R(u_1,u_2,\cdots,u_n)/(u_1,u_2,\cdots,u_n)$$

即模糊关系的合成。

定义：设 R_1 与 R_2 分别是 $U\times V$ 和 $V\times W$ 上的两个模糊关系，则 R_1 与 R_2 的合成是从 U 到 W 的一个模糊关系，记为 $R_1\circ R_2$，其隶属函数为：

$$\mu_{R_1\circ R_2}(u,w)=\vee\{\mu_{R_1}(u,v)\wedge\mu_{R_2}(v,w)\}$$

式中，$\vee$ 和 $\wedge$ 分别表示取最大和取最小。

模糊变换的定义如下。

设

$F=\{u_F(u_1),u_F(u_2),\cdots,u_F(u_n)\}$是论域 U 上的模糊集，R 是 $U\times V$ 上的模糊关系，则 $F\circ R=G$ 称为模糊变换。

G 是 V 上的模糊集，其一般形式是：

$$G=\int_{v\in V}\vee(u_F(u)\wedge R)/v$$

5. 模糊知识的表示

通常人们做思维判断的基本形式是：

如果(条件)→则(结论)

其中的条件和结论通常是模糊的，而这种判断形式也是模糊的，基于这种形式产生的判断规则也是模糊的，而且这种模糊规则的条件和结论往往是多重的。我们可以把条件看成是一个论域，结论看成是另一个论域，那么这种模糊规则就是一个从条件论域到结论论域的模糊关系矩阵。通过条件模糊向量与模糊关系 R 的合成进行模糊推理，得到结论的模糊向量，然后将模糊结论转换为精确量。

在扎德的推理模型中，产生式规则的表示形式是

IF　x *is* F　THEN　y *is* G

其中，x 和 y 是变量，表示对象；F 和 G 分别是论域 U 及 V 上的模糊集，表示概念。并且条件部分可以是多个 x_i *is* F_i 的组合。此时各个隶属函数之间的运算按模糊集合的运算进行。

4.6.2　模糊匹配

模糊概念的匹配是指比较和判断两个模糊概念的相似程度。两个模糊概念的相似程度又称为匹配度。接下来介绍两种匹配度的计算方法，即语义距离和贴近度。

1. 语义距离

语义距离刻画的是两个模糊概念之间的差异，有多种方法可以计算语义距离，这里介绍一下汉明距离。

设 $U=\{u_1,u_2,\cdots,u_n\}$ 是一个离散有限论域，F 和 G 分别为论域 U 上的两个模糊概念的模糊集，则 F 与 G 的汉明距离定义为：

$$\mathrm{d}(F,G)=\frac{1}{n}\sum_{i=q}^{n}|u_F(u_i)-u_G(u_i)|$$

如果论域 U 是实数域上的莫格闭区间$[a,b]$，则汉明距离为：

$$\mathrm{d}(F,G)=\frac{1}{b-a}\int_a^b|u_F(u_i)-u_G(u_i)|\mathrm{d}u$$

当求出汉明距离时，可以使用算式 $1-\mathrm{d}(F,G)$ 得到匹配度。当匹配度大于某个给定的阈值时，认为两个模糊概念是相匹配的。当然，也可以直接用语义距离来判断两个模糊概念是否匹配。

2. 贴近度

贴近度是指两个概念的接近程度，可直接用来作为匹配度。设 F 和 G 分别为论域 $U=\{u_1,u_2,\cdots,u_n\}$ 上的两个模糊概念的模糊集，则 F 与 G 的贴近度定义为：

$$(F,G)=\frac{1}{2}(F\cdot G+(1-F\odot G))$$

其中

$$F\cdot G=\hat{U}(u_F(u_i)\wedge u_G(u_i))$$

$$F\odot G=\hat{U}(u_F(u_i)\vee u_G(u_i))$$

称 $F\cdot G$ 为 F 与 G 的内积，$F\odot G$ 为 F 与 G 的外积。

当用贴近度作为匹配度时，其值越大越好。当贴近度大于某个事先给定的阈值时，认为

两个模糊概念是相匹配的。

4.6.3 模糊推理方法

1. 对模糊假言推理

设 F 和 G 分别为论域 U 和 V 上的两个模糊概念的模糊集，且有知识

$$\text{IF} \quad x \text{ is } F \text{ THEN } y \text{ is } G$$

若有 U 上的一个模糊集 F'，且 F 可以和 F'匹配，则可以推出“y is G”，且 G'是 V 上的一个模糊集。在这种推理模式下，模糊知识“IF　x is F THEN y is G”表示在 F 与 G 之间存在着确定的模糊关系，设此模糊关系为 R。那么当已知的模糊事实 F'可以和 F'匹配时，则可以通过 F'与 R 的合成得到 y is G'，即：

$$G' = F' \circ R$$

2. 对模糊假言三段论推理

设 F、G、H 分别为论域 U、V 和 W 上的两个模糊概念的模糊集，且有知识

$$\text{IF } x \text{ is } F \text{ THEN } y \text{ is } G$$

$$\text{IF } y \text{ is } G \text{ THEN } z \text{ is } H$$

可推出：

$$\text{IF } x \text{ is } F \text{ THEN } z \text{ is } H$$

这种模式的推理称为模糊假言三段论推理。在这种推理模式下，模糊知识 IF x is F THEN y is G 表示在 F 与 G 之间存在着确定的模糊关系，设此模糊关系为 R_1。IF y is G THEN z is H 表示在 G 与 Z 之间存在着确定的模糊关系，设此模糊关系为 R_2。若模糊假言三段论成立，则 IF x is F THEN z is H 的模糊关系 R_3 可由 R_1 与 R_2 的合成得到，即 $R_3 = R_1 \circ R_2$。

经过模糊推理得到结论或者操作是一个模糊向量。将模糊推理得到的模糊向量转化为确定值之后就可以在实际系统中应用。这种转化方法有很多种，如“最大隶属法”“加权平均法”等，这里不再讲述。

4.7 案例：基于朴素贝叶斯方法的垃圾邮件过滤

朴素贝叶斯方法是建立在独立性假设的条件之上的，即假设证据间不存在依赖关系，这时就可以应用前面讲述的逆概率方法来对一个邮件进行分类，判断它是否为垃圾邮件。

一封邮件有很多个属性，比如发送人、接收人、发送时间、发送内容中的每一个词语等。这些属性都可以作为判断一封邮件是否是一个垃圾邮件的证据，但是不是所有的证据都对判断有作用？一般情况下，发送时间与是否是垃圾邮件是没有很大关联的，这个情况可以通过统计表明。本案例，我们通过分析统计每一封邮件的词条内容来作为判断是否是垃圾邮件的证据。

根据逆概率方法的公式可知，首先需要求得先验概率和结论成立时每个证据的条件概率。先验概率在本案例中表示平均一个用户收到的邮件中有一封邮件是垃圾邮件的概率，这个概率可以通过统计获得，这个概率因人而异，由于每个人的社交范围和活动内容不同，这个概率也不同。如果所建立的垃圾邮件过滤功能是给很多人群应用，那么这个统计的范围也要覆盖大多数用户，否则会造成偏差。条件概率是指在所有垃圾邮件中，一个词条出现的概

率。有了这两个内容，就可以通过逆概率方法判断一个新的邮件是垃圾邮件的概率。

对邮件词条内容分析需要通过分词、统计、去除高频词汇和无效词汇。假设统计结果中显示，所有邮件中垃圾邮件的比例为23%，所有邮件的词条统计形式见表4.1。

表4.1 邮件的词条统计示意图

垃圾邮件序号	标签	理财	金融	优惠	打折	返利	限时	发票	兼职
邮件1	1								
邮件2	1								
邮件3	0								
邮件4									
…	…	…	…	…	…	…	…	…	
邮件195	1								
邮件196	0								
邮件197	0								
邮件198	1								
邮件199	0								
邮件200	0								

表中显示了统计的200封邮件，其中标签为1表示该邮件是垃圾邮件。各个词条的值为1则表示该邮件中出现此词条。

设垃圾邮件的数目 $n=46$，所有邮件的数目 $m=200$，H_1 表示结论为垃圾邮件，H_0 表示结论为正常邮件，e_{i1}为所有垃圾邮件中出现 E_i 词条的邮件数目，e_{i0}为所有正常邮件中出现 E_i 词条的邮件数目。那么：

$$P(H_1)=\frac{n}{m}$$

$P(H_1)$为所有垃圾邮件的数目 n 除以所有邮件的数目。

$P(E_i \mid H_1)$为每个词条 E_i 的条件概率。为了防止某个词条出现的次数为零使得计算结果为0，使用拉普拉斯修正：

$$P(E_i \mid H_1)=\frac{e_{i1}+1}{n+2}$$

$$P(E_i \mid H_0)=\frac{e_{i0}+1}{n+2}$$

根据逆概率方法的讨论，由多个证据来计算一个结论的情况如下。

$$\begin{aligned} P(H_1 \mid E_1,E_2,\cdots,E_i) &= \frac{P(H_1)P(E_1,E_2,\cdots,E_i \mid H_1)}{P(E_1,E_2,\cdots,E_i)} \\ &= \frac{P(H_1)}{P(E_1,E_2,\cdots,E_i)}\prod_{i=1}^{d}P(E_i \mid H_1) \end{aligned}$$

因为当给定一个证据 $E_1,E_2,\cdots,E_i$ 时，$P(E_1,E_2,\cdots,E_i)$与类标记无关，对于所有的类别来说，$P(E_1,E_2,\cdots,E_i)$相同，因此上式中有关的变量为 $P(H_2)\prod_{i=1}^{d}P(E_i \mid H_1)$。

所以只需要比较 $P(H_1)\prod_{i=1}^{d}P(E_i \mid H_1)$和 $P(H_0)\prod_{i=1}^{d}P(E_i \mid H_1)$二者的大小，概率大者，

即为预测值。实践中通常采用对它们取对数的方式来将“连乘”转化为“连加”，以避免数值下溢（因为对数函数后单调性不变）。

习题

一、单选题

1. 下列哪种推理方法是不确定性推理方法？（　　）

A. 自然演绎推理

B. 归结反演

C. 主观贝叶斯方法

D. 拒取式推理

2. 以下哪项不是现实世界的事物所具有的导致人们对其认识不精确的性质？（　　）

A. 具象性

B. 随机性

C. 模糊性

D. 不充分性

3. 以下哪个选项不是非确定性推理的基本问题？（　　）

A. 推理方向

B. 推理方法

C. 非确定性的表示

D. 控制策略

4. 以下哪个可信度最接近“假”？（　　）

A. -0.1　　B. 0.0001　　C. 0　　D. 1

5. 以下说法错误的是（　　）？

A. 度量要能充分表达相应知识及证据非确定性的程度

B. 度量范围的指定应便于领域专家及用户对非确定性的估计

C. 度量要便于对非确定性的传递进行计算，而且对结论算出的非确定性度量不能超出度量规定的范围

D. 度量的确定应当是直观的，且不需要相应的理论依据

6. 以下不是用来计算复合证据非确定性的方法的是（　　）？

A. 最大/最小法

B. 最小二乘法

C. 概率方法

D. 有界方法

7. 以下哪种方法不是为了解决纯概率方法应用限制而发展的方法？（　　）

A. 可信度方法

B. 证据理论

C. 蒙特卡罗方法

D. 贝叶斯方法

8. 以下关于概率分配函数的说法错误的是（　　）？

A. 概率分配函数用于描述知识的估计信任度

B. 概率分配函数的作用是把 D 上的任意一个子集都映射到[0,1]上的一个数 M(A)

C. 概率分配函数与概率不同

D. 在实际问题中，对同一个集合，可能得到不同的概率分配函数

9. 以下对于证据 E 的可信度 CF(E)的值的含义描述正确的是（　　）？

A. CF(E)= 1，证据 E 为真

B. CF(E)= 0，证据 E 为假

C. CF(E)= -1，证据 E 无法判断

D. $0<CF(E)<1$，证据 E 不确定

10. 以下哪个概念是模糊概念（　　）？

A. 这杯水太烫，不能喝

B. 体测 1000 m 用时 4 分 30 秒，满足了及格条件

C. 他说话每分钟说 250 字，语速很快

D. 今年冬天平均气温-21℃，太冷了

二、判断题

1. 非确定性的表示包括知识的非确定性表示和证据的非确定性表示。一般情况下，知识是我们的经验总结，并且把已知的信息称为证据。（　　）

2. 在选择知识的非确定性表示方法时，只需要考虑能够准确地描述问题本身的非确定性，就能得到较好的表示效果。（　　）

3. 对于不同的知识及证据，其非确定性程度一般不同，需要不同数据表示其非确定性的程度。（　　）

4. 纯粹用概率模型来表示和处理非确定性的方法是处理非确定性的重要手段，但没有严密的理论依据，因此应用受到了限制。（　　）

5. 每个可能事件具有一个 0 到 1 的概率，且样本空间中的可能事件总的概率是 1。（　　）

6. 逆概率方法有较强的理论背景和良好的数学特征，当证据及结论都彼此独立时，计算复杂度较低。（　　）

7. 主观贝叶斯推理虽然不需要大量计算，但因主观性太强而遭到诟病，因此历史上很长一段时间无法得到广泛应用。（　　）

8. 经典集合既可以描述确定性的概念，也可以描述现实世界中模糊的概念。（　　）

9. 模糊集合是经典集合的推广，所以运算与经典集合相同。（　　）

10. 当用贴近度作为匹配度时，其值越大越好。（　　）

三、简答题

1. 什么是贝叶斯学派，它和频率学派有什么区别？

2. 主观贝叶斯推理相对于基本的概率推理有哪些优点？

3. 可信度推理有什么特点，适用于哪些情况？举一个适用情况的例子。

4. 证据理论相对于贝叶斯推理有哪些优点？

5. 模糊推理中两种匹配度的计算方法，语义距离和贴近度有哪些不同和特点？

第5章 搜索策略

在上一章的推理模式中给出了求解问题的方法。但是在求解过程中，具体的每一步往往有多种选择。例如，有多条知识可以用，或者有多种操作可以用。哪一个是最佳选择呢？不同的选择方案，首先会影响求解问题的效率，其次可能会影响是否可得到解（或者最优解）。搜索策略决定从起点到终点的每一步如何走，特别是面对岔路时如何选择。在具体求解问题（推理）时，运用合理的搜索策略是一个至关重要的问题。本章介绍常用的几种搜索策略。

5.1 搜索的基本概念

根据问题的实际情况寻找可用知识，并以此构造出一条代价较小的推理路线，使得问题获得圆满解决的过程叫作搜索。简单地说，搜索就是利用已知条件（知识）寻求解决问题的办法的过程。人工智能所研究的对象大多是属于结构不良或非结构化的问题。对于这些问题，一般很难获得全部信息，更没有现成的算法可供求解使用。因此，只能依靠经验，利用已有知识逐步摸索求解。搜索是人工智能中的一个基本问题。理论上有解的问题，在现实世界中由于各种约束（主要是时空资源的约束）而未必能得到解（或者最优解）。搜索策略最关心的问题就是能否尽可能快地得到（有效或者最优）解。搜索策略合适与否直接关系到智能系统的性能和运行效率。尼尔逊（Nilsson）把它列为人工智能研究中的4个核心问题之一。通常把常规算法无法解决的问题分为两类：一类是结构不良或非结构化问题；另一类是结构比较好，理论上也有算法可依，但问题本身的复杂性超过了计算机在时间、空间上的局限性。对于这两类问题，我们往往无法用某些巧妙的算法来获取它们的精确解，而只能利用已有的知识一步步摸索着前进。在这个过程中就存在着如何寻找可用知识，确定出开销尽可能少的一条推理路线的问题。

对那些结构性能较好，理论上有算法可依的问题，如果问题或算法的复杂性较高（如按指数形式增长），由于受计算机在时间和空间上的限制，也无法付诸实用。这就是人们常说的组合爆炸问题。例如，64阶梵塔问题有3^{64}种状态，仅从空间上来看，这是一个任何计算机都无法存储的问题。可见，理论上有算法的问题，实际不一定可解。像这类问题，也需要采用搜索的方法来进行求解。

对于搜索的类型，可根据搜索过程是否使用启发式信息分为盲目搜索和启发式搜索，也可根据问题的表示方式分为状态空间搜索和基于树的搜索。

盲目搜索是按预定的控制策略进行搜索，在搜索过程中获得的中间信息并不改变控制策略。由于搜索总是按预先规定的路线进行，没有考虑到问题本身的特性，因此这种搜索具有盲目性，效率不高，不利于复杂问题的求解。启发式搜索是在搜索中加入了与问题有关的启发性信息，用于指导搜索朝着最有希望的方向前进，加速问题的求解过程，并找到最优解。

状态空间搜索是指用状态空间法来求解问题所进行的搜索。基于树的搜索通常指的是与或树搜索和博弈树搜索，它们是用问题归约法来求解问题时所进行的搜索。状态空间法和问题归约法是人工智能中最基本的两种问题求解方法，接下来分别介绍基于状态空间的搜索与基于树的搜索。

5.2 基于状态空间的盲目搜索

虽然总体上看盲目搜索不如启发式搜索那么高效，但由于启发式搜索需要抽取与问题本身有关的一些特别难以提取的特征信息，因此，有时盲目搜索也是一种直截了当的搜索策略。前面已说过，在人工智能中是通过搜索技术来生成状态空间对问题进行求解的。其基本思想是：首先把问题的初始状态（即初始节点）作为当前状态，选择适用的算符对其进行操作后生成一组子状态（或称后继状态、后继节点、子节点），然后检查目标状态是否在其中出现。若出现，则搜索成功，找到了问题的解；若不出现，则按某种搜索策略从已生成的状态中再选一个状态作为当前状态。重复上述过程，直到目标状态出现或者不再有可供操作的状态及算符时为止。

5.2.1 状态空间的搜索过程

下面列出状态空间的一般搜索过程。首先对搜索过程中要用到的两个数据结构（OPEN 表与 CLOSED 表）做些简单说明。

状态节点在 OPEN 表中的排列顺序是不同的。OPEN 表用于存放刚生成的节点，表格的形式见表 5.1。对于不同的搜索策略，节点的排列顺序也不同。例如，对广度优先搜索，节点按生成的顺序排列，先生成的节点排在前面，后生成的节点排在后面。

表 5.1 OPEN 表

状态节点	父节点

CLOSED 表用于存放将要扩展或者已扩展的节点，表格的形式见表 5.2。所谓对一个节点进行“扩展”，是指用合适的算符对该节点进行操作，生成一组子节点。

表 5.2 CLOSED 表

编号	状态节点	父节点

搜索的一般过程如下。

第 1 步，把初始节点 S_0 放入 OPEN 表，并建立目前只包含 S_0 的图，记为 G。

第 2 步，检查 OPEN 表是否为空，若为空则问题无解，退出。

第 3 步，把 OPEN 表的第一个节点取出放入 CLOSED 表，并记该节点为节点 n。

第 4 步，判断节点 n 是否为目标节点。若是，则求得了问题的解，退出。

第 5 步，考察节点 n，生成一组子节点。把其中不是节点 n 祖先的那些子节点记作集合 M，并把这些子节点作为节点 n 的子节点加入 G 中。

第 6 步，针对 M 中子节点的不同情况，分别进行如下处理。

（1）对那些未曾在 G 中出现过的 M 成员，设置一个指向父节点（即节点 n）的指针，并将它们放入 OPEN 表。

（2）对那些先前已在 G 中出现过的 M 成员，确定是否需要修改它的指向父节点的指针。

（3）对那些先前已经在 G 中出现并且已经扩展了的 M 成员，确定是否需要修改其后继节点指向父节点的指针。

第 7 步，按某种搜索策略对 OPEN 表中的节点进行排序。

第 8 步，转第 2 步。

下面对上述过程做一些说明。

（1）上述过程是状态空间的一般搜索过程，具有通用性。在此之后讨论的各种搜索策略都可看作是它的一个特例。各种搜索策略的主要区别是对 OPEN 表中节点排序的准则不同。例如，广度优先搜索把先生成的子节点排在前面，而深度优先搜索则把后生成的子节点排在前面。

（2）一个节点经一个算符操作后一般只生成一个子节点。但适用于一个节点的算符可能有多个，此时就会生成一组子节点。在这些子节点中，有些可能是当前扩展节点（即节点 n）的父节点、祖父节点等，此时不能把这些先辈节点作为当前扩展节点的子节点。余下的子节点记作集合 M，并加入图 G 中。这就是第 5 步要说明的意思。

（3）一个新生成的节点，可能是第一次被生成的节点，也可能是先前已作为其他节点的后继节点被生成过，当前又被作为另外一个节点的后继节点再次生成。此时，它究竟应作为哪个节点的后继节点呢？一般是由原始节点到该节点路径上所付出的代价来决定。哪条路径付出的代价小，相应的节点就作为它的父节点。

（4）通过搜索所得到的图称为搜索图。由搜索图中的所有节点及反向指针（在第 6 步形成的指向父节点的指针）所构成的集合是一棵树，称为搜索树。

（5）在搜索过程中，一旦某个被考察的节点是目标节点（第 4 步）就得到一个解。该解是由从初始节点到该目标节点路径的算符构成的，而路径则由第 6 步形成的反向指针指定。

（6）如果在搜索中一直找不到目标节点，而且 OPEN 表中不再有可供扩展的节点，则搜索失败，在第 2 步退出。

（7）由于盲目搜索一般适用于其状态空间是树状结构的问题。因此对盲目搜索而言，一般不会出现一般搜索过程第六步中（2）、（3）两点的问题。每个节点经扩展后生成的子节点都是第一次出现的节点，不必检查并修改指针方向。

由上述搜索过程可以看出，问题的求解过程实际上就是搜索过程。问题求解的状态空间图是通过搜索逐步形成的，边搜索边形成。而且搜索每前进一步，就要检查是否达到了目标状态。这样就可尽量少地生成与问题求解无关的状态，既节省了存储空间，又提高了效率。基于状态空间的搜索策略分为盲目搜索和启发式搜索两大类。下面讨论的广度优先搜索、深度优先搜索都属于盲目搜索策略。

5.2.2　状态空间的广度优先搜索

广度优先搜索又称为宽度优先搜索。从图 5.1 可见（标号代表搜索次序），这种搜索是逐层进行的，在对下一层的任一节点进行考察之前，必须完成本层所有节点的搜索。

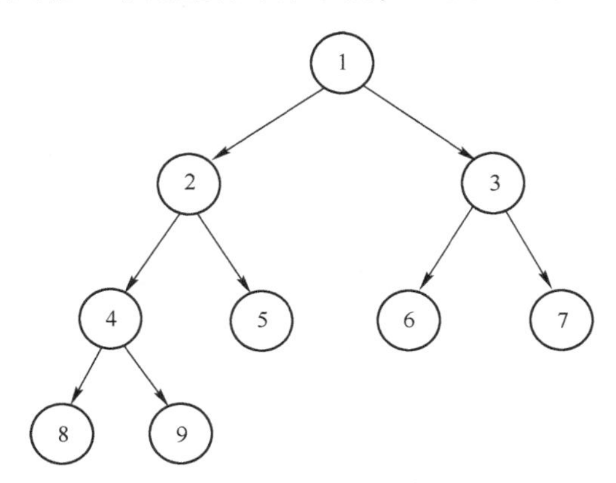

图 5.1　广度优先搜索示意图

广度优先搜索的基本思想是：从初始节点 S_0 开始，逐层地对节点进行扩展并考察它是否为目标节点，在第 n 层的节点没有全部扩展并考察之前，不对第 $n+1$ 层的节点进行扩展。OPEN 表中的节点总是按进入的先后顺序排列，先进入的节点排在前面，后进入的节点排在后面。其搜索过程如下。

第 1 步，把初始节点 S_0 放入 OPEN 表。

第 2 步，如果 OPEN 表为空，则问题无解，退出。

第 3 步，把 OPEN 表的第一个节点（记为节点 n）取出放入 CLOSED 表。

第 4 步，考察节点 n 是否为目标节点。若是，则求得了问题的解，退出。

第 5 步，若节点 n 不可扩展，则转第 2 步。

第 6 步，扩展节点 n，将其子节点放入 OPEN 表的尾部，并为每一个子节点都配置指向父节点的指针，然后转第 2 步。广度优先搜索流程示意图如图 5.2 所示。

【例 5-1】 重排九宫问题。在 3×3 的方格棋盘上放置分别标有数字 1，2，3，4，5，6，7，8 的 8 张牌，初始状态为 0，目标状态为 S_0，如图 5.3 所示。其中，图 5.3a 所示是初始状态，图 5.3b 所示是目标状态。

可使用的算符有空格左移、空格上移、空格右移和空格下移，即它们只允许把位于空格左、上、右、下边的牌移入空格。要求寻找从初始状态到目标状态的路径。

解：

应用广度优先搜索，可得到如图 5.4 所示的搜索树。由图 5.4 可以看出，解路径是 $S_0 \to 3 \to 8 \to 16 \to 26(S_8)$。

广度优先搜索的盲目性较大。当目标节点距离初始节点较远时将会产生许多无用点，搜索效率低，这是它的缺点。但是，只要问题有解，用广度优先搜索总可以得到解，而且得到的是路径最短的解，这是它的优点。

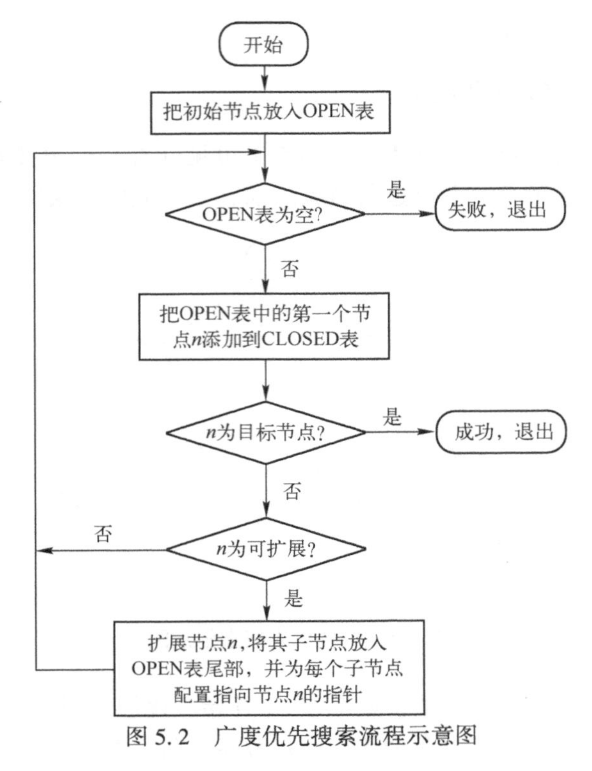

图 5.2　广度优先搜索流程示意图

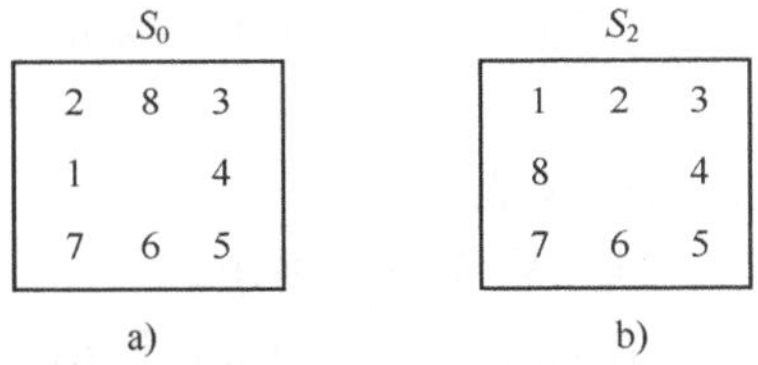

S_0

2	8	3
1		4
7	6	5

a)

S_2

1	2	3
8		4
7	6	5

b)

图 5.3　重排九宫格问题的初始状态与目标状态示意图

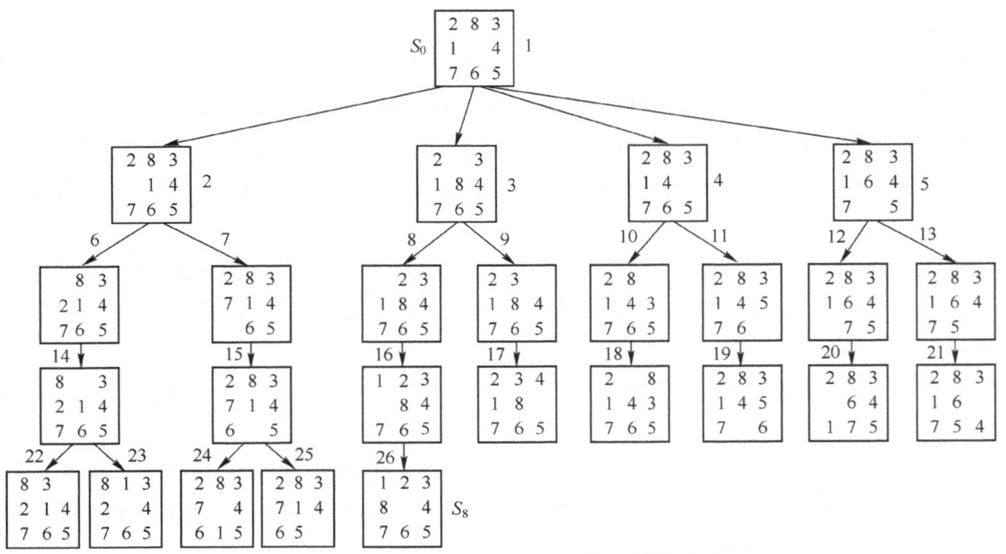

图 5.4　重排九宫格问题的广度优先搜索示意图

5.2.3 状态空间的深度优先搜索

深度优先搜索是一种后生成的节点先扩展的策略。这种搜索策略的搜索过程是：从初始节点 S_0 开始，在其子节点中选择一个最新生成的节点进行考察，如果该子节点不是目标节点且可以扩展，则扩展该子节点，然后再在此子节点的子节点中选择一个最新生成的节点进行考察，依次向下搜索，直到某个子节点既不是目标节点，又不能继续扩展时，才选择其兄弟节点进行考察。OPEN 表是一种栈式存储结构，最先进入的节点排在最后面，最后进入的节点排在最前面。

深度优先搜索算法如下。

第 1 步，把初始节点 S_0 放入 OPEN 表中。

第 2 步，如果 OPEN 表为空，则问题无解，失败退出。

第 3 步，把 OPEN 表的第一个节点取出，放入 CLOSED 表，并记该节点为 n。

第 4 步，考察节点 n 是否为目标节点。若是，则得到了问题的解，成功退出。

第 5 步，若节点 n 不可扩展，则转第 2 步。

第 6 步，扩展节点 n，将其子节点放入 OPEN 表的首部，并为每一个子节点设置指向父节点的指针，然后转第 2 步。深度优先搜索与广度优先搜索的唯一区别是：广度优先搜索是将节点 n 的子节点放入到 OPEN 表的尾部，而深度优先搜索是把节点 n 的子节点放入到 OPEN 表的首部。二者仅此一点不同而已，却使得搜索的路线完全不一样。

仍以上边的求解九宫格问题为例，使用深度优先搜索的方式求解，如图 5.5 所示。

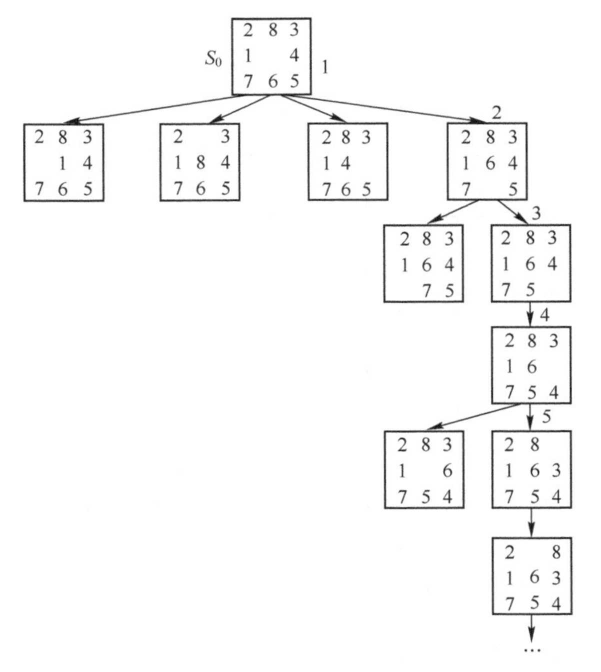

图 5.5 重排九宫格的深度优先搜索示意图

图 5.5 是用深度优先搜索得到的搜索树的一部分（图中还可继续往下搜索，因版面原因暂未画出），可以明显地看出在深度优先搜索中，搜索一旦进入某个分支，就将沿着该分支一直向下搜索。如果目标节点恰好在此分支上，则可较快地得到解。但是，如果目标节点不在此分支上，而该分支又是一个无穷分支，就不可能得到解了。可见，深度优先搜索是不完备的，即使问题有解，它也不一定能求得解。

5.3 基于状态空间的启发式搜索

状态空间的启发式搜索是一种能够利用搜索过程中所得到的问题本身的某些特征信息来引导搜索过程，以使得其搜索过程可以尽快达到目标的一种搜索方式，由于启发式搜索具有针对性，故它可以非常有效地缩小搜索范围，提升搜索过程的效率，本节主要讨论基于状态空间的启发式搜索。

5.3.1 动态规划

由 Richard Bellman 创建的动态规划有时称为“正－反向”算法，当使用概率时称为 Viterbi 算法。动态规划致力于由若干交互和交联子问题构成的问题中的受限存储搜索问题。动态规划保存且重用问题求解中已搜索、已求解的子问题轨迹。为了重用，存储子问题技术有时称为存储部分子目标的解。得到的是常用于串匹配、拼写检查以及自然语言处理中相关领域的重要算法。下面用一个取自正文处理的例子说明动态规划。

动态规划需要数据结构保存与当前处理状态有关的子问题轨迹。这里使用数组。因为初始化的需要，数组的维数对各串的长度都多 1，在本例中取 8 行 12 列，如图 5.6 所示，数组各元素(x,y)的值反映匹配过程中在该位置全局对准成功。

		B	A	A	D	D	C	A	B	D	D	A
	0	1	2	3	4	5	6	7	8	9	10	11
B	1	0										
B	2											
A	3											
D	4											
C	5											
B	6											
A	7											

图 5.6　初始化阶段使用动态规划完成字符对准数组的第一步

对建立的当前状态有三种可能代价。

（1）若为尽量好地对准，向前移动较短串中的一个字符，代价为 1，由数组的列记分。

（2）若插入一新字符，代价为 1，反映在数组的行得分中。

（3）若要对准的字符是不同的，代价为 2（移动和插入）；若它们是相同的，代价为 0，反映在数组的“对角线”中。图 5.7 显示出了初始化，第一行和第一列渐增+1 反映不断移动或插入字符到空位或空串上。在动态规划算法的正向阶段，考虑到求解的当前位置的部分匹配成功，从左上角填充数组。即 x 行和 y 列的交叉点(x,y)的值是 $x-1$ 行 y 列，$x-1$ 行 $y-1$ 列或 x 行 $y-1$ 列中三个值之一的函数（对最小对准问题是最小代价）。这三个数组位置持有直到求解的当前位置的对准信息。若在位置(x,y)上有一匹配的字符，把 0 加到位置$(x-1,y-1)$上的值；若无字符匹配加 2（移动和插入）。移动较短字符串或插入一个字符加 1，前者增加 y 列前的值，后者增加 x 行之上的值。持续该过程，直到产生图如图 5.8 所示的已填充数组。可以看出，最小代价匹配常取接近数组左上到右下“对角线”的位置。

		B	A	A	D	D	C	A	B	D	D	A
	0	1	2	3	4	5	6	7	8	9	10	11
B	1	0	1	2	3	4	5	6	7	8	9	10
B	2	1	2	3	4	5	6	7	6	7	8	9
A	3	2	1	2	3	4	5	6	7	8	9	8
D	4	3	2	3	2	3	4	5	6	7	8	9
C	5	4	3	4	3	4	3	4	5	6	7	8
B	6	5	6	5	4	5	4	5	4	5	6	7
A	7	6	5	4	5	6	5	4	5	6	7	6

图 5.7　反映两个串最大对准信息的完全数组

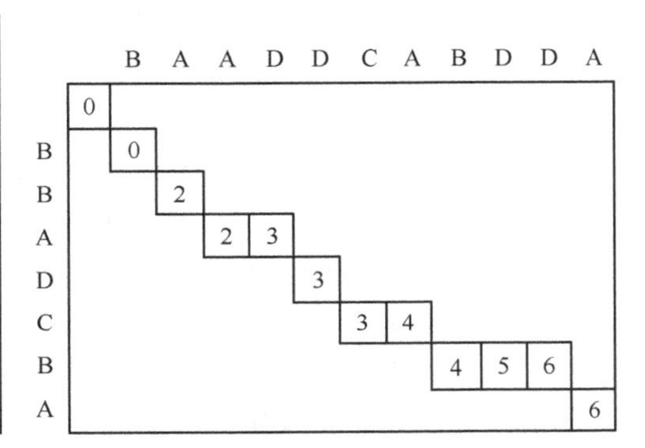

图 5.8　产生一种串对准的动态规划完成的反向部分

一旦数组被填充，便开始算法的反向阶段产生具体解。即由尽可能好的对准开始，穿过数组追溯，选出一个具体的解对准。在最大行列上的值开始该过程，在本例中是 8 行 12 列中的 6。由此穿过数组反向移动，在各步上选出一个产生当前状态的直接状态前驱（由正向阶段），即产生该状态的对角线、行或列之一。每当有一被迫渐减的差时，如在接近追溯开端的 6 和 5，我们选择上一对角线作为匹配的来源；否则使用前一行或列的值。图 5.8 的追溯是几种可能性之一，产生前面给出的最优串对准。

5.3.2　A^*算法

满足以下条件的搜索过程称为 A^* 算法。

（1）把 OPEN 表中的节点按估价函数

$$f(x)=g(x)+h(x)$$

的值从小至大进行排序（一般搜索过程的第 7 步）。

（2）$g(x)$是对 $g^*(x)$的估计，且 $g(x)>0$。

（3）$h(x)$是 $h^*(x)$的下界，即对所有的节点 x 均有：

$$h(x)\leqslant h^*(x)$$

其中，$g^*(x)$是从初始节点 S_0 到节点 x 的最小代价；$h^*(x)$是从节点 x 到目标节点的最小代价。若有多个目标节点，则为其中最小的一个。

在 A* 算法中，$g(x)$ 比较容易得到，它实际上就是从初始节点 S_0 到节点 x 的路径代价，恒有 $g(x) \geqslant g^*(x)$。而且在算法执行过程中，随着更多搜索信息的获得，$g(x)$ 的值呈下降趋势。例如，在图 5.9 中，从节点 S_0 开始，经扩展得到 x_1 与 x_2，且

$$g(x_1)=3, g(x_2)=7$$

对 x_1 进行扩展后得到 x_2 与 x_3，此时

$$g(x_2)=6, g(x_3)=5$$

显然，后来算出的 $g(x_3)$ 比先前算出的小。

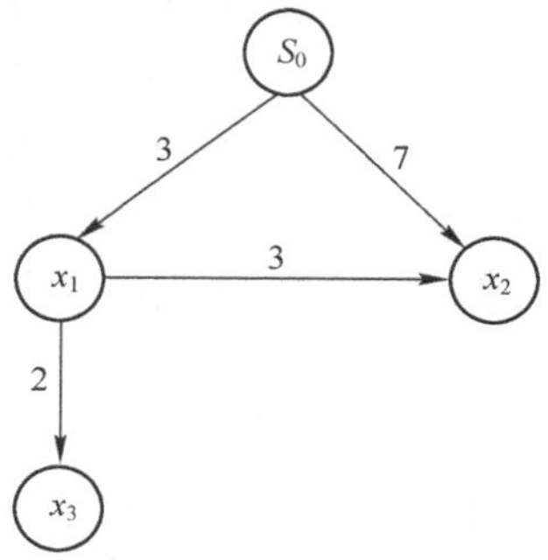

图 5.9　A* 算法的计算示意图

启发式函数 $h(x)$ 的确定依赖于具体问题领域的启发式信息，其中，$h(x) \leqslant h^*(x)$ 的限制是十分重要的，它可保证 A* 算法能找到最优解。

下面来讨论 A* 算法的有关特性。

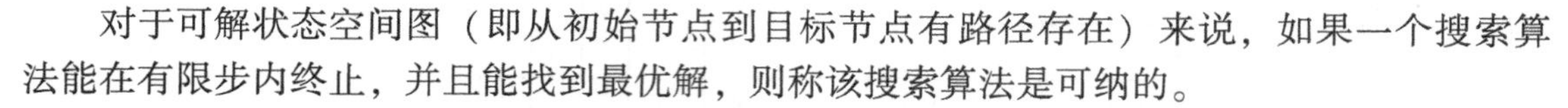

对于可解状态空间图（即从初始节点到目标节点有路径存在）来说，如果一个搜索算法能在有限步内终止，并且能找到最优解，则称该搜索算法是可纳的。

A* 算法是可纳的，即它能在有限步内终止并找到最优解。下面分三步证明这一结论。

（1）对于有限图，A* 算法一定会在有限步内终止。

对于有限图，其节点个数是有限的。可见，A* 算法在经过若干次循环之后只可能出现两种情况。或者由于搜索到了目标节点在第 4 步终止，或者由于 OPEN 表中的节点被取完而在第 2 步终止。不管发生哪种情况，A* 算法都在有限步内终止。

（2）对于无限图，只要从初始节点到目标节点有路径存在，则 A* 算法也必然会终止。该证明分两步进行。第一步先证明在 A* 算法结束之前，OPEN 表中总存在节点 x'。该节点是最优路径上的一个节点，且满足：

$$f(x') \leqslant f^*(S_0)$$

设最优路径是 $S_0, x_1, x_2, \cdots, x_m, S_g^*$。由于 A* 算法中的 $h(x)$ 满足 $h(x) \leqslant h^*(x)$，所以 $f(S_0), f(x_1), f(x_2), \cdots, f(x_m)$ 均不大于 $f(S_g^*)$，$f(S_g^*)=f^*(S_0)=f^*(S_0)$。

又因为 A* 算法是全局择优的，所以在它结束之前，OPEN 表中一定含有 $S_0, x_1, x_2, \cdots, x_m, S_g^*$ 中的一些节点。设 x' 是最前面的一个，则它必然满足：

$$f(x') \leqslant f^*(S_0)$$

至此，第 1 步证明结束。

现在来进行第 2 步的证明。这一步用反证法，即假设 A* 算法不终止，则会得出与上一步矛盾的结论，从而说明 A* 算法一定会终止。

假设 A* 算法不终止，并设 e 是图中各条边的最小代价，$d^*(x_n)$ 是从 S_0 到节点 x_n 的最短路径长度，则显然有：

$$g^*(x_n) \geqslant d^*(x_n) \times e$$

又因为：

$$g(x_n) \geqslant g^*(x_n)$$

所以有：

$$g(x_n) \geqslant d^*(x_n) \times e$$

因为：

$$h(x_n) \geqslant 0, f(x_n) \geqslant g(x_n)$$

故得到：

$$f(x_n) \geqslant d^*(x_n) \times e$$

由于 A^* 算法不终止，随着搜索的进行，$d^*(x_n)$ 会无限增长，从而使 $f(x_n)$ 也无限增长。这就与上一步证明得出的结论矛盾。因为对可解状态空间来说，$f^*(S_0)$ 一定是有限值。

所以，只要从初始节点到目标节点有路径存在，即使对于无限图，A^* 算法也一定会终止。

5.3.3 爬山法

实现启发式搜索的最简单方法是"爬山法"。爬山法扩展搜索的当前状态，产生该状态的各子节点，并且估价这些子节点。而后选出"最好的"子节点进一步扩展，不保留它的同辈节点和父节点。爬山法类似性急、鲁莽的爬山者使用的策略，沿尽可能陡峭的山路向上爬，直到不能再爬高。因为不保存历史，算法不可能由失败中恢复。爬山法的例子是井字棋博弈中使用的"选择有最多可能获胜途径的状态"。

爬山法的一个主要问题是容易陷在"局部极大值"上。若达到某一状态，该状态有相比它的任何子节点都好的估价，则算法终止。若该状态不是目标，只是局部极大值，算法不能求出最优解。即在受限的情况中性能会很好，但由于不能把握全部空间的形状，它不能达到全局最好状态。局部极大值问题出现在九宫问题中。其中为把一张牌移到目标位置，需把已在目标位置上的其他牌移开。在求解九宫问题中这是必要的，但只是暂时使牌的布局状态变坏。因为从宏观角度看，"较好的"不一定是"最好的"，没有回溯或其他恢复机制的搜索方法不能辨别局部与全局极大值。

图 5.10 是局部极大值问题的例子。假定探测该搜索空间，到达状态 X。X 的各子节点、子子节点等的估价说明爬山法即使向前看多层也会弄错。有方法可避免该问题，如随机摄动估价函数，但通常无法保证爬山法的最优性能。Samuel 的西洋跳棋程序给出了爬山法的一种有趣变种。该程序在当时是杰出的，特别是受 20 世纪 50 年代计算机的限制。在程序中不只是把启发式搜索用于西洋跳棋，而且还实现了最优使用受限存储器的算法，以及一种简单形式的学习。该程序的许多先驱技术现在仍用于博弈和机器学习程序。

Samuel 的程序用几种不同启发测度的加权求和来估价棋盘状态。和式中的 x_1 表示棋盘的特征，如棋子的优势、棋子的位置、棋盘中心的控制、牺牲棋子获得优势的机会，甚至某一弈手的诸棋子关于棋盘某一轴线的惯性矩。x_1 的系数 c 是可调整的加权，试图模拟该因素在棋盘总估价中的重要性。因此，若棋子的优势比中心的控制更重要，这将反映在棋子的优势系数上。该程序在搜索空间中采用向前看 k 步策略（k 的选择受计算机时、空资源的限制），并且按上述加权公式估价第 k 层上的所有状态。

若加权公式导致一系列着法失败，程序要调整它的系数，以改进性能。大系数的项要为失败负更多责任，并且减少它们的权值，较小的权值要增大，使它们对估价有更多影响。若程序获胜，则做相反工作。程序在与人或它自己的另一版本的对弈中得到训练。Samuel 的程序采用爬山途径进行学习，试图由局部改进加权公式来改善性能。

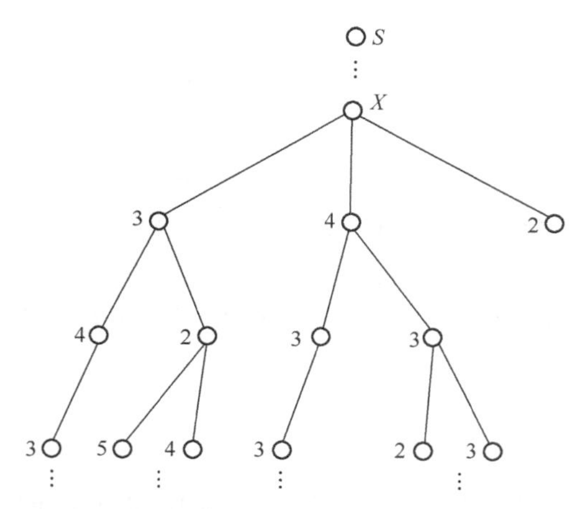

图 5.10　前看三层的爬山法局部极大值问题示意图

该程序能改善性能，直到达到极高水平。Samuel 通过检查各加权启发测度的效果并替换不太有效的测度，致力于爬山法的某些限制。但该程序仍有某些令人感兴趣的限制。例如，由于受限的全局策略，薄弱的加权公式易误入陷阱。程序的学习成分对对手前后矛盾的着法也是薄弱的。例如，若对手使用广泛变化的策略，或者甚至采用愚笨的着法，加权公式中的权值会取“杂乱”值，致使性能全面退化。

5.3.4　模拟退火算法

模拟退火算法也是基于状态空间的一种启发式搜索，它从大家常说的固体退火原理发源而来。当把固体加热到温度充分高，然后让它慢慢冷却，等再次加温时，固体内部的粒子随温度的升高变成无序状，固体的内能得以增加，同时慢慢冷却时粒子渐渐也变为有序，此时每个粒子的温度都达到了平衡状态，最后在常温时达到基态（即内能减为最小的状态）。从 Metropolis 接受准则可以得知，在温度为 T 时，粒子将达到平衡的概率是 $e-\Delta E/(kT)$，其中 E 是温度为 T 时的内能，ΔE 是它的改变量，k 被叫作波兹曼常数。为了进一步说明，我们可以看如图 5.11 所示的模拟退火法的流程图，用固体退火模拟来组合优化上述问题，把内能 E 模拟成目标函数值 f，将温度 T 改变为控制参数 t，这样就能得到解组合优化问题时的模拟退火算法，即从初始解 i 和控制参数初始值 t 开始，将当前解进行如下循环操作：“获得新解→计算目标函数的差值→接受或舍弃”，与此同时逐步衰减 t 的取值，算法收敛后的解即为所求的最优近似解，以上是在蒙特卡罗迭代求解法的基础上衍生出的一种启发式随机搜索过程。众所周知，冷却进度表控制着退火过程，分别是控制参数的初值 t、每个 t 值所对应的迭代次数 L、终止条件 S 和每次的衰减因子 Δt 这四项。

初始解、目标函数和解空间这三者组成了模拟退火算法，下面阐述它的基本思想。

（1）初始化：将初始温度 T 设置为充分大，将初始解状态 S 设置为循环的起点，将每个 T 值所对应的循环次数设为 L。

（2）循环依次将 $k=1, 2, \cdots, L$ 进行从（3）至（6）的操作。

（3）得到新解 S'。

（4）按公式 $\Delta t'=C(S')-C(S)$ 计算得到增量，其中估价函数记作 $C(S)$。

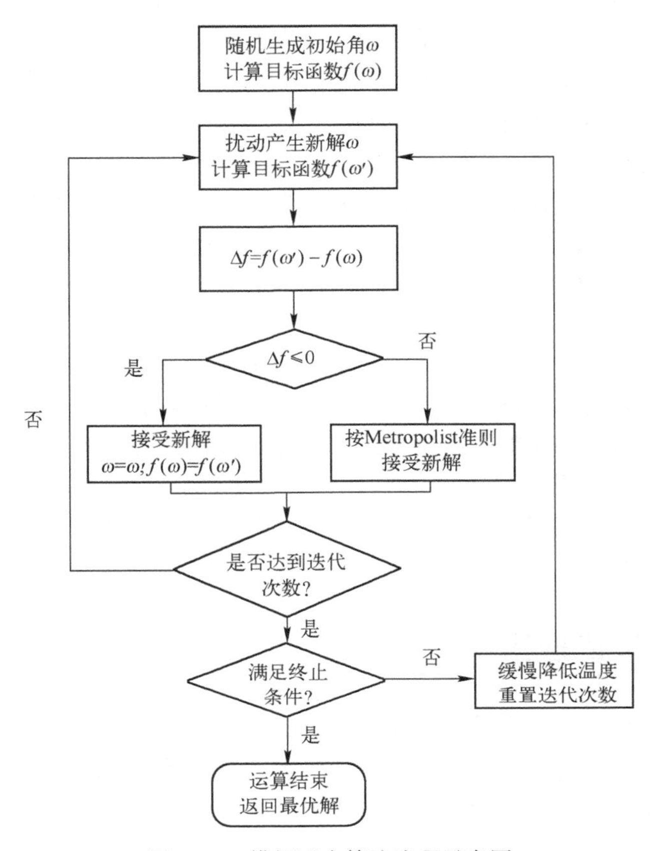

图 5.11　模拟退火算法流程示意图

(5) 如果 $\Delta t'>0$，那么以概率公式 $\exp(-\Delta t'/T)$ 接受 S' 当作新的当前解，反之，接受 S' 当作新的当前解。

(6) 结束条件通常是：连续若干个新解都没有被接受时；一旦满足终止条件，那么输出当前解作为找到的最优解，然后结束程序。

(7) 慢慢降低温度 T，且 $T\to 0$，之后跳至 (2)。

下面从四个阶段来阐述模拟退火算法新解的接受与产生。

第一阶段：新解的产生，具体过程是依托于一个产生函数，并由当前解产生一个存在于解空间内的新解。为了利于后面的计算和接受，降低算法时耗，一般选择将当前产生的解只经简单变换而产生新解的简洁方法，例如对构成新解的全部或部分元素进行置换、互换等操作，显然当前新解的邻域结构是由产生新解的变换方法决定的，这很大程度上影响了冷却进度表的选取。

第二阶段：计算同新解所对应的相关目标函数差值。由于目标函数差值只由变换部分产生，因此目标函数差值往往按其增量进行计算。经验表明，针对广大应用来说，此方法是求目标函数差值的最快途径。

第三阶段：判断产生的新解有没有被接受。具体依据是 Metropolis 接受准则，具体表述是，如果 $\Delta t'>0$，则按概率 $e^{\frac{\Delta t'}{T}}$ 接受 S' 作为新的当前解 S，反之直接接受 S' 作为新的当前解 S。

第四阶段：当确认新解被接受的情况下，将当前解替换为新解，具体操作是只需实现当前解与产生新解时相对应的变换部分即可，并且要同步修正目标函数值。这时，当前解产生了一次循环迭代，在此基础上进行下一轮操作。若当新解被判定为舍弃，则直接在原当前解的基础上进行下一轮操作。

可以看到，模拟退火算法和初始值的选取是没有关系的，此算法求出的解和初始解状态 S（是算法迭代的起点）也没有关系；具备渐近收敛性是模拟退火算法的一大特点，因此模拟退火算法是按概率收敛于全局最优解的一种全局优化算法，这一点在理论上已经得到论证。

至此我们已经对各种启发性搜索有了一定的了解和认识，在状态空间的搜索问题中，可以将任何搜索算法概括为两个部分，即开发和探索。开发采用了一个准则，即好的解决方案可能彼此接近。一旦找到一个好的解决方案，就可以检查其周围，确定是否存在更好的解决方案。此外，还要谨记“没有冒险就没有收获”，即更好的解决方案可能存在于状态空间的位置探索区域，因此不要将搜索限制在一个小区域内。理想的搜索算法必须在这两种冲突策略之间取得适当的平衡。

5.4 基于树的盲目搜索

基于树的搜索策略也分为盲目搜索和启发式搜索两大类。本节仅讨论盲目搜索策略，启发式搜索策略放到下一节讨论。基于树的盲目搜索主要是指与或树形式的三种搜索，它主要用于复杂问题的简化，其求解过程与状态空间法类似，也是通过搜索来实现对问题求解，下面分别进行介绍。

5.4.1 与或树的一般性搜索

与或树通常用于复杂问题的简化，前面已经做过简单介绍。使用与或树解决问题时，首先要定义问题的描述方法及分解或变换问题的算符，然后就可用它们通过搜索树生成与或树，从而求得原始问题的解。

前面曾讨论了可解节点及不可解节点的概念，可以看出，一个节点是否为可解节点是由它的子节点确定的。对于一个“与”节点，只有当其子节点全部为可解节点时，它才为可解节点；只要子节点中有一个为不可解节点，它就是不可解节点。对于一个“或”节点，只要子节点中有一个是可解节点，它就是可解节点；只有当全部子节点都是不可解节点时，它才是不可解节点。像这样由可解子节点来确定父节点、祖父节点等为可解节点的过程称为可解标示过程；由不可解子节点来确定其父节点、祖父节点等为不可解节点的过程称为不可解标示过程。在与或树的搜索过程中将反复使用这两个过程，直到初始节点（即原始问题）被标示为可解节点或不可解节点为止。

下面给出与或树的一般搜索过程。

第 1 步，把原始问题作为初始节点 S_0，并把它作为当前节点。

第 2 步，应用分解或等价变换算符对当前节点进行扩展。实际上就是把原始问题变换为等价问题或者分解成几个子问题。

第 3 步，为每个子节点设置指向父节点的指针。

第 4 步，选择合适的子节点作为当前节点，反复执行第 2 步和第 3 步。在此期间要多次调用可解标示和不可解标示过程，直到初始节点被标示为可解节点或不可解节点为止。

由这个搜索过程所形成的节点和指针结构称为搜索树。

与或树搜索的目标是寻找解树，从而求得原始问题的解。如果在搜索的某一时刻，通过可解标示过程确定初始节点是可解的，则由此初始节点及其下属的可解节点就构成了解树。如果在某时刻被选为扩展的节点不可扩展，并且它不是终止节点，则此节点就是不可解节点。此时可应用不可解标示过程确定初始节点是否为不可解节点，如果可以肯定初始节点是不可解的，则搜索失败；否则继续扩展节点。

可解与不可解标示过程都是自下而上进行的，即由子节点的可解性确定父节点的可解性。由于与或树搜索的目标是寻找解树，因此，如果已确定某个节点为可解节点，则其不可解的后裔节点就不再有用，可从搜索树中删去。同样，如果已确定某个节点是不可解节点，则其全部后裔节点都不再有用，也可从搜索树中删去。但当前这个不可解节点还不能删去，因为在判断其先辈节点的可解性时还要用到它。这是与或树搜索的两个特有性质，可用来提高搜索效率。

5.4.2 与或树的广度优先搜索

与或树的广度优先搜索同状态空间搜索中的广度优先搜索非常相似，搜索原则同样是按照“先扩展早产生的节点”进行的，唯一的区别在于在其搜索过程中要多次调用可解标示过程和不可解标示过程，下面是广度优先搜索过程的具体步骤。

第 1 步，将初始节点 S_0 放入 OPEN 表中。

第 2 步，将 OPEN 表中的首节点（记作节点 n）取出并放进 CLOSED 表中。

第 3 步，若节点 n 可以扩展，那么需接着执行以下步骤。

① 将节点 n 进行拓展，把它的子节点放进 OPEN 表的尾部，同时为每个子节点匹配一个可能在标示过程中使用的指向父节点的指针。

② 判断这些子节点中是否有终止节点。如果有的话，那么就标示这些终止节点，将它们记作可解节点，并使用可解标示过程对其先辈节点（父节点、祖父节点等）中的可解节点进行标示操作；若初始节点 S_0 也被标示为可解节点，那么就说明解树已获得，即说明搜索成功，然后就可退出搜索过程。反之，若不能确定可解节点是 S_0 的话，则需执行把 OPEN 表中具有可解先辈的节点删除的操作。

③ 跳转至②继续判断。

第 4 步，若确定节点 n 是不可扩展的，那么需要执行以下操作。

① 标示 n 为不可扩展节点。

② 对节点 n 的先辈节点中的所有不可解节点使用不可解标示过程进行标示操作，若 S_0（初始节点）也被标示为不可解节点，那么说明搜索失败，即原始问题没有解，此时退出搜索即可。反之，若不能确定 S_0 是不可解节点，则需对 OPEN 表中的节点（即那些具有不可解先辈的节点）进行删除操作。

③ 跳转至②继续判断。

下面看一个与或树广度优先搜索的示例。

【例 5-2】 现有与或树如图 5.12 所示，树的各节点按图中所注的顺序号从左至右扩展。

（注：终止节点为标有 t_1,t_2,t_3,t_4 的节点；不可解的端节点为 A 和 B 节点）

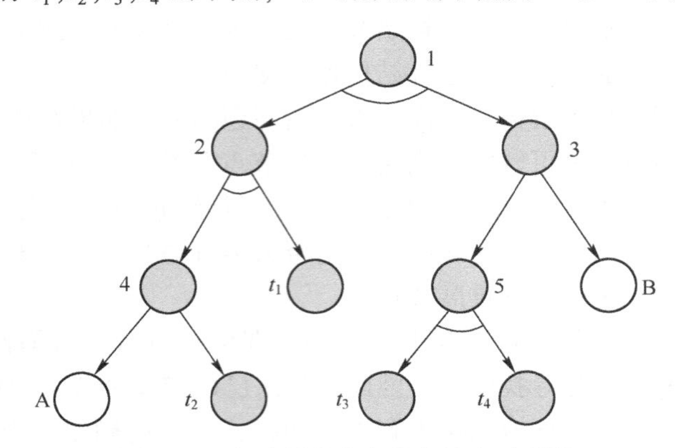

图 5.12　与或树的广度优先搜索示意图

解：

第一步是扩展 1 号节点，2 号节点与 3 号节点也可相继得出。因为 2 号、3 号节点都不是终止节点，故继续扩展 2 号节点。可以看到直至现在，OPEN 表中仅剩 3 号节点。

当把 2 号节点进行拓展后，可以获得 t_1 节点与 4 号节点，这时 OPEN 表中的节点状态有 3 号、4 号与 t_1 这三个节点。由上可知，我们可标识终止节点 t_1 为可解节点，同时也要对它先辈节点中的可解节点使用可解标示过程进行标示。本例中，t_1 的父节点是一个“与”节点，所以只由 t_1 可解还无法确定 2 号节点是不是可解节点，还须进一步搜索，接下来对 3 号节点进行拓展。

当把 3 号节点进行拓展后可以得到 5 号节点和 B 节点的信息，由于它们都不是终止节点，所以应继续对 4 号节点进行拓展。

当把 4 号节点进行拓展后可以得到节点 A 和 t_2 的信息，此时可以看到 t_2 是终止节点，因此标示其为可解节点，同时标示出 4 号节点和 2 号节点均为可解节点（使用可解标示过程）。直至现在，仍不能确定 1 号节点是不是可解节点。目前由于 OPEN 表中的第一个待考察的节点是 5 号节点，所以将对 5 号节点进行拓展。

当把 5 号节点进行拓展后可以得到节点 t_3 和 t_4 的信息。此时可以看到 t_3 和 t_4 两个节点都是终止节点，因此标示这两个节点为可解节点，再使用可解标示过程就能得到 1 号、3 号和 5 号三个节点都是可解节点的结论。

此时完成搜索过程，成功获得了由 1，2，3，4，5 号节点和 t_1，t_2，t_3，t_4，t_5 节点构成的解树。

5.4.3　与或树的深度优先搜索

与或树的深度优先搜索过程和与或树的广度优先搜索过程基本相同。只是把第 3 步的步骤①改为“扩展节点 n，将其子节点放入 OPEN 表的首部，并为每个子节点配置指向父节点的指针，以备标示过程使用”。这样就可使后产生的节点先被扩展。

也可以像状态空间的有界深度优先搜索那样为与或树的深度优先搜索规定一个深度界限，使搜索在规定的范围内进行。它的搜索过程如下。

第 1 步，将初始节点 S_0 放进 OPEN 表中。

第 2 步，将 OPEN 表中的节点 n（首节点）取出并放进 CLOSED 表中。

第 3 步，若深度界限小于节点 n 的深度，那么跳转执行第 5 步的步骤①。

第 4 步，若节点 n 确定是可扩展的，那么执行以下步骤。

① 对节点 n 执行拓展操作，把它的子节点放到 OPEN 表的最开始位置，同时为每个子节点匹配一个可能在标示过程中使用的指向父节点的指针。

② 判断这些子节点中是否有终止节点。如果有的话，那么就标示这些终止节点，将它们记作可解节点，并使用可解标示过程对其先辈节点（父节点、祖父节点等）中的可解节点进行标示操作；若初始节点 S_0 同样被标示成可解节点，那么就说明解树已获得，即说明搜索成功，然后就可退出搜索过程。反之，若不能确定可解节点是 S_0 的话，那么则需执行把 OPEN 表中具有可解先辈的节点删除的操作。

③ 跳至②继续判断。

第 5 步，若节点 n 是不可扩展的，那么执行如下步骤。

① 标示节点 n 为不可解节点。

② 判断这些子节点中是否有终止节点。如果有的话，那么就标示这些终止节点，将它们记作可解节点，并使用可解标示过程对其先辈节点（父节点、祖父节点等）中的可解节点进行标示操作；若初始节点 S_0 也被标示为可解节点，那么就说明解树已获得，即说明搜索成功，然后就可退出搜索过程。反之，若不能确定可解节点是 S_0 的话，那么则需执行把 OPEN 表中具有可解先辈的节点删除的操作。

③ 跳至②进行操作。

如果对如图 5.12 所示的与或树在限定深度界限为 4 时执行有界深度优先搜索，那么扩展节点的顺序就是 1，3，B，5，2，4。

5.5　基于树的启发式搜索

基于树的启发式搜索过程是一种利用搜索过程所得到的启发性信息寻找最优解树的过程。它包括与或树的有序搜索和博弈树搜索，对搜索的每一步，算法都试图找到一个最有希望成为最优解树的子树。下面讨论这两种搜索方式及其优化方法。

5.5.1　与或树的有序搜索

求取代价最小的解树有很多搜索方法，与或树的有序搜索就是其中之一，它是一种启发式搜索。要想得到代价最小的解树，就必须做到首先往前多看几步，然后再确定想要扩展的节点。与或树的有序搜索的最大特点是根据代价来决定具体的搜索路线，在搜索过程中，首先计算扩展各个节点要付出的代价，然后选择出代价最小的节点后再进行下一步的扩展。

下面就与或树有序搜索的概念和它的搜索过程两方面进行阐述。由前文可知，计算出解树的代价是进行有序搜索的前提。由于计算解树的代价可以利用计算解树中节点的代价来实现，因此，首先介绍计算节点代价的方法，再进一步讨论如何求解树的代价。

假设 $C(x,y)$ 表示节点 x 到它子节点 y 的代价。那么计算节点 x 代价的方法如下。

（1）若 x 是终止节点，那么定义节点 x 的代价 $h(x)=0$。

（2）若 x 是“或”节点，$y_1,y_2,\cdots,y_n$ 是它的子节点，那么节点 x 的代价是

$$h(x)=\min\{C(x,y_i)+h(y_i)\}$$

（3）若 x 是“与”节点，那么有两种计算节点 x 代价的方法：和代价法与最大代价法。

按和代价法计算，那么可以得出

$$h(x)=\sum_{i=1}(C(x,y_i)+h(y_i))$$

按最大代价法计算，那么可以得出

$$h(x)=\max\{C(x,y_i)+h(y_i)\}$$

（4）如果 x 节点不可扩展，且又不是终止节点，那么定义 $h(x)=\infty$。

从上面计算节点代价的过程能够看出，若是可解问题，那么从子节点的代价就能够推算出父节点的代价；继续逐层上推，最终就能求出初始节点 S_0 的代价，即解树的代价。

【例 5-3】 图 5.13 是一棵包含两棵解树的与或树，节点 S_0、A、t_1 和 t_2 组成左解树；节点 S_0、B、D、G、t_4 和 t_5 组成另一棵解树。节点 t_1、t_2、t_3、t_4、t_5 是这棵与或树的终止节点；E、F 是端节点；两节点之间的数字为它们之间的代价，请确定这颗解树的代价。

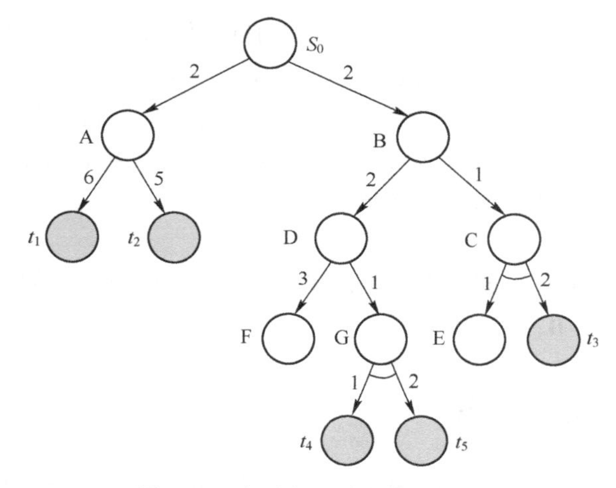

图 5.13　与或树的代价树示意图

解：

从左侧解树入手。

由和代价法计算：$h(A)=11$，$h(S_0)=13$

由最大代价法计算：$h(A)=6$，$h(S_0)=8$

从右侧解树入手。

由和代价法计算：$h(G)=3$，$h(G)=4$，$h(B)=6$，$h(S_0)=8$

由最大代价法计算：$h(G)=2$，$h(G)=3$，$h(B)=5$，$h(S_0)=7$

通过上面的计算结果可以看到，如果依照和代价法计算的话，右侧解树的代价最小是 8，那么右侧解树即为最优解树；如果依照最大代价法计算的话，此时右侧解树的代价是 7，故最优解树仍然是右侧解树。一般来说，使用不一样的计算代价方式得到的最优解树也往往是不一样的。

不管是用和代价法求解，还是用最大代价法求解，求解已知子节点 y_i 的代价 $h(y_i)$ 均为计算其父节点 x 的代价 $h(x)$ 的前提。不过，由于搜索是先有父节点，后有子节点的自上而下的过程，因此除非父节点 x 的所有子节点均为不可扩展节点，否则是无法得知其子节点的代价的。那么此时就要间接地求出节点 x 的代价 $h(x)$，首先根据问题本身提供的启发性信息定义一个启发式函数，再由这个启发式函数入手来估算出其子节点 y_i 的代价$h(y_i)$，然后再利用前文所述的和代价法或最大代价法求得节点 x 的代价值 $h(x)$；最后就可以自下而上地逐层推演出节点 x 的父节点、祖父节点和初始节点 S_0 的各先辈节点的代价了。

在节点 y_i 被扩展后，也是先用启发式函数估算出其子节点的代价，然后再算出 $h(y_i)$。此时算出的 $h(y_i)$ 可能与原先估算出的 $h(y_i)$ 不相同。这时应该通过后得到的 $h(y_i)$ 将原先估算出的 $h(y_i)$ 进行取代，与此同时，按照相应的 $h(y_i)$ 自下而上地将各先辈节点的代价值进行重新计算。只要节点 y_i 的子节点被扩展，以上步骤就要重复进行一遍。简而言之，一旦有新一代的节点生成时，均要自下而上地对它们先辈节点的代价重新计算。这是一个循环迭代的过程，即自上而下地生成新节点，然后又自下而上地计算代价。

求得最优解树（代价最小的解树）是有序搜索的最终目的。为实现这个目的，在搜索过程中的每一时刻都应尽力保持求出的部分解树的代价均为当前最小代价。所以当选择想要扩展的节点时，都要先挑选出“最有希望”成为最优解树的那部分节点，然后再进行扩展操作。因为这些节点和它们的先辈节点所组成的与或树很可能是最优解树的构成部分，故称其为“希望树”。

在搜索过程中，随着新节点的不断生成，节点的价值是在不断变化的，希望树也是在不断变化的。在某一时刻，这一部分节点构成希望树；但在另一时刻，可能是另一些节点构成希望树，这要随当时的情况而定。但不管如何变化，任一时刻的希望树都必须包含初始节点 S_0，而且它是对最优解树近根部分的某种估计。

希望树 T 定义如下。

（1）希望树 T 包含 S_0 初始节点。

（2）若希望树 T 包含节点 x，那么一定可以得出：

- 若 x 为具有子节点 $y_1, y_2, \cdots, y_n$ 的“或”节点，那么具有 $\min\{C(x,y_i)+h(y_i)\}$ 值的那个子节点 y_i 也是希望树的一部分。
- 若 x 为“与”节点，那么它的所有子节点均为希望树的一部分。

与或树的有序搜索是一种在选择希望树的同时不断修复希望树的迭代搜索方法，若问题存在最终解，那么经过有序搜索一定能得出最优解树，下面将具体讨论其搜索过程。

第 1 步，将初始节点 S_0 放进 OPEN 表里。

第 2 步，根据当前搜索树中节点的代价求出以 S_0 作为根节点的希望树 T。

第 3 步，依次选出 OPEN 表中希望树的端节点 N，然后把它放进 CLOSED 表里。

第 4 步，若确定 N 为终止节点，那么执行以下步骤。

① 将节点 N 表示成可解节点。

② 对希望树 T 执行可解标示过程，即标示节点 N 对应的先辈节点中的所有可解节点都为可解节点。

③ 如果初始节点 S_0 能被标示成可解节点，那么就说明 T 一定为最优解树，搜索成功。

④ 如果初始节点未能被标识成可解节点，则将 OPEN 表里具有可解先辈的全部节点删去。

第 5 步，若节点 N 并非是终止节点，同时它也不能扩展，那么执行以下步骤。

① 将节点 N 标识成不可解节点。

② 对希望树 T 执行不可解标示过程，即标示节点 N 对应的先辈节点中的所有不可解节点为不可解节点。

③ 如果初始节点 S_0 同样被标示成不可解节点的话，即说明搜索失败。

④ 如果初始节点没有被标示成不可解节点，那么把 OPEN 表中所有具备不可解先辈的节点统统删除。

第 6 步，若 N 节点可扩展且它并非是终止节点，那么执行以下步骤。

① 对 N 节点进行拓展，得到 N 节点的全部子节点。

② 将①中得到的子节点均放进 OPEN 表里，同时给每个子节点匹配一个可能在标示过程中使用的指向父节点的指针。

③ 算出以上子节点与其对应所有先辈节点的代价值。

第 7 步，跳转至第 2 步。

【例 5-4】 如图 5.14 所示是初始节点 S_0 经扩展后得到的与或树，拓展规则是每次扩展“与”节点、“或”节点各一层，假设每个节点到相应子节点的代价是 1，请求出该树的最优解树。

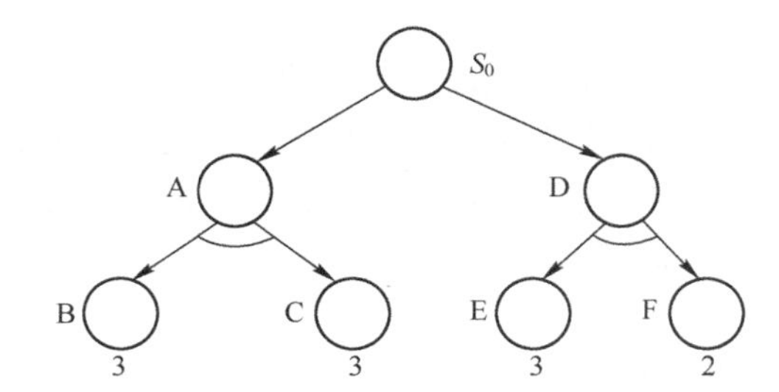

图 5.14　扩展两层后的与或树示意图

解：

由图可知，在用启发函数进行估算的条件下已知 B 节点的代价值是 $h(B)=3$，C 节点的代价值是 $h(C)=3$，E 节点的代价值是 $h(E)=3$，F 节点的代价值是 $h(F)=2$，如果按照和代价法计算的话，那么可以有：

$$h(A)=8, h(D)=7, h(S_0)=0$$

显然，这时希望树就为 S_0 的右子树，接下来扩展这棵希望树的端节点。

图 5.15 是对节点 E 扩展两层后得出的与或树，同样使用启发式函数估算出节点的代价值，如节点最下方数字所示。

如果按照和代价法计算的话，那么可以有：

$$h(G)=7, h(H)=6, h(E)=7, h(D)=11$$

这种情况下，很容易就能在 S_0 的左子树中，求出 $h(S_0)=9$，从 S_0 的右子树可求得 $h(S_0)=12$。可以看出，左子树的代价是小于右子树的，因此将此时的希望树替换为左子树。

图 5.16 是对节点 B 与节点 C 扩展两层后得出的与或树，同样使用启发式函数估算出节点的代价值，如节点最下方数字所示。

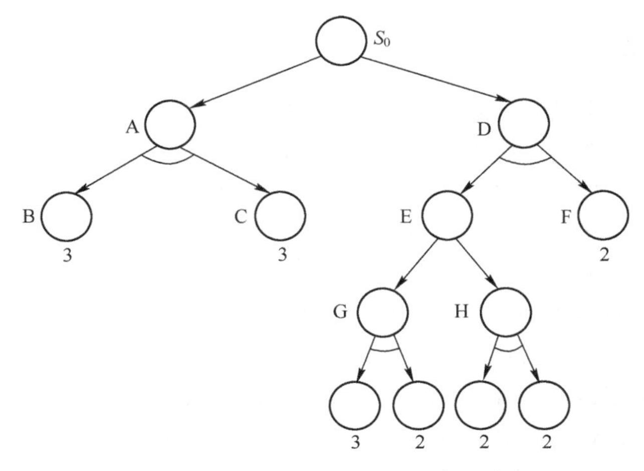

图 5.15　扩展 E 节点后的与或树示意图

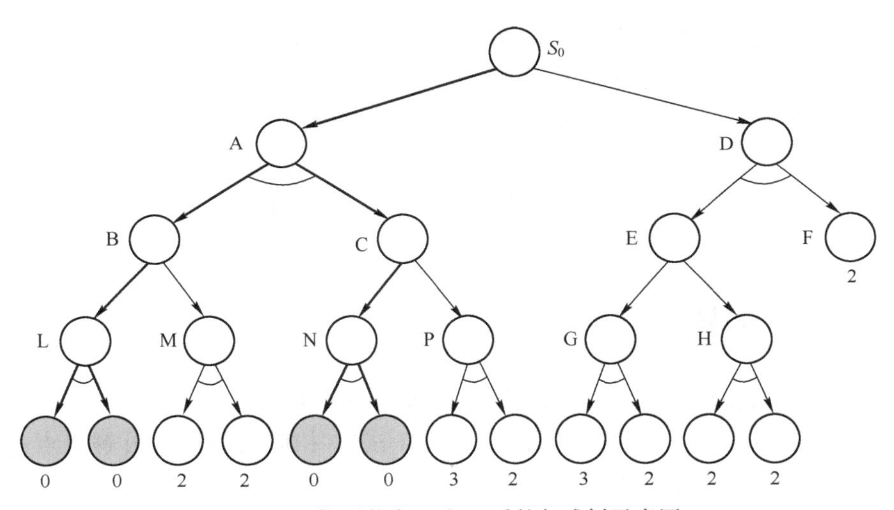

图 5.16　扩展节点 B 和 C 后的与或树示意图

由图可知，终止节点是拓展节点 L 的两个子节点，由和代价法可得：

$$h(L)=2, h(M)=6, h(B)=3, h(A)=8$$

从左子树能够得出 $h(S_0)=9$。除此之外，因为 L 节点的左右子节点均为终止节点，故 L 节点与 B 节点均为可解节点。由于目前仍无法确定 C 节点是可解节点，因此 A 节点与 S_0 节点同样无法被确定是否为可解节点。

对 C 节点进行拓展后得到的与或树仍为图 5.16，由和代价法可得：

$$h(N)=2, h(P)=7, h(C)=3, h(A)=8$$

从左子树能够得出 $h(S_0)=9$。除此之外，因为 N 节点的左右子节点均为终止节点，故 N 节点与 C 节点均为可解节点。又因为从前文可知 B 节点是可解节点，那么就能推出 A 节点与 S_0 根节点均为可解节点。至此，就用和代价法求出了本题的最优解树，即代价最小为 9 的解树（见图 5.16 中粗体标出部分）。

5.5.2 博弈树搜索

博弈是人们生活中常见的一种活动。诸如下棋、打牌等活动均是一种博弈活动。博弈活动中隐藏着深刻的优化理论。博弈活动中一般有对立的几方，每一方都试图使自己的利益最大化。博弈活动的整个过程其实就是一个动态的搜索过程。

不妨假设 A 和 B 正在比赛象棋。从规则上容易得出：

（1）比赛采取轮流制。

（2）比赛的结果只有 3 种：A 胜、B 胜和双方打平。

（3）对战双方了解当前形势和历史。

（4）对战双方都是绝对理性的，都选取对自己最为有利的对策。

博弈活动中对战的双方都希望自己能获得胜利。对于对战的任一方，比如站在 A 方的立场，当比赛轮到 A 方落子的时候，A 方可以有多种落子方案。具体落哪个子，完全由 A 自己决定。这可以被看作是与或树中的或关系。为了获得胜利，A 总是会选择对自己最为有利的落子方案。这就相当于 A 在一棵或树中选择了最优路径。如果比赛轮到了 B 方落子，那么对于 A 来说，就必须考虑 B 所有可能的落子方案。这就相当于与或树中的与关系。因为主动权掌握在 B 手中，所以任何落子方案都是有可能的。

把上述博弈过程用图表示出来，就可得到一棵与或树。这里要强调的是，该与或树始终站在某一方（例如 A 方）的立场上，绝不可一会站在这一方的立场上，一会又站在另一方的立场上。

我们把描述博弈过程的与或树称为博弈树，它有如下特点。

（1）博弈的初始格局是初始节点。

（2）在博弈树中，或节点和与节点是逐层交替出现的。自己一方扩展的节点之间是“或”关系，对方扩展的节点之间是与关系。双方轮流地扩展节点。

（3）所有能使自己一方获胜的终局都是本原问题，相应的节点是可解节点；所有能使对方获胜的终局都是不可解节点。

在二人博弈问题中，为了从众多可供选择的方案中选出一个对自己有利的行动方案，就要对当前情况以及将要发生的情况进行分析，从中选出最优者。最常用的分析方法是极大极小分析法。其基本思想如下。

（1）目的是为博弈双方中的一方寻找一个最优行动方案。

（2）要寻找到这个最优方案，就要通过计算当前所有可能的方案来进行比较。

（3）方案的比较是根据问题的特性定义一个估价函数，用来估算当前博弈树端节点的得分。此时估算出来的得分称为静态估值。

（4）当计算出端节点的估值后，再推算出父节点的得分。推算的方法是：对或节点，选其子节点中的一个最大的得分作为父节点的得分。这是为了使自己能在可供选择的方案中选出一个对自己最有利的方案。对与节点，选其子节点中的一个最小的得分作为父节点的得分。这是为了考虑最坏的情况。这样计算出的父节点的得分称为倒推值。

（5）如果一个行动方案能获得较大的倒推值，则它就是当前最好的行动方案。

图 5.17 给出了计算倒推值的一个示例。

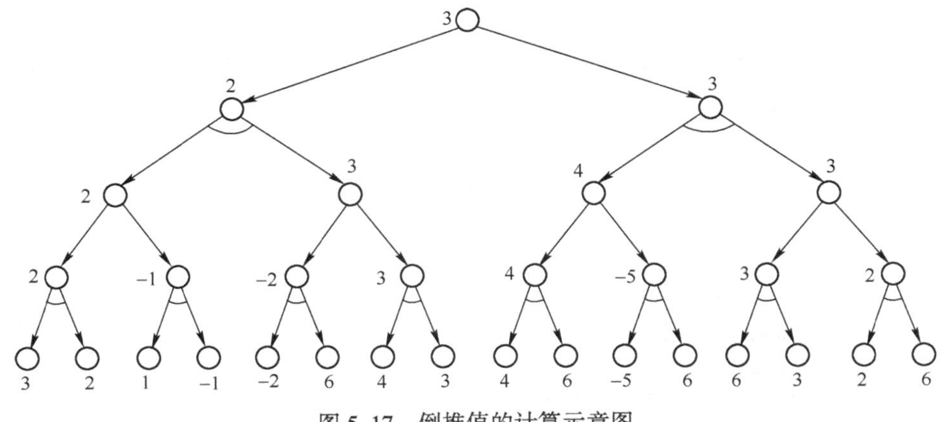

图 5.17　倒推值的计算示意图

在博弈问题中，每一个格局可供选择的行动方案都有很多，会生成十分庞大的博弈树。据统计，西洋跳棋完整的博弈树约有 10^{40} 个节点。试图利用完整的博弈树来进行极大极小分析是困难甚至不现实的。可行的办法是只生成一定深度的博弈树，然后进行极大极小分析，找出当前最好的行动方案。在此之后，还可在已经选定的分支上再扩展一定深度，选出最好的行动方案。如此进行下去，直到取得胜败的结果为止。至于每次生成博弈树的深度，当然是越大越好，但由于受到计算机存储空间的限制，只能根据实际情况而定。

【例 5-5】 一字棋游戏。设有如图 5.18 所示的 9 个空格。由 A、B 二人对弈，轮到谁走棋，谁就往空格上放自己的一只棋子。谁先使自己的 3 个棋子串成一条直线，谁就取得了胜利。

解：

设 A 的棋子用“a”表示，B 的棋子用“b”表示。为了不至于生成太大的博弈树，假设每次仅扩展两层。设棋局为 p，估价函数为 $e(p)$，且满足如下条件：

（1） 若 p 为 A 必胜的棋局，则 $e(p) = +\infty$ 。

（2） 若 p 为 B 必胜的棋局，则 $e(p) = -\infty$ 。

（3） 若 p 为胜负未定的棋局，则 $e(p) = e(+p) - e(-p)$ 。

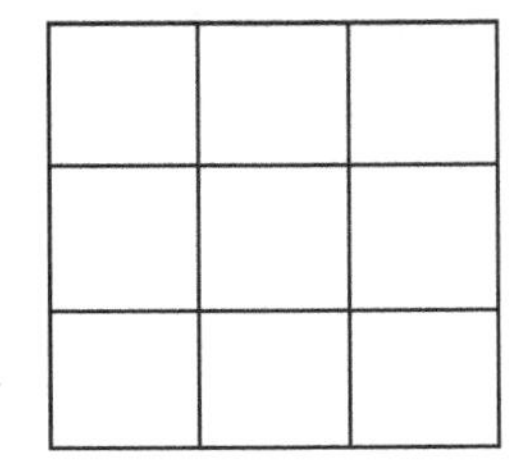

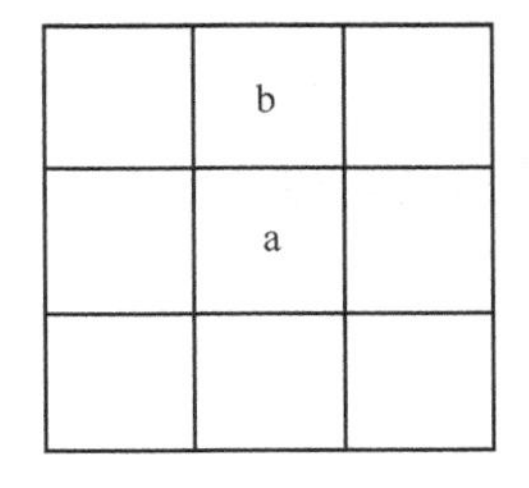

图 5.18　一字棋走位示意图

其中，$e(+p)$ 表示棋局 p 上有可能使 a 成为 3 子成一线的数目；$e(-p)$ 表示棋局 p 上有可能使 b 成为 3 子成一线的数目。例如，对于如图 5.18 所示的棋局，则 $e(p) = 6-4 = 2$，另外还需假定具有对称性的两个棋局算作一个棋局，并且假定 A 先走棋，我们站在 A 的立场上。

如图 5.19 所示给出了 A 的第一步走棋生成的博弈树。图中节点旁的数字分别表示相应节点的静态估值或倒推值。由图 5.19 可以看出，对于 A 来说最好的一步棋是 S_3。因为 S_3 比 S_1 和 S_2 有较大的倒推值。

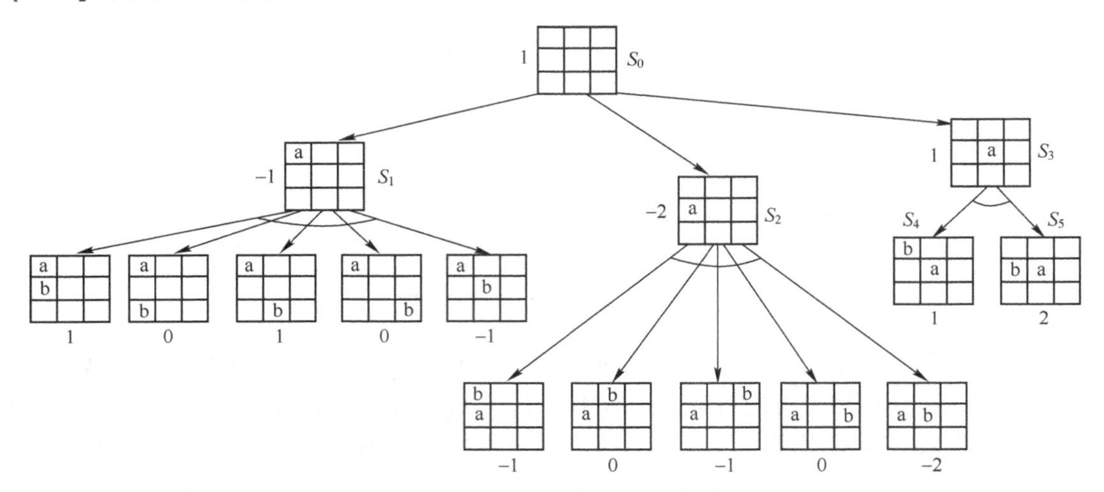

图 5.19　一字棋的极大极小搜索示意图

在 A 走 S_3 这一步棋后，B 的最优选择是 S_4。因为这一步棋的静态估值较小，对 A 不利。

不管 B 是选择 S_4 还是选择 S_5，A 都要再次运用极大极小分析法产生深度为 2 的博弈树，以决定下一步应该如何走棋。其过程与上面类似，这里不再重复。

5.5.3　博弈树的剪枝优化

前面讨论的极大极小过程先得到一棵博弈树，然后再进行估值的倒推计算。两个过程完全分离，效率很低。鉴于博弈树具有“与”节点和“或”节点逐层交替出现的特点，如果可以边生成节点、边计算估值和倒推值，就可能删除一些不必要的节点以提高效率。这就是下面要讨论的 α-β 剪枝技术。

各端节点的估值如图 5.20 中的博弈树所示，其中 G 尚未计算其估值。由 D 与 E 的估值得到 B 的倒推值为 3，这表示 A 的倒推值最小为 3。另外，由 F 的估值得知 C 的倒推值最大为 2，因此 A 的倒推值为 3。这里虽然没有计算 G 的估值，但是仍然不影响对上层节点倒推值的推算，这表示这个分枝可以从博弈树中剪去。

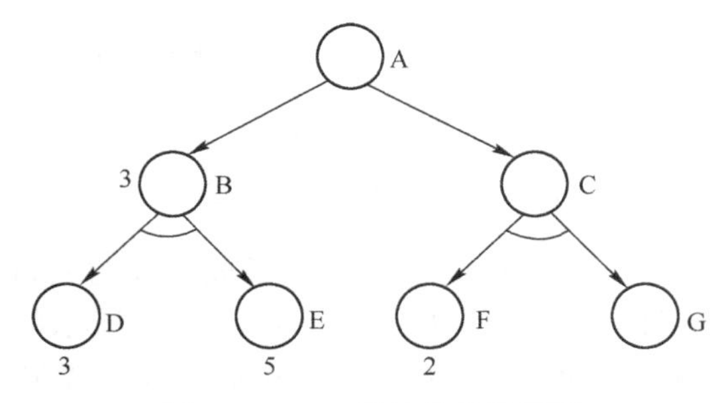

图 5.20　α-β 剪枝技术示意图

对于一个与节点来说，它取当前子节点中的最小倒推值作为它倒推值的上界，称此值为 β 值。对于一个或节点来说，它取当前子节点中的最大倒推值作为它倒推值的下界，称此值为 α 值。

下面给出 α-β 剪枝技术的一般规律。

（1）任何或节点 x 的 α 值如果不能降低其父节点的 β 值，则对节点 x 以下的分枝可停止搜索，并使 x 的倒推值为 α。这种剪枝技术称为 β 剪枝。

（2）任何与节点 x 的 β 值如果不能升高其父节点的 α 值，则对节点 x 以下的分枝可停止搜索，并使 x 的倒推值为 β。这种剪枝技术称为 α 剪枝。

在 α-β 剪枝技术中，一个节点的第一个子节点的倒推值（或估值）是很重要的。对于一个或节点，估值最高的子节点最先生成，对于一个与节点，估值最低的子节点最先生成，被剪除的节点数最多，搜索的效率最高。这称为最优 α-β 剪枝法。

5.6 案例：无人驾驶中的搜索策略

本节以无人驾驶为背景，介绍 A* 算法在其中的作用。A* 算法是一种在路网上求解最短路径的直接搜索寻路算法，原理是引入估价函数，加快搜索速度，提高了局部择优算法搜索的精度，成为当前较为流行的最短路径算法。车辆路径规划寻路算法有很多，百度 Apollo 的路径规划模块使用的是启发式搜索算法 A* 寻路算法进行路径的查找与处理，以图 5.21 的网格图为例，将该网格中的每个单元格当作一个节点，就能从任何一个节点移动到其任意相邻节点。这个特殊网格包含一些阻挡潜在路径的墙壁。

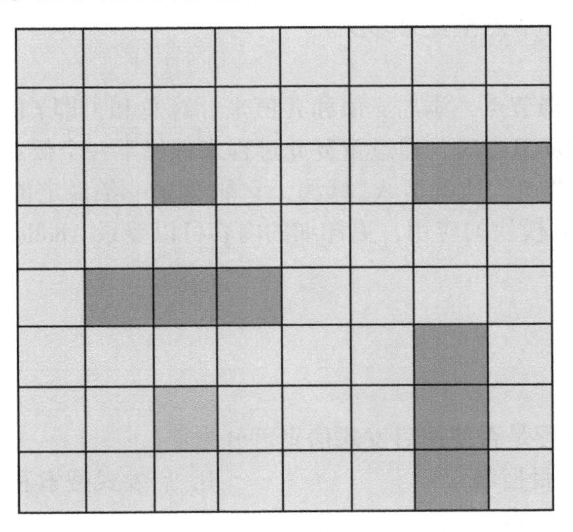

图 5.21　A* 算法网格搜索示意图

估价函数用公式表示为：

$$f(n)=g(n)+h(n)$$

其中，

$f(n)$ 是从初始节点到目标节点的最佳路径的估计代价。

$g(n)$ 是从初始节点到节点 n 的估计代价。

$h(n)$是从节点 n 到目标节点的估计代价。

要保证找到最短路径（最优解的）条件，关键在于估价函数$f(n)$的选取（或者说 $h(n)$的选取）。很显然，距离估计与实际值越接近，估价函数取得就越好，例如对于路网来说，可以取两节点间曼哈顿距离作为距离估计，即$f(n)=g(n)+(\mathrm{abs}(dx-nx)+\mathrm{abs}(dy-ny))$；这样估价函数$f(n)$在 $g(n)$一定的情况下，会或多或少地受距离估计值 $h(n)$的制约，节点距目标点近，h 值小，f 值相对就小，能保证最短路径的搜索向终点的方向进行。

A^*算法保持着两个表，OPEN 表和 CLOSED 表，OPEN 表由未考察的节点组成，而 CLOSED 表由已考察的节点组成，当算法已经检查过与某个节点相连的所有节点，计算出它们的f，g 和 h 值，并把它们放入 OPEN 表，以待考察，则称这个节点为已考察的节点。

算法过程如下所示。

① 令 s 为起始节点。

② 计算 s 的f，g 和 h 值。

③ 将 s 加入 OPEN 表，此时 s 是 OPEN 表里唯一的节点。

④ 令 b=OPEN 表中的最佳节点（最佳的意思是该节点的f值最小）。

如果 b 是目标节点，则退出，此时已找到一条路径。

如果 OPEN 表为空，则退出，此时没有找到路径。

⑤ 令 c 等于一个与 b 相连的有效节点。

计算 c 的f，g 和 h 值。

检查 c 是在 OPEN 表里还是在 CLOSED 表里，若在 CLOSED 表中，则检查新路径是否比原先更好（f值更小），若是，则采用新路径，否则把 c 添加入 OPEN 表。

对所有 b 的有效子孙节点重复第⑤步。

⑥ 重复第④步。

就这样对于每个候选节点，添加 g 值和 h 值来计算总和，即f值。最佳候选节点是f值最小的节点，每当抵达新节点时，通过重复此过程来选择下一个候选节点。总是选择尚未访问过且具有最小f值的节点，这就是 A^*算法，它能建立一条稳定前往目的地的路径，这就是 A^*算法在 Apollo 规划模块的应用，更详细的内容可以登录 Apollo 官方网站进行查阅。

习题

一、单选题

1. 搜索类型根据过程是否使用启发式信息可分为：（　　）。

A. 启发式搜索和盲目搜索　　B. 启发式搜索和随机搜索

C. 盲目搜索和随机搜索　　D. 盲目搜索与状态空间搜索

2. 搜索类型根据表示方式可分为：（　　）。

A. 启发式搜索和盲目搜索　　B. 树搜索和盲目搜索

C. 状态空间搜索和基于树的搜索　　D. 盲目搜索和基于树的搜索

3. 状态空间搜索通常可分为（　　）。

A. 启发式搜索和盲目搜索　　B. 基于树的搜索和基于博弈树的搜索

C. 深度优先搜索和广度优先搜索　　D. 盲目搜索与随机搜索

4. 下列属于基于状态空间的启发式搜索的是（　　）？

A. A*算法　　B. 与或树的一般性搜索

C. 与或树的深度优先搜索　　D. 博弈树

5. 下列属于基于树的启发式搜索的是：（　　）。

A. 与或树的一般性搜索

B. 与或树的深度优先搜索

C. 博弈树

D. 与或树的广度优先搜索

6. 下列搜索示意图属于：（　　）。

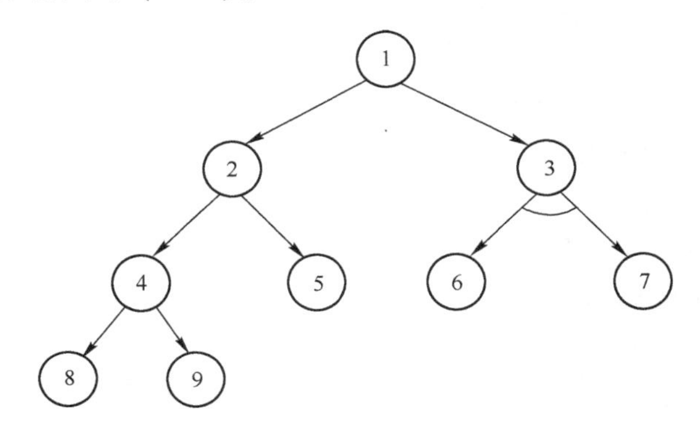

A. 深度优先搜索

B. 广度优先搜索

C. 以上都不是

7. 下列重排九宫格搜索示意图属于（　　）。

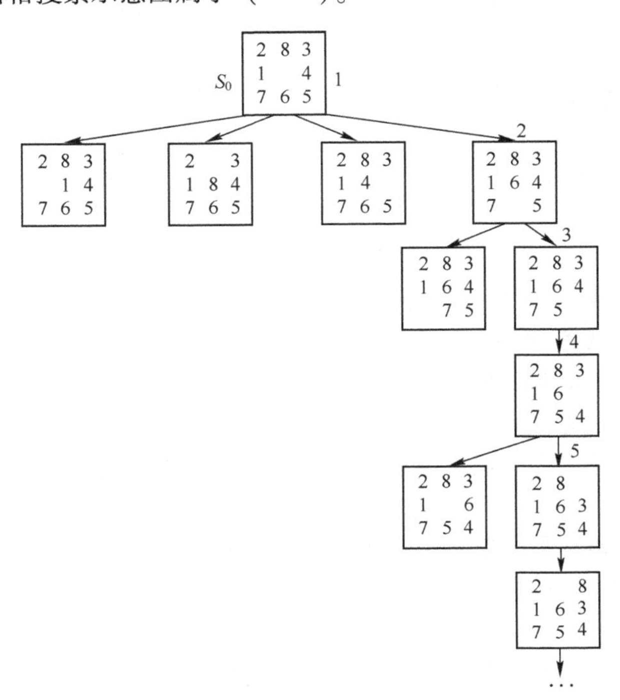

A. 深度优先搜索

B. 广度优先搜索

C. 以上都不是

8. 下列不属于博弈树的特点是（　　）。

A. 博弈的初始格局是初始节点

B. 在博弈树中，或节点和与节点是逐层交替出现的

C. 所有能使自己一方获胜的终局都是本原问题

D. 能使对方获胜的终局不一定是不可解节点

9. 下列不属于广度搜索的特点是（　　）。

A. 搜索的盲目性较大

B. 只要问题有解，总可以得到解

C. 可以得到路径最短的解

D. 可以较快地得到解

10. 下列不属于深度搜索的特点是（　　）。

A. 一定能得到问题的解

B. 可以较快地得到问题的解

C. 如果目标节点不在搜索分支上，而该分支又是无穷分支，则不能得到解

D. 属于后生成的节点先扩展的策略

11. 关于“与/或”图表示法的叙述中，正确的是（　　）。

A. “与/或”图就是用“AND”和“OR”连续各个部分的图形，用来描述各部分的因果关系

B. “与/或”图就是用“AND”和“OR”连续各个部分的图形，用来描述各部分之间的不确定关系

C. “与/或”图就是用“与”节点和“或”节点组合起来的树形图，用来描述某类问题的层次关系

D. “与/或”图就是用“与”节点和“或”节点组合起来的树形图，用来描述某类问题的求解过程

二、判断题

1. 盲目搜索是在搜索中加入了与问题有关的信息。（　　）

2. 基于树的启发式搜索是一种利用搜索过程所得到的启发性信息寻找优解树的过程，包括树的有序搜索和博弈树搜索。（　　）

3. 与或树的深度优先搜索是按照“先产生的节点先扩展的原则进行搜索”。（　　）

4. 模拟退火算法原则固体退火原理，是基于蒙特卡罗迭代求解法的一种启发式随机搜索过程。（　　）

5. 实现启发式搜索的最简单方法是 A^* 算法。（　　）

6. 盲目搜索是按预定的控制策略进行搜索，在搜索过程中获得的中建信息不改变控制策略。（　　）

7. 爬山法的一个主要问题是容易陷在“局部极大值上”。（　　）

8. 与或树的有序搜索是用来求取代价最小的解树的一种搜索方法。

9. 状态空间搜索通常是指基于树和博弈树的搜索。(　　)

10. 与或树的本原问题是指不能再分解或变换，而且直接可求解的子问题。(　　)

三、简答题

1. 什么是搜索？有哪两大类不同的搜索方法？两者的区别是什么？

2. 深度优先搜索与广度优先搜索的区别是什么？

3. 为什么说深度优先搜索和代价树的深度优先搜索可以看成局部择优搜索的两个特例？

4. 局部择优搜索与全局择优搜索的相同之处与区别是什么？

5. 设有如图 5.22 所示的与或树，请分别按和代价法及最大代价法求解树的代价。

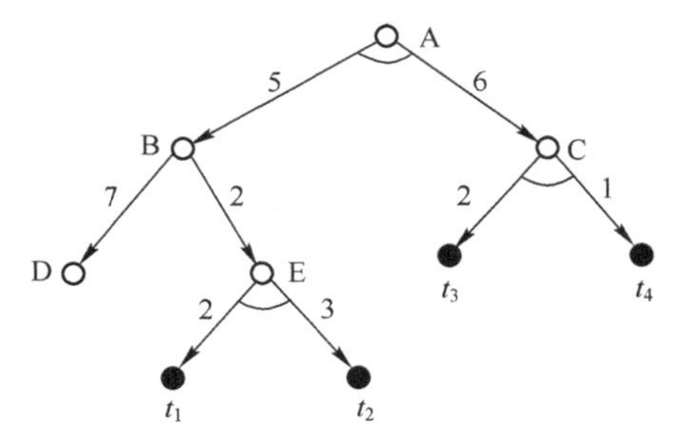

图 5.22　与或树示意图

6. 有一农夫带一头狼、一只羊和一筐菜从河的左岸乘船到右岸，但受下列条件限制：

(1) 船太小，农夫每次只能带一样东西过河。

(2) 如果没有农夫看管，则狼要吃羊，羊要吃菜。

请设计一个过河方案，使得农夫、狼和羊都能不受损失地过河。

提示：

(1) 用四元组（农夫，狼，羊，菜）表示状态，其中每个元素都为 0 或 1，用 0 表示在左岸，用 1 表示在右岸。

(2) 把每次过河的一种安排作为一种操作，每次过河都必须有农夫，因为只有他可以划船。

第6章　机 器 学 习

在过往漫长的岁月和历史长河中，人们在完善对客观世界的认知和对客观世界的规律进行探索时，主要依靠不够充足的数据，如采样数据、片面的数据和局部的数据。而现如今，随着计算机和移动电话的普及、互联网应用技术的发展，人类进入了一个能够大批量生产、应用以及共享数据的时代。可应用探索存储的数据类型不再单单局限于过往的数字、字母等结构化的数据信息，像语音、图片等非结构化的数据信息也得以被存储、分析、分享和应用。现如今，在众多领域，人们可以利用通过互联网技术存储的全量全部数据，深层次地探索这些数据之间的关联，进而发现新的机会，大幅提高产业和社会的效率。那么，如何把存储在机器中的成百上千种维度的数据组合起来应用，形成对我们日常生产、生活有价值的产出，就是机器学习所要解决的问题。

6.1　机器学习概述

在当今社会的日常生产生活中，机器学习已经深入到了日常生活中的各个场景。例如打开淘宝，推荐页面展示着你近期浏览却一直没有购买的符合你需求的服装款式；进入交友网站，里面和你匹配的都是年龄相仿、兴趣相投的人们；点开邮箱，推荐商品等广告邮件被自动放入垃圾箱；付款时，支付宝的人脸识别支付和指纹支付可以帮你完成支付等。

那么到底什么是机器学习呢？机器学习是一门致力于使用计算手段，利用过往积累的关于描述事物的数据而形成的数学模型，在新的信息数据到来时，通过上述模型得到目标信息的一门学科。为了方便大家理解，这里举一个实际的例子。例如，一位刚入行的二手车评估师在经历了评估转手上千台二手车后，变成了一位经验丰富的二手车评估师。在后续的工作中，每遇到一辆未定价的二手车，他都可以迅速地根据车辆当前的性能，包括里程数、车系、上牌时间、上牌地区、各功能部件检测情况等各维度数据，给出当前二手车在市场上合理的折算价格。这里，刚入行的二手车评估师，根据长期的工作经验，对大量二手车的性能状态和售卖定价进行了归纳和总结，形成了一定的理论方法。在未来，再有车辆需要进行定价评估的时候，评估师就可以根据过往的经验，迅速得出车辆合理的定价。那么，这里“过往的经验”是什么，“归纳、总结、方法”是什么，可不可以尝试让机器也就是计算机来实现这个过程，这就是机器学习想要研究和实现的内容。所以，机器学习本质上就是想让机器模拟人脑思维学习的过程，对过往遇到的经历经验进行学习，进而对未来出现的类似情景做出预判，进而实现机器的“智能”。

6.1.1　关键术语

在进一步阐明各种机器学习的算法之前，先介绍一些基本术语。还是利用上述的二手车评估师估算汽车价格的场景。表 6.1 展示了二手车评估师在过往经手的一千台二手车的六个维度属性和其定价结果的数据。

表 6.1 二手车价格表

维度属性	品牌	车型	车款	行驶里程	上牌时间/年	上牌时间/月	折算价格/万
1	奥迪	A4	2.2L MT	10000	2013	9	3.2
2	奥迪	Q3	1.8T	30000	2017	4	4.7
3	大众	高尔夫	15 款 1.4TSI	18000	2020	3	5.9
……							
1000	北京吉普	2500	05 款	75000	2015	6	1.2

备注：表中填充数据为伪数据，仅供逻辑和场景参考。

上述数据如果想要给计算机使用，让计算机模拟人脑学习归纳的逻辑过程，需要做出如下术语定义。

（1）属性维度/特征（feature）：就是指能够描述出目标事物样貌的一些属性。在这里，就是二手车各个维度指标，也就是最终帮助评定二手车价格的特征，例如品牌、车型、车款、行驶里程、上牌时间等。

（2）预测目标（target/label）：想要基于已有的维度属性的数据值，预测出的事物的结果，可以是类别判断和数值型数字的预测。在这里，二手车的价格就是预测的目标，此预测目标是数据型，属于回归。

（3）训练集（train set）：表 6.1 中的一千条数据，包括维度属性和预测目标，用来训练模型，找到事物维度属性和预测目标之间的关系。

（4）模型（model）：它定义了事物的属性维度和预测目标之间的关系，是通过学习训练集中事物的特征和结果之间的关系得到的。

6.1.2 机器学习的分类

机器学习通常又被分为监督学习、无监督学习和半监督学习。近期，经过后人不断探索和钻研，机器学习领域又出现了新的重要分支，如神经网络、深度学习和强化学习。

（1）监督学习：在现有数据集中，既指定维度属性，又指定预测的目标结果。通过计算机，学习出能够正确预测维度属性和目标结果之间的关系的模型。对于后续的只有维度属性的新的样本，利用已经训练好的模型，进行目标结果的正确预判。常见的监督学习有回归和分类。回归是指通过现有数据，预测出数值型数据的目标值，通常目标值是连续型数据；分类是指通过现有数据，预测出目标样本的类别。

（2）无监督学习：现有的样本集没有做标记，即没有给出目标结果，需要对已有维度的数据直接进行建模。无监督学习中最常见的应用就是聚类，把具有高度相似度的样本归纳为一类。

（3）半监督学习和强化学习：半监督学习一般是指数据集中的数据有一部分是有标签的，另一部分是没有标签的，在这种情况下想要获得和监督学习同样的结果而产生的算法。强化学习，有一种说法把它称为半监督学习的一种。它是模拟了生物体和环境互动的本质，当行为为正向时获得“奖励”，行为为负向时获得“惩罚”，基于此构造出的具有反馈机制的模型。

（4）神经网络和深度学习：神经网络，正如它的名字所示，该模型的灵感来自于中枢神经系统的神经元，它通过对输入值施加特定的激活函数，得到合理的输出结果。神经网络是一种机器学习模型，可以说是目前较热门的一种。深度神经网络就是搭建层数比较多的神经网络，深度学习就是使用了深度神经网络的机器学习。人工智能、机器学习、神经网络和深度学习之间的具体关系如图 6.1 所示。

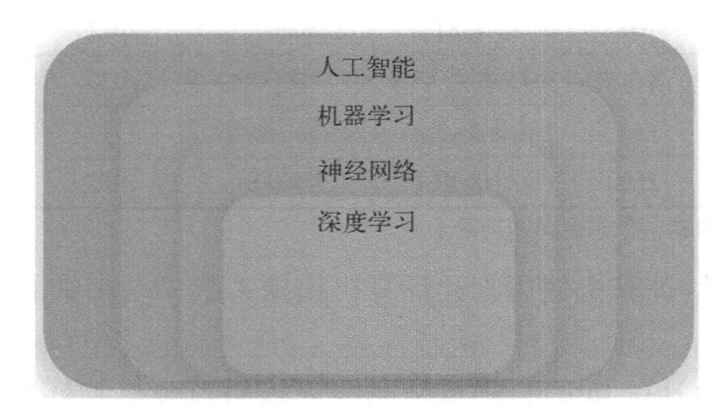

图 6.1　人工智能、机器学习、神经网络和深度学习的关系

6.1.3　机器学习的模型构造过程

机器学习的一般构造模型的步骤如下。

（1）找到合适的假设函数 $h_\theta(x)$，目的是为通过输入数据来预测判断结果，其中 θ 为假设函数里面待求解的参数。

（2）构造损失函数，该函数表示预测的输出值即模型的预测结果（h）与训练数据类别 y 之间的偏差。其可以是偏差绝对值和的形式或其他合理的形式，将此记为 $J(\theta)$，表示所有训练数据的预测值和实际类别之间的偏差。

（3）显然，$J(\theta)$的值越小，预测函数越准确，最后以此为依据求解出假设函数里面的参数 θ。

根据以上思路，目前已经可以成熟使用的机器学习模型非常多，如逻辑斯谛回归、分类树、KNN 算法、判别分析、层次分析法等。下面将详细介绍这些模型的算法原理和使用。

6.2　监督学习

监督学习是机器学习算法中的重要组成部分，分为分类和回归。其中，分类算法是通过对已知类别训练集的分析，从中发现分类规则，进而以此预测新数据的类别。目前，分类算法的应用非常广泛，如银行中的风险评估、客户类别分类、文本检索和搜索引擎分类、安全领域中的入侵检测以及软件项目中的应用等。下面将展开介绍各成熟的分类和回归算法。

6.2.1　线性回归

回归在机器学习中，是非常常用的一种算法。在统计学中，线性回归是利用称为线性回归方程的最小平方函数对一个或多个自变量和因变量之间的关系进行建模的一种回归分析。

当因变量和自变量之间高度相关时，通常可以使用线性回归来对数据进行预测。在这里，我们列举最为简单的一元线性回归如图 6. 2 所示，便于理解这一部分算法。

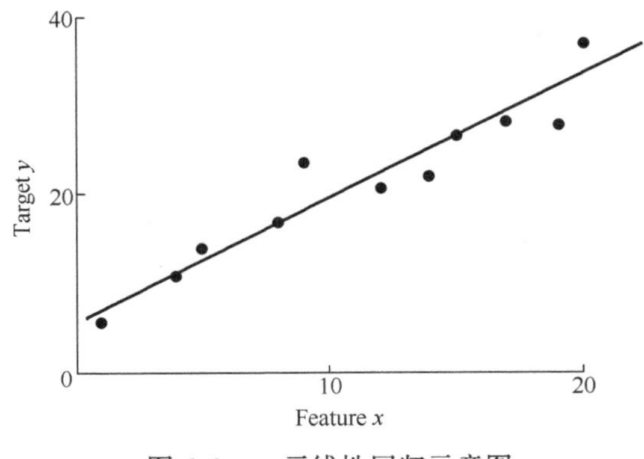

图 6. 2　一元线性回归示意图

这里有样本点$(x_1,y_1),(x_2,y_2),\cdots,(x_n,y_n)$，假设 x，y 满足一元线性回归关系，则有：$\hat{y}=ax+b$。这里 y 为真实值，$\hat{y}$为根据一元线性关键计算出的预测值。a，b 分别为公式中的参数。为了计算出上述参数，这里构造损失函数为残差平方和，即 $\sum_{i=1}^{n}(y-\hat{y})^2$ 最小。把已知 x、y 数据代入，求解损失函数最小即可得参数。

案例分析

例如在炼钢过程中，钢水的含碳量 x 与冶炼时间 y 如表 6. 2 所示，x 和 y 具有线性相关性。

表 6. 2　钢水含碳量与冶炼时间数据表

x（0. 01%）	104	180	190	177	147	134	150	191	204	121
y（min）	100	200	210	185	155	135	170	205	235	125

则有：$\hat{y}=ax+b$。接下来偏导求解式（6. 1）中的 a，b 值。

$$\sum_{i=1}^{n}(y-\hat{y})^2=[100-(104a+b)]^2+\cdots+[125-(121a+b)]^2 \tag{6.1}$$

得到 b 约为 1. 27，a 约为-30. 5，即得到 x，y 之间的关系。

6. 2. 2　逻辑斯谛回归

逻辑斯谛回归（Logistic Regression）是通过 Sigmoid 函数来构造预测函数 $h_\theta(x)$，用于二分类问题。其中，Sigmoid 函数公式和图形如式（6. 2）和图 6. 3 所示。

$$h(\theta)=\frac{1}{1+\mathrm{e}^{-\theta x}} \tag{6.2}$$

通过图 6. 3 可以看到 Sigmoid 函数的输入区间是（$-\infty$，$+\infty$），输出区间是（0，1），可以表示预测值发生的概率。

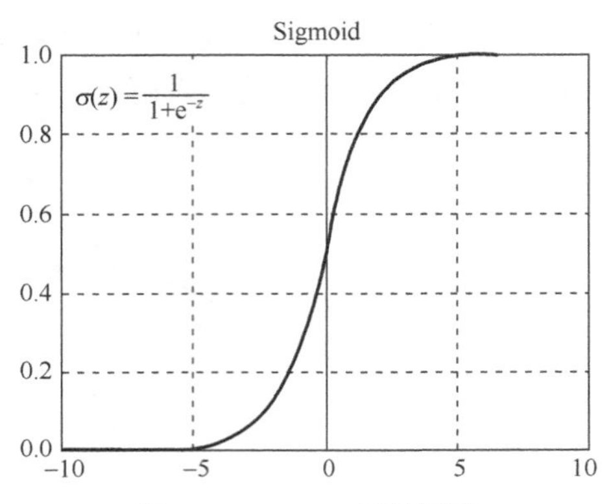

图 6.3 Sigmoid 函数图像

对于线性边界的情况，边界的形式如式（6.3）所示。

$$\theta_0+\theta_1x_1+\theta_2x_2+\cdots+\theta_n=\sum_{i=1}^{n}\theta_ix_i=\theta^{\mathrm{T}}X \tag{6.3}$$

构造的预测函数如公式（6.4）所示。

$$h_\theta(x)=g(\theta^{\mathrm{T}}x)=\frac{1}{1+\mathrm{e}^{-\theta^ix}} \tag{6.4}$$

$h_\theta(x)$ 函数的值有特殊的含义，它可以表示当分类结果为类别“1”时的概率，式（6.5）和式（6.6）就分别展示了当输入为 x 时通过模型公式判断出的最后结果的类别分别为“1”和“0”的概率。

$$P(y=1\mid x;\theta)=h_\theta(x) \tag{6.5}$$

$$P(y=0\mid x;\theta)=1-h_\theta(x) \tag{6.6}$$

式（6.5）、式（6.6）联合写成式（6.7）。

$$P(y\mid x;\theta)=(h_\theta(x))^y(1-h_\theta(x))^{1-y} \tag{6.7}$$

通过最大似然估计构造 Cost 函数如式（6.8）和式（6.9）所示。

$$L(\theta)=\prod_{i=1}^{m}(h_\theta(x^i))^{y^i}(1-h\theta(x^i))^{1-y^i} \tag{6.8}$$

$$J(\theta)=\log L(\theta)=\sum_{i=1}^{m}(y^i\log h_\theta(x^i)+(1-y^i)\log(1-h_\theta(x^i))) \tag{6.9}$$

目标是使得构造函数最小，通过梯度下降法求 $J(\theta)$，得到 θ 的更新方式如式（6.10）所示。

$$\theta_j:=\theta_j-\alpha\frac{\partial}{\partial\theta_j}J(\theta),(j=0,1,\cdots,n) \tag{6.10}$$

不断迭代，直至最后，求解得到参数，得到预测函数。进行新的样本的预测。

案例分析

这里采用最经典的鸢尾花数据集，理解上述模型。鸢尾花数据集记录了如图 6.4 所示的三类鸢尾花的萼片长度（cm）、萼片宽度（cm）、花瓣长度（cm）、花瓣宽度（cm）。

鸢尾花数据集详细数据如表 6.3 所示，其采集的是鸢尾花的测量数据以及所属的类别，这里为方便解释，仅采用 Iris-setosa 和 Iris-virginica 两类。则一共有 100 个观察值，4 个输入变量和 1 个输出变量。测量数据包括萼片长度（cm）、萼片宽度（cm）、花瓣长度（cm）、花瓣宽度（cm）。进而用其建立二分类问题。

山鸢尾花(Setosa)

杂色鸢尾花(Versicolour)

维吉尼亚鸢尾花(Virginica)

图 6.4　鸢尾花分类图

表 6.3　鸢尾花数据集（部分）

属　性	花萼长度/cm	花萼宽度/cm	花瓣长度/cm	花瓣宽度/cm	类　别
1	5.1	3.5	1.4	0.2	Iris-setosa
2	4.9	3	1.4	0.2	Iris-setosa
3	4.7	3.2	1.3	0.2	Iris-setosa
4	6.9	3.2	5.7	2.3	Iris-virginica
5	5.6	2.8	4.9	2	Iris-virginica
……					
100	7.7	2.8	6.7	2	Iris-virginica

首先各维度属性的集合是$\{X_{维度属性}:x_{花萼长度},x_{花萼宽度},x_{花瓣长度},x_{花瓣宽度}\}$，待求解参数的集合$\{\theta^{\mathrm{T}}:\theta_0,\theta_1,\theta_3,\theta_4\}$，那么则有模型的线性边界如式（6.11）所示。

$$\theta_0+\theta_1 x_{花萼长度}+\theta_2 x_{花萼宽度}+\theta_3 x_{花瓣长度}+\theta_4 x_{花瓣宽度}=\sum_{i=1}^{n}\theta_i x_i \tag{6.11}$$

构造出的预测函数如式（6.12）所示。

$$h_\theta(x)=g(\theta^{\mathrm{T}}x)=\frac{1}{1+\mathrm{e}^{\theta_0+\theta_1 x_{花萼长度}+\theta_2 x_{花萼宽度}+\theta_3 x_{花瓣长度}+\theta_4 x_{花瓣宽度}}} \tag{6.12}$$

然后，依据上面介绍的内容继续构造惩罚函数，求解出公式中的参数θ即可。预测函数的输出结果为预测待判断样本为某一种类型鸢尾花的概率。这里，求解方法有很多种，具体求解方法，感兴趣的读者可以通过查阅其他资料了解。

6.2.3　最小近邻法

最小近邻算法（K-nearest Neighbors，KNN）是一种基于实例学习（Instance-based Learning）的算法。KNN 算法的基本思想是，如果一个样本在特征空间中的K个最相似（即特征空间中最邻近）的样本中大多数属于某一个类别，则该样本也属于这个类别。通常K的取值比较小，不会超过 20，图 6.5 展示了 KNN 算法的分类逻辑示意图。

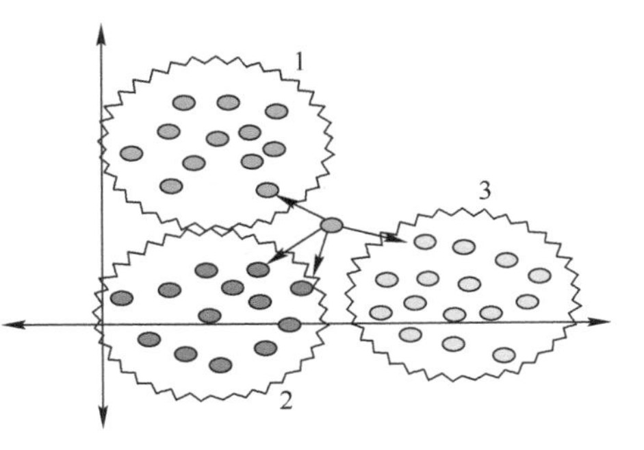

图 6.5　KNN 分类原理图

最小近邻算法的原理如下。

（1）计算测试数据与各个训练数据之间的距离。

（2）按照后面"距离的选择"部分中介绍的距离公式，选择合理的距离公式将对应数据之间的距离计算出来后，将结果进行从小到大的排序。

（3）选取计算结果中最小的前 K 个点（K 值的确定后面会具体介绍）。

（4）把这 K 个点中出现频率次数最多的类别，作为最终待判断数据的预测分类。通过这一流程可以发现，KNN 算法在计算实现其分类的效果的过程中有三个重要的因素：衡量测试数据和训练数据之间的距离计算准则、K 值的大小的选取、分类的规则。

1. 距离的选择

特征空间中的两个实例点的距离是两个实例点相似程度的反映。K 近邻法的特征空间一般是 n 维实数向量空间 R^n。使用的距离是欧氏距离，但也可以是其他距离，如更一般的 Lp 距离或 Minkowski 距离。

现设特征空间 X 是 n 维实数向量空间 R^n，$x_i, x_j \in X, x_i = (x_i^{(1)}, x_i^{(2)}, \cdots, x_i^{(n)})^{\mathrm{T}}$，$x_i$、$x_j$ 的 Lp 距离定义为($p \geqslant 1$)，如式（6.13）所示。

$$L_p(x_i, x_j) = \left(\sum_{1=n}^{n} | x_i^{(1)} - x_j^{(1)} |^p \right)^{\frac{1}{p}} \tag{6.13}$$

当 $p=1$ 时，曼哈顿（Manhattan）距离如式（6.14）所示。

$$d(x, y) = \sum_{i=1}^{n} | x_i - y_i | \tag{6.14}$$

当 $p=2$ 时，欧氏（Euclidean）距离如式（6.15）所示。

$$d(x, y) = \sqrt{\sum_{i=1}^{n} (x_i - y_i)^2} \tag{6.15}$$

当 $p \to \infty$ 时，切比雪夫距离如式（6.16）所示。

$$d(x, y) = \max | x_i - x_j | 6 \tag{6.16}$$

2. *K* 值的确定

通常情况，K 值从 1 开始迭代，每次分类结果使用测试集来估计分类器的误差率或其他评价指标。K 值每次增加 1，即允许增加一个近邻（一般 K 的取值不超过 20，上限是$\sqrt{n}$，随着数据集的增大，K 的值也要增大）。最后，在实验结果中选取分类器表现最好的 K 的值。

案例分析

现有某特征向量 $x=(0.1, 0.1)$，另外 4 个数据数值和类别如表 6.4 所示。

表 6.4　数据和类别

	特征向量	类　别
X1	(0.1，0.2)	ω1
X2	(0.2，0.5)	ω1
X3	(0.4，0.5)	ω2
X4	(0.5，0.7)	ω2

取 $K=1$，上述曼哈顿（Manhattan）距离为衡量距离的方法，则有：

$D_{X->X1}=0.1$； $D_{X->X2}=0.5$； $D_{X->X3}=0.7$；$D_{X->X4}=1.0$。

所以，此时 x 应该归为 $\omega 1$ 类。

6.2.4 线性判别分析法

线性判别分析（Linear discriminant Analysis，LDA）是机器学习中的经典算法，它既可以用来作分类，又可以进行数据的降维。线性判别分析的思想可以用一句话概括，就是“投影后类内方差最小，类间方差最大”。也就是说，要将数据在低维度上进行投影，投影后希望每一种类别数据的投影点尽可能地接近，而不同类别的数据的类别中心之间的距离尽可能地大，线性判别分析的原理图如图 6.6 展示。

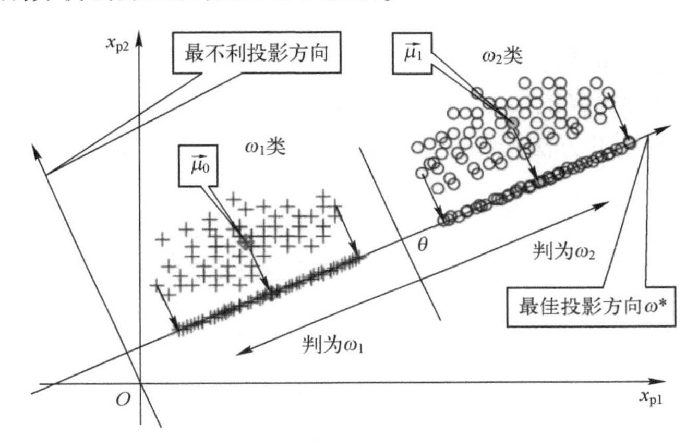

图 6.6　LDA 线性判别分析法

1. 线性判别分析算法原理和公式求解

目的：找到最佳投影方向 ω，则样例 x 在方向向量 ω 上的投影可以表示为：$y=\omega^{\mathrm{T}}x$（此处列举二分类模式）。

给定数据集 $D=\{(x_i,y_i)\}_{i=1}^{m}$，$y_i\in\{0,1\}$，令 N_i，X_i，μ_i，Σ_i 分别表示 $i\in\{0,1\}$ 类示例的样本个数、样本集合、均值向量、协方差矩阵。

μ_i 的表达式为 $\mu_i=\frac{1}{N}\sum_{x\in X_i}x \qquad (i=0,1)$；

Σ_i 的表达式为 $\Sigma_i=\sum_{x\in X_i}(x-\mu_i)(x-\mu_i)^{\mathrm{T}} \qquad (i=0,1)$。

直线投影向量 ω，有两个类别的中心点 μ_0，μ_1，则直线 ω 的投影为 $\omega^{\mathrm{T}}\mu_0$ 和 $\omega^{\mathrm{T}}\mu_1$，能够使投影后的两类样本中心点尽量分离的直线是好的直线，定量表示如式（6.17）所示，其值越大越好。

$$\arg\max_{\omega} J(\omega)=\|\omega^{\mathrm{T}}\mu_0-\omega^{\mathrm{T}}\mu_1\|^2 \tag{6.17}$$

此外，引入新度量值，称作散列值（Scatter），对投影后的列求散列值，如式（6.18）所示。

$$\bar{S}=\sum_{x\in X_i}(\omega^{\mathrm{T}}x-\bar{\mu_i})^2 \tag{6.18}$$

从式（6.18）中可以看出，从集合意义的角度来看，散列值代表着样本点的密度。散列值越大，样本点越分散，密度越小；散列值越小，则样本点越密集，密度越大。

基于上面阐明的原则，不同类别的样本点越分开越好，同类的越聚集越好，也就是均值差越大越好，散列值越小越好。因此，同时考虑使用 $J(\theta)$ 和 S 来度量，则可得到欲最大化的目标，如式（6.19）所示。

$$J(\theta)=\frac{\|\omega^{\mathrm{T}}\mu_0-\omega^{\mathrm{T}}\mu_1\|^2}{\bar{s}_0^2+\bar{s}_1^2} \tag{6.19}$$

之后化简求解参数，即得分类模型参数 $\omega=S_{\omega}^{-1}(m_1-m_2)$，其中 S_{ω} 为总类内离散度。若有两类数据，则 $S_{\omega}=S_1+S_2$，S_1、S_2 分别为两个类的类内离散度，有 $S_i=\sum_{X\in x_i}(x-m_i)(x-m_i)^{\mathrm{T}},i=1,2$。

2. 案例分析

已知有两类数据，分别为：

$$\omega_1:(1,0)^{\mathrm{T}},(2,0)^{\mathrm{T}},(1,1)^{\mathrm{T}} \quad \omega_2:(-1,0)^{\mathrm{T}},(0,1)^{\mathrm{T}},(-1,1)^{\mathrm{T}}$$

请按照上述线性判别的方法找到最优的投影方向。

两类向量的中心点分别为：$m_1=\left(\frac{4}{3},\frac{1}{3}\right)^{\mathrm{T}},m_2=\left(-\frac{2}{3},\frac{2}{3}\right)^{\mathrm{T}}$

（1）样本类内离散度矩阵 S_i 与总类内离散度矩阵 S_{ω} 如下。

$$S_1=\left(-\frac{1}{3},-\frac{1}{3}\right)^{\mathrm{T}}\left(-\frac{1}{3},-\frac{1}{3}\right)+\left(\frac{2}{3},-\frac{1}{3}\right)^{\mathrm{T}}\left(\frac{2}{3},-\frac{1}{3}\right)+\left(-\frac{1}{3},\frac{2}{3}\right)^{\mathrm{T}}\left(-\frac{1}{3},\frac{2}{3}\right)$$

$$=\frac{1}{9}\begin{pmatrix}1 & 1\\1 & 1\end{pmatrix}+\frac{1}{9}\begin{pmatrix}4 & -2\\-2 & 1\end{pmatrix}+\frac{1}{9}\begin{pmatrix}1 & -2\\-2 & 4\end{pmatrix}$$

$$=\frac{1}{9}\begin{pmatrix}6 & -3\\-3 & 6\end{pmatrix}$$

$$S_2=\frac{1}{9}\begin{pmatrix}6 & 1\\1 & 6\end{pmatrix}$$

总类内离散度矩阵：$S_{\omega}=S_1+S_2=\frac{1}{9}\begin{pmatrix}12 & -2\\-2 & 12\end{pmatrix}$

（2）样本类间离散度矩阵：$S_b=(m_1-m_2)(m_1-m_2)^{\mathrm{T}}=\frac{1}{9}\begin{pmatrix}36 & -6\\-6 & 1\end{pmatrix}$

（3）$S_{\omega}^{-1}=\begin{pmatrix}0.7714 & 0.1286\\0.1286 & 0.7714\end{pmatrix}$

（4）最后，最佳投影方向有：$\omega=S_{\omega}^{-1}(m_1-m_2)=[2.7407,-0.8889]^{\mathrm{T}}$

6.2.5 朴素贝叶斯分类器

朴素贝叶斯模型（Naïve Bayes Classifier，NB）是一组非常简单快速的分类算法，通常适用于维度非常高的数据集。其运行速度快，而且可调参数少，因此非常适合为分类问题提供快速粗糙的基本方案，如图 6.7 所示的分类器，它是基于贝叶斯原理实现的。

1. 朴素贝叶斯算法原理和公式推导

具体来说，若决策的目标是最小化分类错误率，贝叶斯最优分类器要对每个样本 x 选择能使后验概率 $P(c\mid x)$ 最大的类别 c 标记。在现实任务中后验概率通常难以直接获得。从这

个角度来说，机器学习所要实现的是基于有限的训练样本集尽可能准确地估计出后验概率$P(c|x)$。为实现这一目标，综合看来，一共有两种方式。第一种，由已知数据各维度属性值x，及其对应的类别c，可通过直接建模$P(c|x)$来预测c，这样得到的是“判别式模型”，例如，决策树、BP神经网络、支持向量机等。第二种，也可先对联合概率分布$P(x,c)$建模，然后再由此获得$P(c|x)$，这样得到的是“生成式模型”。对于生成式模型来说，必然考虑式（6.20）。

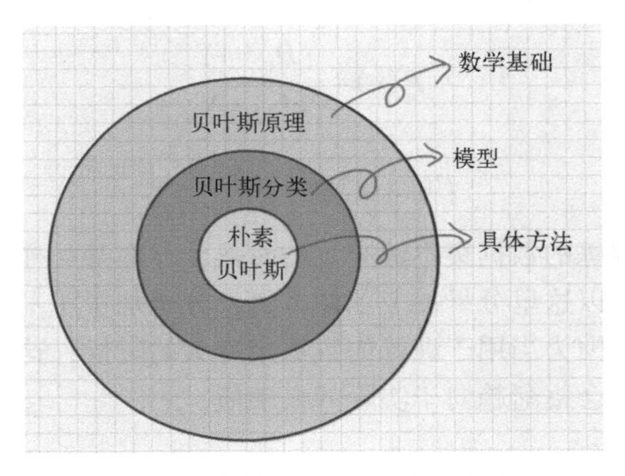

图6.7　朴素贝叶斯分类器基于的理论

$$P(c|x)=\frac{P(x,c)}{P(x)} \tag{6.20}$$

基于贝叶斯定理，$P(c|x)$可以写成式（6.21）。

$$P(c|x)=\frac{P(c)P(x|c)}{P(x)} \tag{6.21}$$

这就将求后验概率$P(c|x)$的问题转变为求类先验概率$P(c)$和条件概率$P(x|c)$。每个类别的先验概率$P(c)$表达了各类样本在总体的样本空间所占的比例。由大数定律定理可知，当用于训练模型的数据集拥有足够的样本时，且这些样本满足独立同分布样本，每个类比的先验概率$P(c)$可通过各个类别的样本出现的频率来进行估计。朴素贝叶斯分类器采用了“属性条件独立性假设”，即对已知类别，假设所有属性相互独立。这句话也可以表述为，假设输入数据x的各个维度都独立，互不干扰地作用到最终的分类结果，则有式（6.22）：

$$P(c|x)=\frac{P(c)P(x|c)}{P(x)}=\frac{P(c)}{P(x)}\prod_{i=1}^{d}P(x_i|c) \tag{6.22}$$

那么，很明显通过训练数据集D来预测类的先验概率$P(c)$，并为每个属性估计条件概率$P(x|c)$即为其模型训练的主要思路。由于对所有类别来说$P(x)$相同，因此有式（6.23）：

$$h_{nb}(x)=\mathrm{argmax}P(c)\prod_{i=1}^{d}P(x_i|c) \tag{6.23}$$

若D_C表示训练数据集D中类别为c的样本组成的集合，在数据充足且输入维度独立的情况下，则能够估计出类别为c的样本的类先验概率，如式（6.24）所示。

$$P(c)=\frac{|D_C|}{|D|} \tag{6.24}$$

若输入维度数据为离散值的话，令 D_{c,x_i}表示类比集 D_C中在第 i 个维度属性上取值为 x_i的数据组成的集合，则条件概率 $P(x_i \mid c)$可估计为式（6.25）。

$$P(x_i \mid c)=\frac{|D_{c,x_i}|}{|D_C|} \tag{6.25}$$

若某个属性值在训练集中没有与某个类同时出现过，则基于式（6.24）进行概率估计，再根据式（6.25）进行判别将出现问题。因此，引入拉普拉斯修正式（6.26）和式（6.27）。

$$P(c)=\frac{|D_C|+1}{|D|+N} \tag{6.26}$$

$$P(x_i \mid c)=\frac{|D_{c,x_i}|+1}{|D_C|+N_I} \tag{6.27}$$

补充说明，当用于训练的数据集不够充足的时候，存在某类样本在某几个维度下的概率的估计值为 0 的情况，所以这里分母加上了样本量，分子加了 1。这样的修改对模型最后的结果不会有太大的干扰，因为当用于训练的数据集变大的时候，这种影响会越来越小，可以忽略不计，这样，估计值会逐渐趋向于实际的概率值。

2. 案例分析

表 6.5 是关于用户的年龄、收入状况、身份、信用卡状态以及其是否购买计算机作为分类标准，购买的标签是 yes，没有购买的标签是 no。

表 6.5 用户特征和其是否购买数据表格

id	年龄（age）	收入（income）	身份（student）	信用卡状态（Credit rating）	购买与否（class：buys computer）
1	<=30	high	no	fair	no
2	<=30	high	no	excellent	no
3	31-40	high	no	fair	yes
4	>40	medium	no	fair	yes
5	>40	low	yes	fair	yes
6	>40	low	yes	excellent	no
7	31-40	low	yes	excellent	yes
8	<=30	medium	no	fair	no
9	<=30	low	yes	fair	no
10	>40	medium	yes	fair	yes
11	<=30	medium	yes	excellent	yes
12	31-40	medium	no	excellent	yes
13	31-40	high	yes	fair	yes
14	>40	medium	no	excellent	no

现有未知样本 X = (age = "< = 30" , income = "medium" , student = "yes" , credit_rating = "fair")，判断其类别。

（1）首先，每个类的先验概率 $P(C_i)$,$i=1,2$。可以根据训练样本计算得：

P(buys_computer=yes)= 9/14=0.643；

P(buys_computer=no)= 5/14=0.357；

（2）然后，假设各个属性相互独立，则有后验概率为 $P(X \mid C), i=1,2$。

P(age=“<30” | buys_computer=yes)= 0.222;

P(age=“<30” | buys_computer=no)= 0.600

P(income=“medium” | buys_computer=yes)= 0.444

P(income=“medium” | buys_computer=no)= 0.400

P(students=“yes” | buys_computer=yes)= 0.667

P(students=“yes” | buys_computer=no)= 0.200

P(credit_rating=“fair” | buys_computer=yes)= 0.667

P(credit_rating=“fair” | buys_computer=no)= 0.400

所以有：P(X | buys_computer=“yes”)=0.222 * 0.444 * 0.667 * 0.667=0.044

P(X | buys_computer=“no”)=0.600 * 0.400 * 0.200 * 0.400=0.019

（3）P(X | buys_computer=“yes”)P(buys_computer= “yes”)=0.044 * 0.643=0.028

P(X | buys_computer=“no”)P(buys_computer= “no”)=0.019 * 0.357=0.007

因此，对于样本X，朴素贝叶斯分类器预测buys_computer=“yes”。

6.2.6 决策树分类算法

决策树模型（Decision Tree）既可以用于解决分类问题，又可以用于解决回归问题。决策树算法采用树形结构，使用层层推理最终实现模型目标。决策树由下面几种元素构成。1）根节点，包含样本的全集；2）内部节点，对应特征属性的测试；3）叶子节点，代表决策结果。

决策树的生成逻辑流程如图6.8所示。从图中可以观察发现，决策树的生成包含3个关键环节：特征选择、决策树生成、决策树的剪枝。

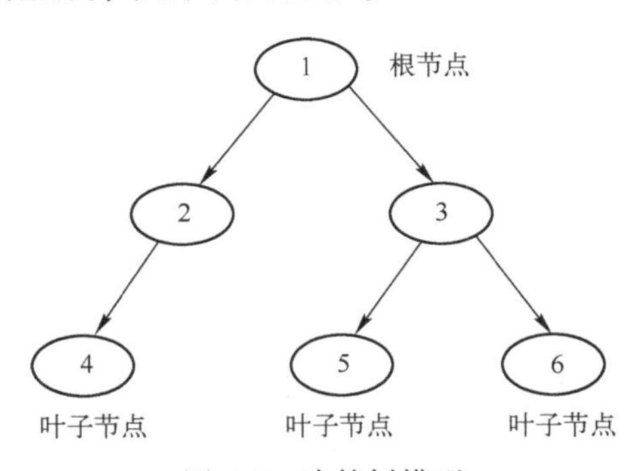

图6.8 决策树模型

（1）特征选择。决定使用哪些特征来作树的分裂节点。在训练数据集中，每个样本的属性可能有很多个，不同属性的作用有大有小。因而特征选择的作用就是筛选出跟分类结果相关性较高的特征，也就是分类能力较强的特征。在特征选择中通常使用的准则是信息增益。

（2）决策树生成。选择好特征后，就从根节点出发，对节点计算所有特征的信息增益，具有最大信息增益的属性被作为决策树的节点，根据该特征的不同取值建立子节点。对接下来的子节点使用相同的方式生成新的子节点，直到信息增益很小或者没有特征可以选择为止。

（3）决策树剪枝。剪枝的主要目的是防止模型的过拟合，通过主动去掉部分分支来降低过拟合的风险。

1. 决策树算法的原理

决策树算法有三种非常典型的算法原理，ID3、C4.5、CART。其中，ID3 是最早提出的决策树算法，它是利用信息增益来选择特征的。C4.5 算法是 ID3 的改进版，它不是直接使用信息增益，而是引入“信息增益比”指标作为特征的选择依据。CART（Classification and Regression Tree）这种算法既可以用于分类，也可以用于回归问题。CART 算法使用基尼系数取代了信息熵模型。

模型生成流程如下。

（1）从根节点开始，依据决策树的各种算法的计算方式，计算各个特征作为新的分裂节点的衡量指标的值，选择计算结果最优的特征作为节点的划分特征（其中，ID3 算法选用信息增益值最大的特征，C4.5 使用信息增益率，CART 选用基尼指数最小的特征）。

（2）由该特征的不同取值建立子节点。

（3）再对子节点递归地调用以上方法，构建决策树。

（4）直到结果收敛（不同算法评价指标规则不同）。

（5）剪枝，以防止过拟合（ID3 不需要）。

2. 案例分析

这里以 ID3 算法为例，同样还是上一小节的以是否购买计算机作为区分用户的标签，拥有用户的属性是年龄、收入、身份、信用卡等级，数据见表 6.6。

表 6.6 用户特征和其是否购买数据表格

id	age	income	student	Credit rating	class：buys computer
1	<=30	high	no	fair	no
2	<=30	high	no	excellent	no
3	31-40	high	no	fair	yes
4	>40	medium	no	fair	yes
5	>40	low	yes	fair	yes
6	>40	low	yes	excellent	no
7	31-40	low	yes	excellent	yes
8	<=30	medium	no	fair	no
9	<=30	low	yes	fair	no
10	>40	medium	yes	fair	yes
11	<=30	medium	yes	excellent	yes
12	31-40	medium	no	excellent	yes
13	31-40	high	yes	fair	yes
14	>40	medium	no	excellent	no

根节点上的熵不纯度为：

$$E(\text{root}) = -\left(\frac{9}{14}\log_2\frac{9}{14}+\frac{5}{14}\log_2\frac{5}{14}\right)=0.940$$

age 作为查询的信息熵是：

For age =“<30”：

$$S11=2,\ S21=3 \qquad E(root1)=-\left(\frac{2}{5}\log_2\frac{5}{5}+\frac{3}{5}\log_2\frac{3}{5}\right)=0.971$$

For age =“30-40”：

$$S12=4,\ S22=0 \qquad E(root2)=0$$

For age =“>40”：

$$S13=3,\ S23=2 \qquad E(root3)=-\left(\frac{3}{5}\log_2\frac{3}{5}+\frac{2}{5}\log_2\frac{2}{5}\right)=0.971$$

$$E(age)=\frac{5}{14}i(root_1)+\frac{4}{14}i(root_2)+\frac{5}{14}i(root_3)=0.694$$

所以，以 age 为查询的信息增益为：

$$Gain(age)=E(root)-E(age)=0.246;$$

类似的，可以计算出所有属性的信息增益：

Gain(income) = 0.029；Gain(student) = 0.151 ；Gain(credit_rating) = 0.048

age 的信息增益最大，所以选择 age 作为根节点的分叉，对训练集进行首次划分。接下来，每次进入下一个分裂节点时，继续如上的分裂指标的选择和节点的分裂，此处省略，不重复介绍。

6.2.7 支持向量机分类算法

支持向量机（Support Vector Machines，SVM）是一种二分类模型。其学习的基本想法是求解能够正确划分训练数据集并且几何间隔最大的分离超平面。如图 6.9 所示，即为分离超平面，对于线性可分的数据集来说，这样的超平面有无穷多个（即感知机），但是几何间隔最大的分离超平面却是唯一的。

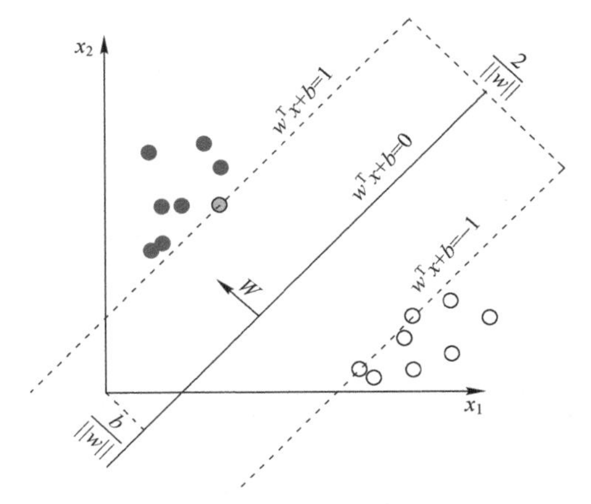

图 6.9 支持向量机原理图

1. 支持向量机算法原理和公式推导

在推导之前，先给出一些定义。假设训练集合为 $D=\{(x_i,y_i) \mid x_i\in R^r, i=1,2,\cdots,n\}$，其中 x_i 为第 i 个特征向量，y_i 为 x_i 的类标记，当它等于+1 时为正例，等于-1 时为负例。再假设训练数据集是线性可分的。

几何间隔：对于给定的数据集 T 和超平面 $\omega * x+b=0$，定义超平面关于样本点(x_i, y_i)的几何间隔为式（6.28）所示。

$$\gamma_i = y_i\left(\frac{\omega}{\|\omega\|} * x_i + \frac{b}{\|\omega\|}\right) \tag{6.28}$$

这里 * 代表乘法。

超平面关于所有样本点的几何间距的最小值为式（6.29）。

$$\gamma = \min_{i=1,2,\cdots,N}\gamma_i \tag{6.29}$$

实际上，这个距离就是所谓的支持向量到超平面的距离。根据以上定义，SVM 模型的求解最大分割超平面问题可以表示为以下约束最优化问题，如式（6.30）和式（6.31）所示。

$$\max_{\omega, b}\gamma \tag{6.30}$$

$$\text{s. t.} \quad y_i\left(\frac{\omega}{\|\omega\|} * x_i + \frac{b}{\|\omega\|}\right) \geqslant \gamma, i=1,2,\cdots,N \tag{6.31}$$

经过一系列化简，求解最大分割超平面问题又可以表示为以下约束最优化问题，如式（6.32）和式（6.33）所示。

$$\min_{\omega, b}\frac{1}{2}\|\omega\|^2 \tag{6.32}$$

$$\text{s. t.} \quad y_i(\omega * x_i + b) \geqslant 1, i=1,2,\cdots,N \tag{6.33}$$

这是一个含有不等式约束的凸二次规划问题，可以对其使用拉格朗日乘子法得到。

$$\begin{aligned} L(\omega, b, \alpha) &= \frac{1}{2}\omega^{\mathrm{T}}\omega + \alpha_1 h_1(x) + \cdots + \alpha_n h_n(x) \\ &= \frac{1}{2}\omega^{\mathrm{T}}\omega - \sum_{i=1}^{N}\alpha_i y_i(\omega x_i + b) + \sum_{i=1}^{N}\alpha_i \end{aligned} \tag{6.34}$$

当数据线性可分时，对 ω, b 求导，得到式（6.35）和式（6.36）。

$$\omega = \sum_{i=1}^{N}\alpha_i y_i x_i \tag{6.35}$$

$$\sum_{i=1}^{N}\alpha_i y_i = 0 \tag{6.36}$$

最终演化为式（6.37）。

$$\begin{gathered} \min\omega(\alpha) = \frac{1}{2}\left(\sum_{i,j=1}^{N}\alpha_i y_i \alpha_j y_j x_i * x_j\right) - \sum_{i=1}^{N}\alpha_i \\ \text{s. t.} \quad 0 \leqslant \alpha_i \leqslant C, \sum_{i=1}^{N}\alpha_i y_i = 0 \end{gathered} \tag{6.37}$$

最后，求解得到函数的参数，即可得到分类函数。

2. 案例分析

有训练数据如图 6.10 所示，其中正例点是 $x_1=(3,3)^{\mathrm{T}}$，$x_2=(4,3)^{\mathrm{T}}$，负例点是 $x_3=(1,1)^{\mathrm{T}}$，试求最大间隔分离超平面。

解：按照支持向量机算法，根据训练数据集构造约束最优化问题。

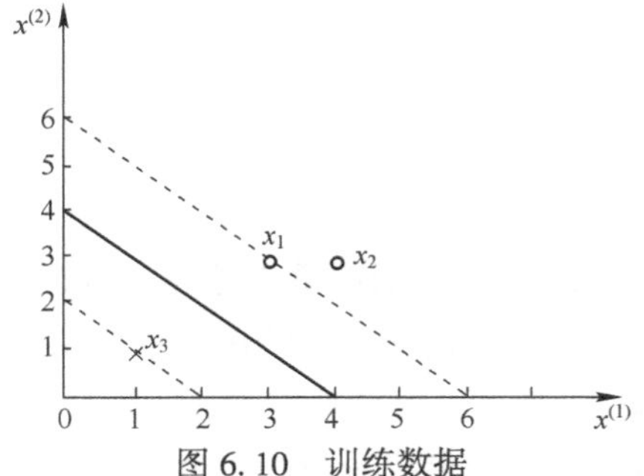

图 6.10　训练数据

$$\min_{\omega,b}\frac{1}{2}(\omega_1^2+\omega_2^2)$$

$$\begin{aligned} \text{s.t.}\quad & 3\omega_1+3\omega_2+b\geqslant 1, \\ & 4\omega_1+3\omega_2+b\geqslant 1, \\ & -\omega_1-3\omega_2-b\geqslant 1 \end{aligned}$$

求得此最优化问题的解 $\omega_1=\omega_2=\frac{1}{2}$，$b=-2$。所以有最大间隔分离超平面为：

$$\frac{1}{2}x_1+\frac{1}{2}x_2-2=0$$

其中，$x_1=(3,3)^{\mathrm{T}}$ 与 $x_3=(1,1)^{\mathrm{T}}$为支持向量。

本节较为详细地介绍了机器学习中监督学习的各种常见传统算法，并列举了简单的例子。

6.3 非监督学习

聚类分析是机器学习中非监督学习的重要部分，旨在发现数据中各元素之间的关系，组内相似性越大，组间差距越大，聚类效果越好。在目前实际的互联网业务场景中，把针对特定运营目的和商业目的所挑选出的指标变量进行聚类分析，把目标群体划分成几个具有明显特征区别的细分群体，从而可以在运营活动中为这些细分群体采取精细化、个性化的运营和服务，最终提升运营效率和商业效果。此外，聚类分析还可以应用于异常数据点的筛选检测，例如，在反欺诈场景、异常交易场景、违规刷好评场景，聚类算法都有着非常重要的应用，聚类算法样式如图 6.11 所示。聚类分析大致分为 5 大类，基于划分方法的聚类分析、基于层次方法的聚类分析、基于密度方法的聚类分析、基于网格方法的聚类分析、基于模型方法的聚类分析，本小节将挑选部分内容来做介绍。

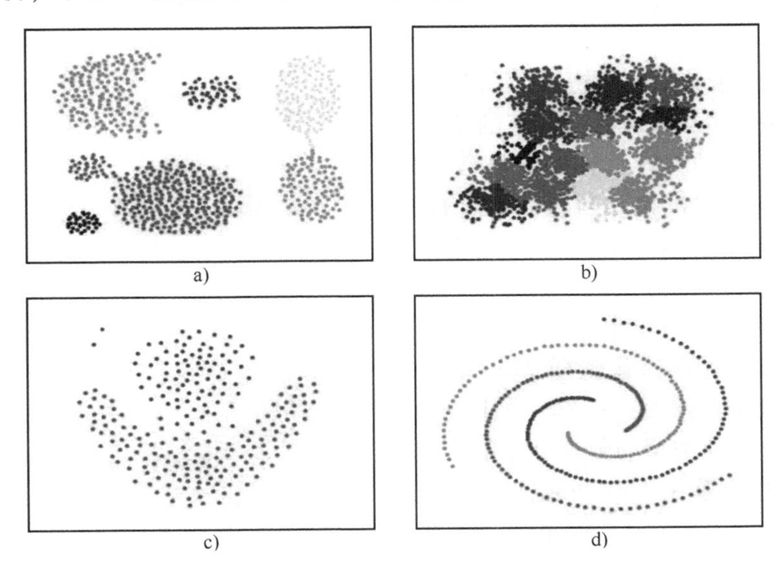

图 6.11　聚类算法示意图

6.3.1 划分式聚类方法

给定一个有 N 个元素的数据集，将构造 K 个分组，每一个分组代表一个聚类，$K<N$。这 K 个分组需要满足下列几个条件：(1) 每一个分组至少包含一个数据纪录；(2) 每一个数据纪录属于且仅属于一个分组（注意，这个要求在某些模糊聚类算法中可以放宽）。对于给定的 K，算法首先给出一个初始的分组方法，以后通过反复迭代的方法改变分组，使得每一次改进之后的分组方案都较前一次更好。所谓好的标准就是，同一分组中的记录越近越好，而不同分组中的纪录越远越好。使用这个基本思想的算法有：K-means 算法、K-Medoids 算法、Clarants 算法。这里以最为基础简单的 K-means 算法为例详细阐述。

1. K-means 算法

数据集 D 有 n 个样本点 $\{x_1, x_2, \cdots, x_n\}$，假设现在要将这些样本点聚集为 k 个簇，现选取 k 个簇中心为 $\{\mu_1, \mu_2, \cdots, \mu_n\}$。然后，定义指示变量 $\gamma_{ij} \in \{0,1\}$，如果第 i 个样本属于第 j 个簇，那么有 $\gamma_{ij}=1$，否则 $\gamma_{ij}=0$（其指的是 K-means 中每个样本只能属于一个簇，所以在 K-means 算法中 $\sum_j \gamma_{ij} = 1$）。最后，K-means 的优化目标即损失函数是 $J(\gamma, \mu) = \sum_{i=1}^{n} \sum_{j=1}^{k} \gamma_{ij} \|x_i - \mu_j\|_2^2$，即所有样本点到其各自中心的欧式距离的和最小。

算法流程如下。

1）随机选取 k 个聚类中心为 $\{\mu_1, \mu_2, \cdots, \mu_n\}$。

2）重复下面过程，直到收敛：{

① 按照欧式距离最小原则，将每个点划分至其对应的簇。

② 更新每个簇的样本中心，按照样本均值来更新。

}

备注：这里收敛原则具体是指簇中心收敛，即其保持在一定的范围内不再变动时，停止算法。

通过上述算法流程的描述，可以看到 K-means算法的一些缺陷，比如：簇的个数 k 值的选取和簇中心的具体位置的选取是人为设定的，这样不是很准确。当然，目前有一些解决方案，例如肘方法辅助 k 值的选取。另外，由于簇内中心的方法是簇内样本均值，所以其受异常点的影响非常大。最后，由于 K-means 采用欧式距离来衡量样本之间的相似度，所以得到的聚簇都是凸簇，如图 6.12 所示，不能解决其他类型的数据分布的聚类，有很大的局限性。基于上述问题，K-means 算法衍生出了如 K-Meidans、K-Medoids、K-Means++等方法。

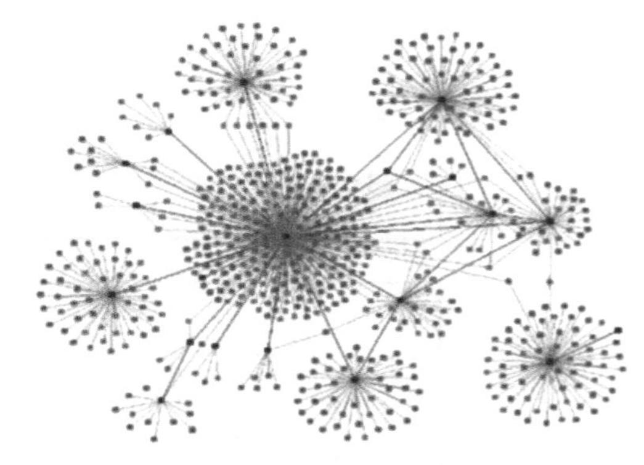

图 6.12 凸簇聚类

2. 案例分析

元素集合 S 见表 6.7，共有 5 个元素。作为一个聚类分析的二维样本，现假设簇的数量为 $k=2$。

表 6.7　元素集合 S

0	x	y
1	0	2
2	0	0
3	1.5	0
4	5	0
5	5	2

（1）选择 $O_1(0,2)$，$O_2(0,0)$ 为初始的簇中心，即 $M_1=O_1=(0,2)$，$M_2=O_2=(0,0)$。

（2）对剩余的每个对象，根据其与各个簇中心的距离，将它赋予最近的簇。

对于 O_3，$d(M_1,O_3)=2.5$，$d(M_2,O_3)=1.5$，显然，$d(M_2,O_3)<d(M_1,O_3)$，O_3分配给 C_2。同理，将 O_4分配给 C_1，O_5分配给 C_2。

有：$C_1=\{O_1,O_5\}$，$C_2=\{O_2,O_3,O_4\}$

到簇中心的距离和为：$E_1=25$，$E_2=2.25+25=27.25$，$E=52.25$。

新的簇中心为：$M_1=(2.5,2)$，$M_2=(2.17,0)$。

（3）重复上述步骤，得到新簇 $C_1=\{O_1,O_5\}$，$C_2=\{O_2,O_3,O_4\}$，簇中心仍为 $M_1=(2.5,2)$，$M_2=(2.17,0)$，没有变化。此时，$E_1=12.5$，$E_2=13.15$，$E=E_1+E_2=25.65$。

此时，E 为 25.65，比上次的 52.25 大大减小，又簇中心没有变化，所以停止迭代，算法停止。

6.3.2　层次化聚类方法

层次聚类方法将数据对象组成一棵聚类树，如图 6.13 所示。

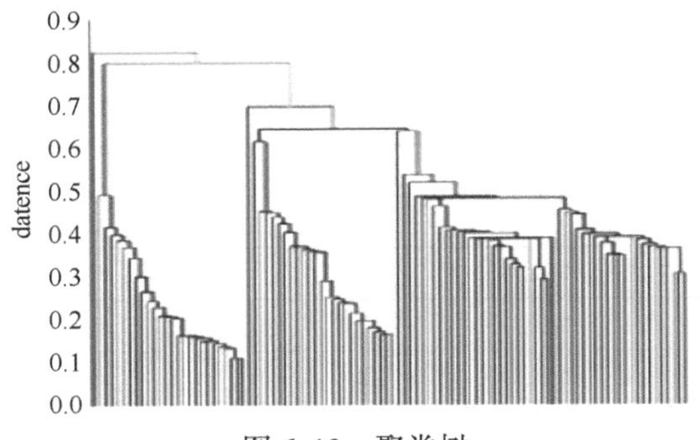

图 6.13　聚类树

根据层次的分解是自底向上（合并）还是自顶向下（分裂），层次聚类法可以进一步分为凝聚的（Agglomerative）和分裂的（Divisive）。即可以说有两种类型的层次聚类方法。

（1）凝聚层次聚类：采用自底向上的策略，首先将每个对象作为单独的一个簇，然后按一定规则合并这些小的簇形成一个更大的簇，直到最终所有的对象都在层次的最上层一个簇中，或者达到某个终止条件。Agnes 是其代表算法，如图 6.14 所示。

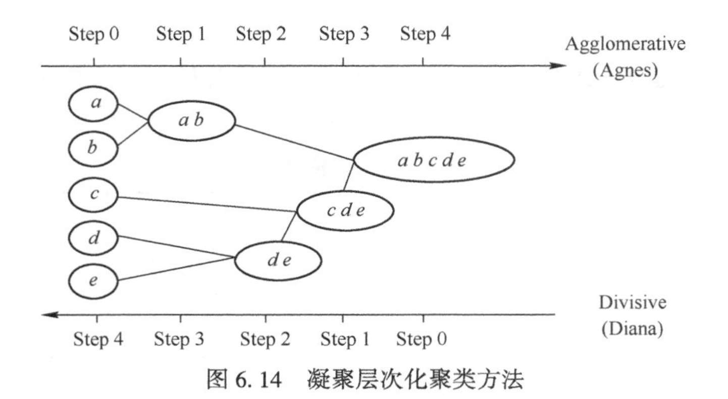

图 6.14　凝聚层次化聚类方法

（2）分裂层次聚类：采用自顶向下的策略，首先将所有对象置于一个簇中，然后逐渐细分为越来越小的簇，直到每个对象自成一个簇，或者达到终止条件。Diana 是其代表算法，如图 6.14 所示。

下面以 Agnes 算法为例展开阐述。

1. Agnes 凝聚层次聚类

输入：n 个对象，终止条件簇的数目 k。

输出：k 个簇，达到终止条件规定的簇的数目。

算法流程：

（1）将每一个元素当成一个初始簇；

（2）循环迭代，直到达到定义的簇的数目；{

① 根据两个簇中最近的数据点找到最近的两个簇；

② 合并两个簇，生成新的簇

}

2. 案例分析

如表 6.8 所示的 8 个元素，分别有属性 1 和属性 2 两个维度，各个维度属性的值备注见表 6.8。

表 6.8　元素参数

序号	属性 1	属性 2
1	1	1
2	1	2
3	2	1
4	2	2
5	3	4
6	3	5
7	4	4
8	4	5

那么，按照 Agnes 算法层次聚类的过程如表 6.9 中的迭代过程所示。另外，两个簇之间的距离，按照两个簇间点的最小距离为度量的依据。

表 6.9 迭代过程

步骤	最近的簇距离	最近的两个簇	合并后的新簇
1	1	{1},{2}	{1,2},{3},{4},{5},{6},{7},{8}
2	1	{3},{4}	{1,2},{3,4},{5},{6},{7},{8}
3	1	{5},{6}	{1,2},{3,4},{5,6},{7},{8}
4	1	{7},{8}	{1,2},{3,4},{5,6},{7,8}
5	1	{1,2},{3,4}	{1,2,3,4},{5,6},{7,8}
6	1	{5,6},{7,8}	{1,2,3,4},{5,6,7,8}结束

6.3.3 基于密度的聚类方法

基于密度的聚类算法是根据样本的密度分布来进行聚类。通常情况下，密度聚类从样本密度的角度出发，考察样本之间的可连接性，并基于可连接样本不断扩展聚类簇，以获得最终的聚类结果，聚类后的分布形式如图 6.15 所示。其中最有代表性的基于密度的算法是 DBSCAN 算法，下面将展开介绍。

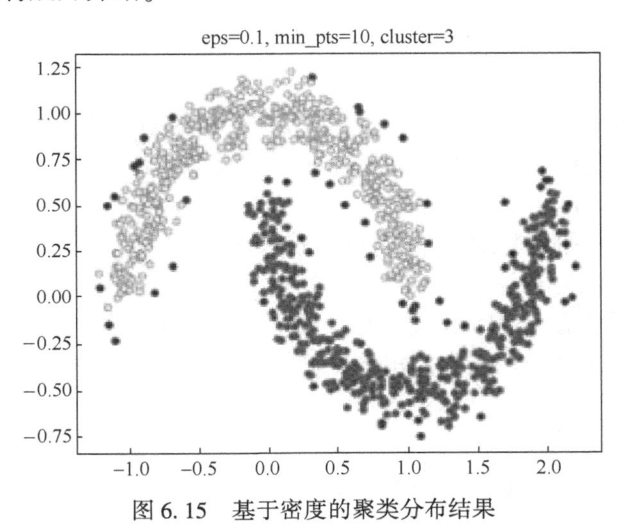

图 6.15 基于密度的聚类分布结果

1. DBSCAN 算法

DBSCAN 所涉及的基本术语如下。

(1) 对象的 ε-邻域：给定的对象 $x_j \in D$，在其半径 ε 内的区域中，包含的样本点的集合，即 $|N_\varepsilon(x_j)| = \{x_i \in D \mid \text{distance}(x_i, x_j) \leqslant \varepsilon\}$，这个子样本中包含样本点的个数记为 $|N_\varepsilon(x_j)|$。

(2) 核心对象：对于任一样本 $x_j \in D$，如果其 ε-邻域对应的 $N_\varepsilon(x_j)$ 至少包含 MinPts 个样本，即 $|N_\varepsilon(x_j)| \geqslant \text{MinPts}$，则 x_j 是核心对象。

(3) 密度直达：如果 x_i 位于 x_j 的 ε-邻域，且 x_j 为核心对象，则称 x_i 由 x_j 密度直达，注意反之不一定成立。

(4) 密度可达：对于 x_i 和 x_j，如果存在样本序列 $p_1, p_2, \cdots, p_T$，满足 $p_1 = x_i$，$p_T = x_j$，且 p_{t+1} 由 p_t 密度直达，则称 x_i 由 x_j 密度可达。

（5）密度相连：对于 x_i 和 x_j，如果存在核心样本 x_k，使 x_i 和 x_j 均由 x_k 密度可达，则称 x_i 和 x_j 密度相连。

如图 6.16 所示，图中 MinPts=5，空心的点○都是核心对象，因为其 ε-邻域至少有 5 个样本。实心的点●是非核心对象。所有核心对象密度直达的样本在以红色核心对象为中心的超球体内，如果不在超球体内，则不能密度直达。图中用箭头连起来的核心对象组成了密度可达的样本序列。在这些密度可达的样本序列的 ε-邻域内所有的样本相互都是密度相连的。

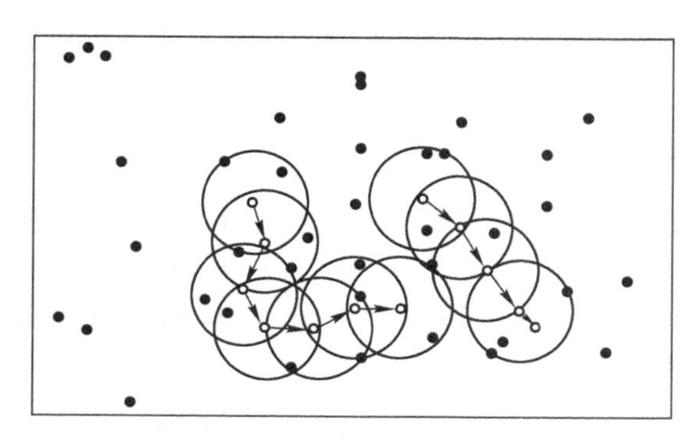

图 6.16　DBSCAN 术语定语样例图

有了上述 DBSCAN 的聚类术语的定义，其算法流程的描述就简单多了。其流程如下。

输入：包含 n 个元素的数据集，半径 ε，最少数据 MinPts；

输出：达到密度要求的所有生成的簇；

迭代循环，直到达到收敛条件：所有的点都被处理过｛

1）从数据集中随机选取一个未经处理过的点；

2）If 抽中的点是核心点；Then 找出所有从该点密度可达的对象，形成一个簇；

3）Else 抽中的点是非核心点，跳出本次循环，寻找下一个点

｝

2. 案例分析

表 6.10 是一个样本的数据表，表中注明样本序号以及其属性值，对其使用 DBSCAN 进行聚类，同时定义 $\varepsilon=1$，MinPts=4。

表 6.10　DBSCAN 样本和算法实现

序号	属性 1	属性 2	迭代步骤	选择点的序号	在 ε 中点的个数	通过计算密度可达而形成的簇
1	2	1	1	1	2	无
2	5	1	2	2	2	无
3	1	2	3	3	3	无
4	2	2	4	4	5（核心对象）	簇 1：｛1,3,4,5,9,10,12｝
5	3	2	5	5	3	在簇 1 中
6	4	2	6	6	3	无
7	5	2	7	7	5（核心对象）	簇 2：｛2,6,7,8,11｝

（续）

序号	属性 1	属性 2	迭代步骤	选择点的序号	在 ε 中点的个数	通过计算密度可达而形成的簇
8	6	2	8	8	2	在簇 2 中
9	1	3	9	9	3	在簇 1 中
10	2	3	10	10	4（核心对象）	在簇 1 中
11	5	3	11	11	2	在簇 2 中
12	2	4	12	12	2	在簇 1 中

通过表 6.10 中的实验步骤，即完成了基于密度的 DBSCAN 的聚类，聚类前后的样本如图 6.17 所示。

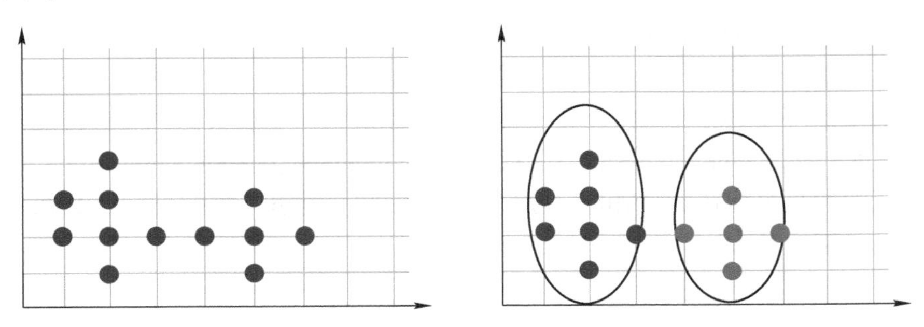

图 6.17　DBSCAN 聚类结果

本节较为详细地介绍了机器学习中非监督学习中聚类分析的各种常见传统算法，并列举了简单的例子。

6.4　强化学习

在人工智能的发展过程中，强化学习已经变得越来越重要，它的理论在很多应用中都取得了非常重要的突破。尤其是在 2017 年 1 月 4 日晚上，DeepMind 公司研发的 AlphaGo 升级版 Master 在战胜人类棋手时，突然发声自认：“我是 AlphaGo 的黄博士”。自此，Master 已经取得了 59 场的不败纪录，将对战人类棋手的纪录变为 59:0。而 Master 程序背后所应用的强化学习思想也受到了广泛的关注，那么本节就来简单地介绍下机器学习领域中非常重要的一个分支——强化学习。

6.4.1　强化学习与监督学习和非监督学习

强化学习相较于上面介绍的机器学习领域中经典的监督学习和无监督学习，主要在于它的设计思路是模仿智体/生物体与环境交互的过程，得到的正负反馈，不断地更正下次的行为，进而实现学习的目的。这里，以一个学习烹饪的人为例。一个初次下厨的人，他在第一次烹饪的时候火候过大，导致食物的味道不好。在下次做菜的时候，他就将火候调小一些，食物的味道比第一次好了很多，但是可能火候又有些小了，做出来的食物味道还是不够好。于是，在下次做菜的时候，他又调整了自己烹饪的火候……就这样，他每次做菜时候都根据之前的经验去调整当前做菜的“策略”，又获得本次菜肴是足够美味的“反馈”。直到掌握了烹饪菜肴的最佳方法。强化学习模型构建的范式正是模仿上述人类学习的过程，也正是因此，强化学习被视为实现人工智能的重要途径。

强化学习从以下几个方面明显区别于传统的监督学习和非监督学习。

（1）强化学习中没有像监督学习中明显的“label”，它有的只是每次行为过后的反馈。

（2）当前的策略，会直接影响后续接收到的整个反馈序列。

（3）收到反馈或者是奖励的信号不一定是实时的，有时甚至有很多的延迟。

（4）时间序列是一个非常重要的因素。

6.4.2 强化学习问题描述

强化学习由图 6.18 所示的几个部分组成，这里引用的是 David Silver 在相关课程中的图片。整个过程可以描述为：在第 t 个时刻，个体（Agent）对环境（Environment）有一个观察评估 O_t，因此它做出行为 A_t，随后个体获得环境的反馈 R_{t+1}；与此同时，环境接收个体的动作 A_t，同时更新环境的信息 O_{t+1} 以便于可以在下一次行动前观察到，然后再反馈给个体信号 R_{t+1}。在这里，R_t 是环境对个体的一个反馈信号，将其称为奖励（Reward）。它是一个标量，它评价反映的是个体在 t 时刻的行为的指标。因此，这里个体的目标就是在这个时间序列中使得奖励的期望最大。

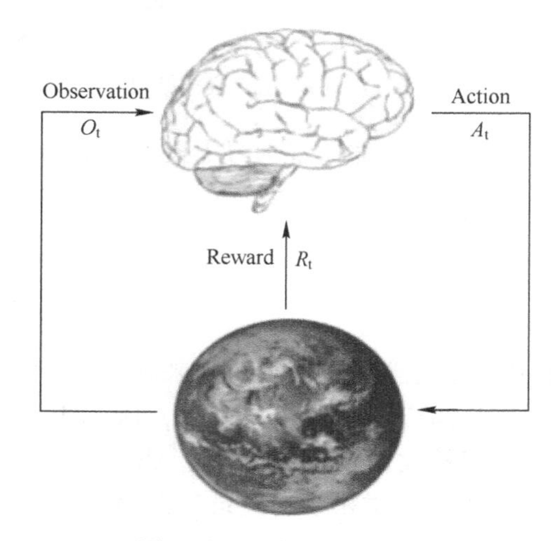

图 6.18 强化学习的组成

那么，个体学习的过程就是一个观测、行为、奖励不断循环的序列，被称为历史 H_t：$O_1, R_1, A_1, O_2, R_2, A_2, \cdots, O_t, R_t, A_t$。这里，基于历史的所有信息，可以得到当前状态（State）的一个函数 $S_t = f(H_t)$，这个状态又分为环境状态、个体状态和信息状态。状态具有马尔可夫属性，以概率的形式表示为式（6.38）：

$$P(S_{t+1} \mid S_t) = P(S_{t+1} \mid S_1, \cdots, S_t) \tag{6.38}$$

即第 $t+1$ 时刻的信息状态，基于 t 时刻就可以全部得到，而不再需要 t 时刻以前的历史数据。

基于上述描述，强化学习系统中的个体可以由以下三个组成部分中的一个或是多个组成。

1. 策略（Policy）

策略是决定个体行为的机制。是从状态到行为的一个映射，可以是确定性的，也可以是不确定性的。详细来说，就是当个体在状态 S 时，所要做出行为的选择，将其定义为 π，这是强化学习中最核心的问题。如果策略是随机的，策略是根据每个动作概率 $\pi(a \mid s)$ 这样的条件概率分布选择动作；如果策略是确定性的，策略则是直接根据状态 s 选择出动作 $a=\pi(s)$。

因此有随机策略：$\sum \pi(a \mid s) = 1$；确定性策略：$\pi(s):S \to A$。

2. 价值函数（Value Function）

如果反馈（Reward）定义的是评判一次交互中的立即的回报好坏，那么价值函数（Value Function）则定义的是从长期看 Action 平均回报的好坏。比如烹饪过程中，应用大量高热量的酱料，虽然当下的口味会比较好，但如果长期吃高热量的酱料，会导致肥胖，显然长期看使用高热量酱料的这个 Action 是不好的。即一个状态 s 的价值函数是其长期期望 Reward 的高低。因此，某一策略下的价值函数用式（6.39）和式（6.40）表示为：

$$v_{\pi}(s)=E_{\pi}[R_{t+1}+R_{t+2}+R_{t+3}+\cdots \mid S_t=s] \tag{6.39}$$

$$v_{\pi}(s)=E_{\pi}[R_{t+1}+\gamma R_{t+2}+\gamma^2 R_{t+3}+\cdots \mid S_t=s] \tag{6.40}$$

其中，式（6.39）代表的是回合制任务（Episodic Task）的价值函数，这里回合制任务是指整个任务有一个最终结束的时间点。而式（6.40）代表的是连续任务（Continuing Task）的价值函数，原则上这类任务可以无限制地运行下去。式子中的 γ 被称为衰减率（Discount Factor），满足 $0 \leqslant \gamma \leqslant 1$。它可以理解为，在连续任务中，相比于更远的收益，更加偏好临近的收益，因此对于离得较近的收益，权重更高。

3. 环境的模型（Model of the Environment）

它是个体对环境的建模，主要体现了个体和环境的交互机制，即在环境状态 s 下个体采取动作 a，环境状态转到下一个状态 s' 的概率，可以表示为 $P_{ss'}^{a}$。它可以解决两个问题，一个是预测下一个状态可能发生各种情况的概率，另一个是预测可能获得的即时的奖励。

6.4.3 强化学习问题分类

解决强化学习问题，有多种思路，根据解决问题的思路的不同，强化学习问题大致可以分为 3 类。

（1）仅基于价值函数（Value Based）的解决思路。在这样的解决问题的思路中，有对状态的价值估计函数，但是没有直接的策略函数，策略函数由价值函数间接得到。

（2）仅直接基于策略（Policy Based）的解决思路。这样的个体中行为直接由策略函数产生，个体并不维护一个对各状态价值的估计函数。

（3）演员-评判家形式（Actor-Critic）的解决思路。个体既有价值函数，也有策略函数，两者相互结合解决问题。

案例分析

这里以图 6.19 所示的 3×3 的一字棋为例，两个人轮流下，直到有一个人的三个棋子连成一条直线则为赢得比赛，或者这个棋盘填满也没有人赢，则为和棋（平局）。

图 6.19　一字棋

这里，尝试使用强化学习的方法来训练一个 Agent，使其能够在该游戏上表现出色（即 Agent 在任何情况下都不会输，最多平局）。由于没有外部经验，因此可能需要同时训练两个 Agent 进行上万轮的对弈来寻找最优策略。

（1）环境的状态 S，这是一个九宫格，每个格子有三种状态，即没有棋子（取值 0），有第一个选手的棋子（取值 1），有第二个选手的棋子（取值-1）。那么这个模型的状态一共有 $3^9=19683$ 个。

（2）接着看个体的动作 A，这里只有 9 个格子，每次也只能下一步，所以最多只有 9 个动作选项。实际上由于已经有棋子的格子是不能再下的，所以动作选项会更少。实际可以选择动作的就是那些取值为 0 的格子。

（3）环境的奖励 R，这个一般是自己设计。由于实验的目的是赢棋，所以如果某个动作导致的改变过的状态可以使我们赢棋，结束游戏，那么奖励最高，反之则奖励最低。其余的双方下棋动作都有奖励，但奖励较少。特别的是，对于先下的棋手，不会导致结束的动作奖励比后下的棋手少。

（4）个体的策略，这个一般是学习得到的，会在每轮以较大的概率选择当前价值最高的动作，同时以较小的概率去探索新动作。

整个过程的逻辑思路如下所示。

```
REPEAT {
    if 分出胜负或平局：返回结果，break；
    Else 依据 ϵ 概率选择 explore 或 1-ϵ 概率选择 exploit：
        if 选择 explore 模式：随机选择落点下棋；
        else 选择 exploit 模型：
            从 value_table 中查找对应最大 value 状态的落点下棋；
            根据新状态的 value 在 value_table 中更新原状态的 value；}
```

由于井字棋状态逻辑比较简单，使用价值函数 $V(S)=V(S)+\alpha(V(S')-V(S))$ 即可。其中 V 表示 Value Function，S 表示当前状态，S′表示新状态，V(S)表示 S 的 Value，α 表示学习率，是可以调整的超参数。

ϵ 是探索率（Explore Rate）。即策略模式是以 $1-\epsilon$ 的概率选择当前最大价值的动作，以 ϵ 的概率随机选择新动作。

（5）环境的状态转化模型，由于每一个动作后，环境的下一个模型状态是确定的，也就是九宫格的每个格子是否有某个选手的棋子是确定的，因此转化的概率都是 1，不存在某个动作后会以一定的概率到某几个新状态，比较简单。

本节简单介绍了强化学习的构建思路和基本的问题阐述，并以训练在一字棋游戏中可以胜利的个体为实际案例，没有涉及具体模型。如果想要对这部分问题有更全面的了解，建议参考 Sutton 的书籍和课程。

6.5 神经网络和深度学习

深度学习（Deep Learning）是近些年来在计算机领域中，无论是学术界还是工业界都备受关注、发展迅猛的研究领域。它在许多人工智能的应用场景中，都取得了较为重大的成功和突破，例如图像识别、指纹识别、声音识别、自然语言处理……但正如前面小节所讲，从本质上说，深度学习是机器学习的一个分支，它代表了一类问题以及它们的解决方法。而人工神经网络（Artificial Neural Network，ANN）又简称神经网络，由于其可以很好地解决深度学习中的贡献度分配问题，所以神经网络模型被大量地引入用来解决深度学习的问题。

6.5.1 感知器模型

在神经网络中，最基本的组成成分是神经元模型。它是模拟生物体的中枢神经系统，每个神经元与其他神经元相连，当它受到刺激时，神经元内部的电位就会超过一定的阈值，继而向其他神经元传递化学物质，神经元的内部结构如图 6.20 所示。

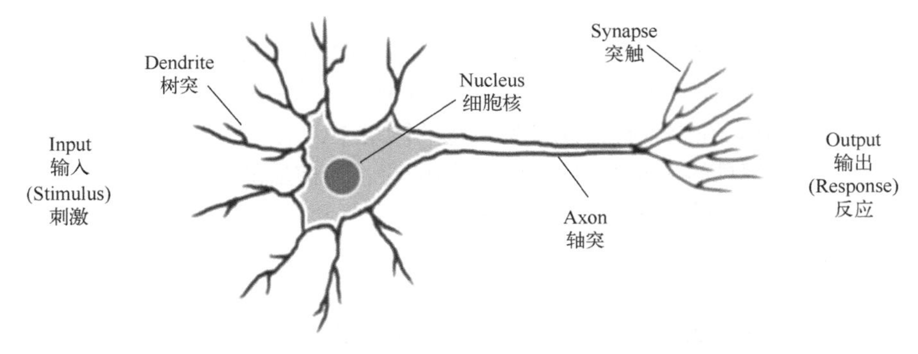

图 6.20 神经元的内部结构

神经网络中的感知器就是由上图的灵感产生的，它只有一个神经元，是最简单的神经网络。在这个模型中，中央的神经元接受从外界传送过来的 r 个信号，分别为 $p_1,p_2,\cdots,p_r$。这些输入信号，都有其对应的权重，分别为 $w_1,w_2,\cdots,w_r$，然后将各个输入值与其相应的权重相乘，再另外加上偏移量 b。最后，通过激活函数的处理产生相应的输出 a，整个流程如图 6.21 所示。这里，激活函数又称为非线性映射函数，它通常使用的形式有 Sigmoid 函数、“0，1” 的阶跃函数形式、ReLU 函数等，帮助把无限的输出区间转换到有限的输出范围内。

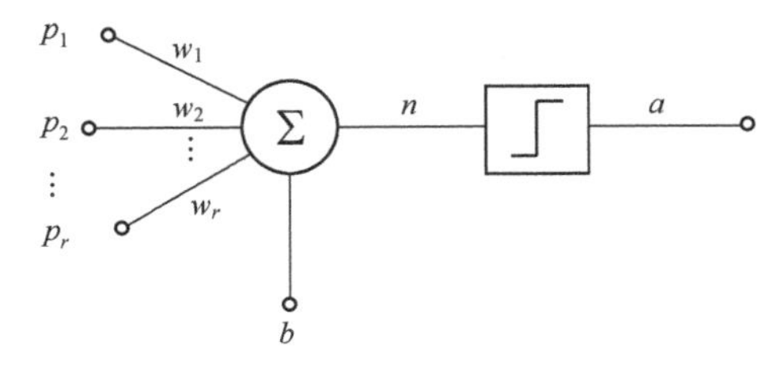

图 6.21 感知器原理示意图

所以，上述模型用公式描述为式（6.41），其中 $f(x)$ 代表的是激活函数。

$$y = f\left(\sum_{i=1}^{r} p_i * w_i + b\right) \tag{6.41}$$

从几何的角度来看，对于 n 维空间的一个超平面，ω 可以表示为超平面的法向量，b 为超平面的截距，p 为空间中的点。当 x 位于超平面的正侧时，$\omega x+b>0$；当 x 位于超平面的负侧时，$\omega x+b<0$。因此，可以将感知器用作分类器，超平面就是其决策的分类平面。

这里给定一组训练数据为：$T=(x_1,y_1),(x_2,y_2),\cdots,(x_n,y_n)$。其中，$x_i\in X=R^n,y_i\in y=\{+1,-1\},i=1,2,\cdots,N$。那么此时，学习的目的就是要找到一个能够将上述正负数据都分开的超平面，可以通过最小化误分类点到超平面的总距离来实现。假设有 j 个误分的点，通过求解式（6.42）的损失函数，找到最优参数。

$$L(\omega,b)=-\frac{1}{\|\omega\|}\sum_{x_i\in M}^{j}y_i(\omega x_i+b) \tag{6.42}$$

参数求解不是本书的重点，所以这里就不再详细阐释了。

6.5.2 前馈神经网络

一个感知器处理的问题比较简单，但当通过一定的连接方式将多个不同的神经元模型组合起来的时候，就变成了神经网络。其处理问题的能力大大提高。这里，有一种连接方式，叫作“前馈网络”。它是在整个神经元模型组成的网络中，信息朝着一个方向传播，没有反向的回溯。按照接受信息的顺序不同被分为不同的层，当前层的神经元接受上一层神经元的输出，并将处理过的信息输出传递给下一层。本条主要介绍全连接前馈网络，它是“前馈网络”这种神经元模型中重要的一种。

前馈神经网络（Feedforward Neural Network，FNN）是最早出现的人工神经网络，常被称为多层感知器。如图 6.22 所示，是有三个隐层的全连接前馈神经网络的示意图。首先，第一层神经元被称为输入层，它所包含的神经元个数不确定，大于 1 就好，此处为 3 个。最后一层，被称为输出层，它所涵盖的神经的个数也是根据具体情况确定的，图例中输出层为 2 个神经元，可以根据实际情况有多个输出的神经元。最后，中间层被统一称为隐层，隐层的层数不确定，每一层的神经元的个数也可以根据实际情况进行调整。在整个网络中，信号单向一层一层向后传播，可以用一个有向无环图表示。

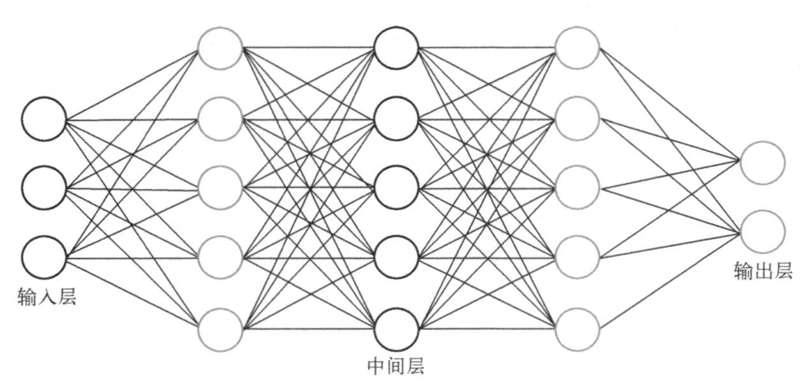

图 6.22　全连接前馈神经网络结构示意图

前馈神经网络的结构可以用如下记号联合表示。

（1）L：神经网络的层数。

（2）M_l：第 l 层神经元的个数。

（3）$f_l(\cdot)$：第 l 层神经元的激活函数。

（4）$\omega^{(l)} \in R^{M_l * M_{l-1}}$：第 l-1 层到第 l 层的权重矩阵。

（5）$b^{(l)} \in R^{M_l}$：第 l-1 层到第 l 层的偏置。

（6）$z^{(l)} \in R^{M_l}$：第 l 层神经元的净输入（净活性值）。

（7）$a^{(l)} \in R^{M_l}$：第 l 层神经元的输出（活性值）。

若令 $a^{(0)}=x$，有前馈神经网络迭代的公式如式（6.43）、式（6.44）所示。

$$z^{(l)}=w^{(l)}a^{(l-1)}+b^{(l)} \tag{6.43}$$

$$a^{(l)}=f_l(z^{(l)}) \tag{6.44}$$

而对于常见的连续的非线性函数，前馈神经网络都能够拟合。

6.5.3 卷积神经网络

卷积神经网络（Convolutional Neural Network，CNN）是前馈神经网络中的一种。当使用全连接前馈神经网络进行图像信息处理时，全连接前馈神经网络存在由于参数过多，进而导致计算量过大和图像中物体的局部不变的特征不能顺利提取出的问题。同时，受生物学中神经元在实际信息传递时，上一层某个神经元产生的信号会仅传递给下一层部分相关神经元这个事实的影响，改进了全连接前馈神经网络，得到了卷积神经网络。卷积神经网络通常由以下三层交叉堆叠组成：卷积层、汇聚层（Pooling Layer）、全连接层。

卷积神经网络主要使用在图像分类、人脸识别、物体识别等图像和视频分析的任务中，它的使用效果非常好，远超目前其他的一些模型。同时，近些年，在自然语言处理、语音处理，以及互联网业务场景的推荐系统中也常常应用到。

下面以手写字体识别为例，先来感受一下卷积神经网络的工作过程，整个过程的分解流程示意图如图 6.23 所示。

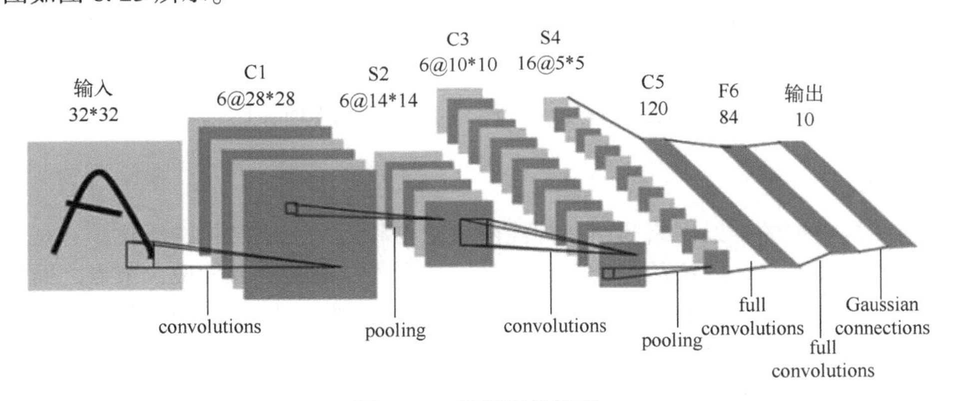

图 6.23　手写字体识别

具体工作流程如下。

（1）把手写字体图片转换成像素矩阵（32，32），作为输入数据。

（2）对像素矩阵进行第一层卷积运算，生成 6 个 feature map（特征图），见图 6.23 中的 C_1（28，28）。

（3）对每个 feature map 进行池化操作，在保留 feature map 特征的同时缩小数据量。生成 6 个小图 S_2（14，14），这 6 个小图和上一层各自的 feature map 长得很像，但尺寸缩小了。

（4）对6个小图进行第二层卷积运算，生成更多feature map，为 C_3（10，10）。

（5）对第二次卷积生成的feature map进行池化操作，生成16个小图 S_4（5，5）。

（6）进行第一层全连接层操作。

（7）进行第二层全连接层操作。

（8）高斯连接层，输出结果。

在对卷积神经网络结构和工作过程有了初步的了解后，下面阐述上述工作流程中所涉及的卷积、池化、全连接的实际计算过程和作用。

1. 卷积层

卷积层的作用是在原图中把符合卷积核特征的特征提取出来，进而得到特征图。所以卷积核的本质就是将原图中符合卷积核特征的特征提取出来，展示到特征图当中。

2. 池化

池化又叫作下采样（Subsampling），它的目的是在保留特征的同时压缩数据量。用一个像素代替原图上邻近的若干像素，在保留feature map特征的同时压缩其大小。因此它的作用是防止数据爆炸，节省运算量和运算时间，同时又能防止过拟合、过学习。

6.5.4 其他类型结构的神经网络

如前面两个小节所介绍的两种前馈神经网络结构的神经网络，神经元的组成还有其他的模式，如记忆网络和图网络。

1. 记忆网络

记忆网络又被称为反馈网络。相比于前馈神经网络仅接受上一层神经元传递的信息，在记忆网络中的神经元不但可以接受其他神经元的信息，还可以记忆自己在历史状态中的各种状态来获取信息。在记忆神经网络中，信息传播可以是单向的或者是双向的，其结构示意图如图6.24所示。

非常经典的记忆神经网络包括循环神经网络、HopField神经网络、玻尔兹曼机、受限玻尔兹曼机等。

2. 图网络

图网络结构类型的神经网络是前馈神经网络结构和记忆网络结构的泛化，它是定义在图结构数据上的神经网络。图中的每个节点都是由一个或一组神经元构成，节点之间的连接可以是有向的，也可以是无向的。图6.25是图网络的神经网络的结构示意图。

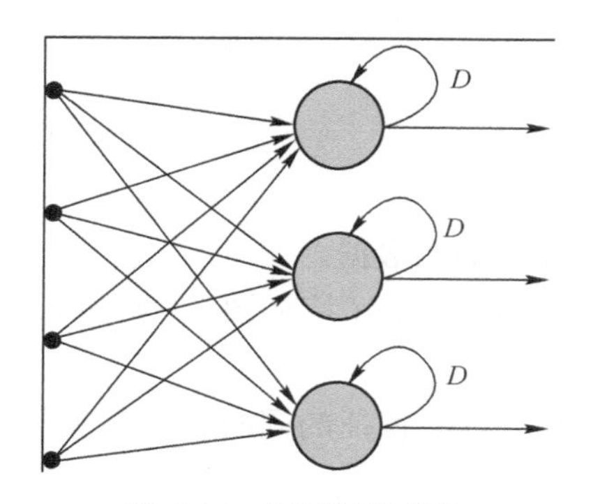

图6.24　记忆网络结构

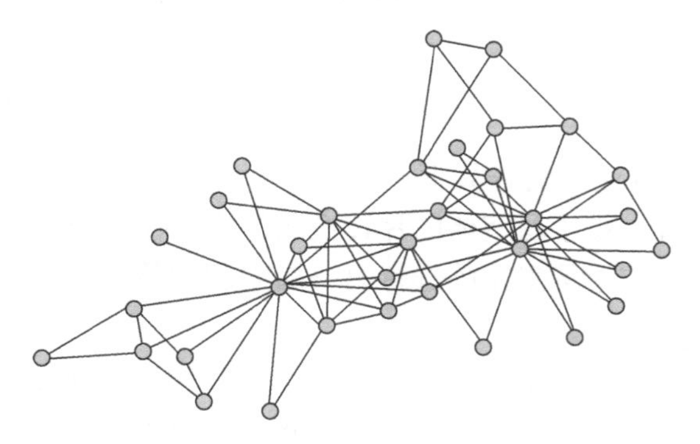
图6.25　图网络结构

比较典型的图网络结构的神经网络有图卷积网络、图注意力网络、消息传递神经网络等。

3. 案例分析

下面展示一个前馈神经网络的参数的更新过程。如图 6.26 所示，展示了一个多层前馈神经网络，它的学习率为 0.9，激活函数为 Sigmoid 函数。训练数据的输入值为（1，0，1），结果为 1。整个网络中的初始化的参数值见表 6.11。

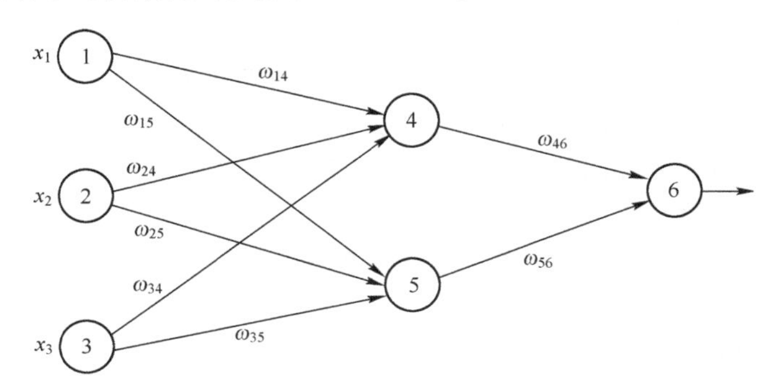

图 6.26 前馈神经网络结构

表 6.11 前馈神经网络初始化参数

x_1	x_2	x_3	θ_4	θ_5	θ_6		
1	0	1	−0.4	0.2	0.1		
w_{14}	w_{15}	w_{24}	w_{25}	w_{34}	w_{35}	w_{46}	w_{56}
0.2	−0.3	0.4	0.1	−0.5	0.2	−0.3	−0.2

节点 4：$0.2+0-0.5-0.4=-0.7$ —激活函数后→$\frac{1}{1+e^{-(-0.7)}}=0.332$

节点 5：$-0.3+0+0.2+0.2=0.1$ —激活函数后→$\frac{1}{1+e^{-(0.1)}}=0.525$

节点 6：$-0.3*(0.332)+(-0.2)*(0.525)+0.1=-0.105$

—激活函数后→$\frac{1}{1+e^{-(-0.105)}}=0.474$

这样，就完成了神经网络第一次的计算，下面对该网络进行更新。因为更新操作的顺序是从后往前的，首先对输出节点进行更新。接下来先求输出节点的误差值 Err_6。

$$Err_6=O_6(1-O_6)(T_6-O_6)=0.474*(1-0.474)*(1-0.474)=0.131$$

权重更新操作如下。

$$\omega_{46}=\omega_{46}+0.9*Err_{6*}O_4=-0.3+(0.9)(0.131)(0.332)=-0.261$$

$$\omega_{56}=\omega_{56}+0.9*Err_{6*}O_5=-0.2+(0.9)(0.131)(0.525)=-0138$$

偏置进行更新如下。

$$\theta_6=\theta_6+0.9*Err_6=0.1+(0.9)(0.131)=0.218$$

同理，对节点 4、5 进行更新，它的误差计算方法与节点 6 不同，如下所示。

$$Err_4=O_4(1-O_4)\sum_1 Err_6\omega_{46}=0.332*(1-0.332)(0.131)(-0.3)=-0.02087$$

$$\mathrm{Err}_5 = O_5(1-O_5)\sum_1 \mathrm{Err}_6\omega_{56} 0.525*(1-0.525)(0.131)(-0.2) = -0.0065$$

权重和偏置的更新操作和节点 6 相同，这里就不详细阐述了。这样就完成了神经网络的一次更新操作。

6.6 案例：银行贷款用户筛选

接下来介绍一个应用机器学习的算法在实际工作生活场景中应用的案例。

借贷业务是银行资产业务的重要基础。银行有大量拥有不同资产规模的储户，如何精准有效地将存款用户转化为贷款用户，进而提高银行的收入，同时又能规避不合规用户带来的坏账风险，一直是银行业务部门需要研究的重要问题。即通过银行后台现有收集到的用户的数据，明确现有储户的潜在需求。

这里，我们采用逻辑斯谛回归分类模型来解决银行可放贷用户的筛选问题。

步骤如下。

1. 确定特征属性及划分训练集

其中用于训练数据的数据集见表 6.12。

表 6.12 用户数据信息

Label	商业信用指数	竞争等级	Label	商业信用指数	竞争等级
0	125.0	−2	0	1500	−2
0	599.0	−2	0	96	0
0	100.0	−2	1	−8	0
0	160.0	−2	0	375	−2
0	46.00	−2	0	42	−1
0	80.00	−2	1	5	2
0	133.0	−2	0	172	−2
0	350.0	−1	1	−8	0
1	23	0	0	89	−2

在实际应用中，特征属性的数量很多，划分的比较细致，这里为了方便起见，选用最终计算好的复合指标，分别是商业信用指数和竞争等级作为模型训练的属性维度。Label 表示最终对用户贷款的结果，1 表示贷款成功，0 表示贷款失败。另外，由于实际的样本量比较大，这里只截取部分数据如表 6.12 所示。

2. 模型构造

这里选用逻辑斯谛回归模型作为本次分类任务的分类模型。首先，各维度属性的集合是 $\{X_{维度属性}:x_{商业信用指数},x_{竞争等级}\}$，待求解参数的集合 $\{\theta^{\mathrm{T}}:\theta_0,\theta_1,\theta_2\}$，则有模型的线性边界如下。

$$\theta_0 + \theta_1 x_{商业信用指数} + \theta_2 x_{竞争等级} = \sum_{i=0}^{n} \theta_i x_i$$

构造出的预测函数为：

$$h_\theta(x) = g(\theta^{\mathrm{T}} x) = \frac{1}{1+\mathrm{e}^{-(\theta_0+\theta_1 x_{商业信用指数}+\theta_2 x_{竞争等级})}}$$

则有，当分类结果为类别“1”即“可以贷款”的时候，它的概率为 $h_\theta(x)$；当分类结果为类别“0”即“不可以贷款”的时候，它的概率为 $1-h_\theta(x)$。

具体表示为，放贷的概率为：

$$P(y=1 \mid x;\theta)=h_\theta(x)$$

不放贷的概率为：

$$P(y=0 \mid x;\theta)=1-h_\theta(x)$$

3. 预测函数的参数求解

通过最大似然估计构造 Cost 函数如下。

$$L(\theta)=\prod_{i=1}^{m}(h_\theta(x^i))^{y^i}(1-h_\theta(x^i))^{1-y^i}$$

$$J(\theta)=\log L(\theta)=\sum_{i=1}^{m}(y^i\log h_\theta(x^i)+(1-y^i)\log(1-h_\theta(x^i)))$$

求解的目标是使得构造函数最小，通过梯度下降法求 $J(\theta)$，得到 θ 的更新方式为：

$$\theta_j:=\theta_j-\alpha\frac{\partial}{\partial\theta_j}J(\theta),\quad (j=0,1,\cdots,n)$$

不断迭代，直至最后，得到最终求解为：

$$\theta_0=16.1143;\quad \theta_1=-0.4650;\quad \theta_2=9.3799$$

最终，就得到了实际应用的预测公式，如下所示。

$$h_\theta(x)=g(\theta^{\mathrm{T}}x)=\frac{1}{1+e^{-(16.1143-0.4650x_{\text{商业信用指数}}+9.3799x_{\text{竞争等级}})}}$$

4. 用户筛选分类预测

当有一个新用户到来时，根据客户资料，计算出用户的商业信息指数，以及竞争等级，代入上述求解公式就可以得到用户贷款的概率，并以此决定是否给予用户贷款。

例如：

当 $x_{\text{商业信用指数}}=125$，$x_{\text{竞争等级}}=-2$ 时，可以得出结果 $p=\frac{1}{1+e^{60.7707}}=0$，不能放贷给用户。

当 $x_{\text{商业信用指数}}=50$，$x_{\text{竞争等级}}=1$ 时，可以得出结果 $p=\frac{1}{1+e^{-2.24437}}=0.9042$，可以放贷给用户。

习题

一、单选题

1. Logistics regression 和一般回归分析有什么区别？（　　）

A. Logistics regression 可以用来预测事件可能性

B. Logistics regression 可以用来度量模型拟合程度

C. Logistics regression 可以用来估计回归系数

D. 以上所有

2. 想在大数据集上训练决策树，为了减少训练时间，可以：（　　）。

A. 增加树的深度　　　　B. 增加学习率（learning rate）

C. 减少树的深度　　D. 减少树的数量

3. 以下说法正确的是：(　　)。

A. 一个机器学习模型，如果有较高准确率，说明这个分类器一定是好的

B. 如果增加模型复杂度，那么模型的测试错误率总是会降低

C. 如果增加模型复杂度，那么模型的训练错误率通常是会降低的

D. 不可以使用聚类“类别 id”作为一个新的特征项，然后再用监督学习分别进行学习

4. 如果 SVM 模型欠拟合，以下方法哪些可以改进模型：(　　)。

A. 增大惩罚参数 C 的值　　B. 减小惩罚参数 C 的值

C. 减小核系数（gamma 参数）

5. 当模型的 bias 高时，我们如何降低它？(　　)

A. 在特征空间中减少特征　　B. 在特征空间中增加特征

C. 增加数据点

6. 在其他条件不变的前提下，以下哪种做法容易引起机器学习中的过拟合问题？(　　)

A. 增加训练集量　　B. 减少神经网络隐藏层节点数

C. 删除稀疏的特征 S　　D. SVM 算法中使用高斯核/RBF 核代替线性核

7. 关于 SVM 泛化误差描述正确的是（　　）。

A. 超平面与支持向量之间距离　　B. SVM 对未知数据的预测能力

C. SVM 的误差阈值

8. 如果使用数据集的全部特征并且能够达到 100%的准确率，但在测试集上仅能达到 70%左右，这说明：(　　)。

A. 欠拟合　　B. 模型很棒

C. 过拟合

9. 一般来说，下列哪种方法常用来预测连续独立变量？(　　)

A. 线性回归　　B. 逻辑回顾

C. 线性回归和逻辑回归都行　　D. 以上说法都不对

10. 下面三张图展示了对同一训练样本（散点），使用不同的模型拟合的效果（曲线）。那么可以得出哪些结论（多选）？(　　)

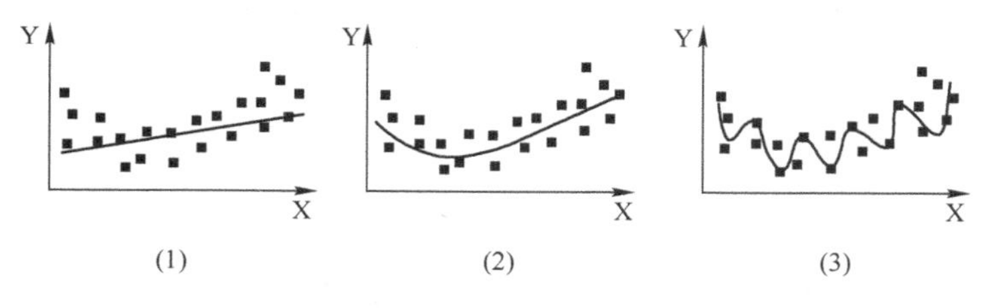

A. 第 1 个模型的训练误差大于第 2 个、第 3 个模型

B. 最好的模型是第 3 个，因为它的训练误差最小

C. 第 2 个模型最为“健壮”，因为它对未知样本的拟合效果最好

D. 第 3 个模型发生了过拟合

E. 所有模型的表现都一样，因为我们并没有看到测试数据

二、判断题

1. 训练一个支持向量机，除去非支持向量后仍能分类。(　　)

2. 在线性可分的情况下，支持向量是那些最接近决策平面的数据点。(　　)

3. 构建一个最简单的线性回归模型需要两个系数（只有一个特征）。(　　)

4. 知道变量的均值（Mean）和中值（Median），即可以计算到变量的偏斜度（Skewness）。(　　)

5. Logistics regression 回归的 RELU 函数将输出概率限定在［0,1］之间。(　　)

6. k 折交叉验中的 k 值并不是越大越好，k 值过大，会降低运算速度。(　　)

7. 回归模型中存在多重共线性（multicollinearity）的问题，可以通过剔除所有的共线的变量来解决此问题。(　　)

8. 评估训练后的模型，发现模型存在高偏差，可以通过增加模型的特征的数量来解决此问题。(　　)

9. 点击率预测是一个正负样本不平衡问题（例如 99% 的没有点击，只有 1% 点击）。假如在这个非平衡的数据集上建立一个模型，得到训练样本的正确率是 99%。那么，此时模型正确率并不高，应该建立更好的模型。(　　)

10. 回归和分类问题都可能发生过拟合。(　　)

三、简答题

1. 写出机器学习的关键术语。
2. 机器学习通常被分为哪几类？
3. 简述机器学习中模型的构造过程。
4. 写出 Sigmoid 函数的公式，并简述其特性。
5. 监督学习中常用分类模型有哪些？
6. 简述最近邻算法的基本思想。
7. 最近邻算法中 P 值有哪几种选择？
8. 简述线性判别分析的基本思想。
9. 写出贝叶斯定理基于的概率公式。
10. 用朴素贝叶斯进行分类时，拉普拉斯修正用于解决什么问题？
11. 一个决策分类树由哪几个基本部分组成？
12. 简述决策树模型的生成流程。
13. 概述支持向量机分类算法的思想。
14. 聚类分析有哪几个类别？
15. 简述 K-means 模型的生成流程。
16. 简述强化学习与传统机器学习的区别。

第7章 大 数 据

作为人工智能技术发展的“原料”和“基石”，大数据（Big Data）越来越受到人们的关注。图7.1展示了2011年1月1日至2021年1月1日这十年期间，“大数据”一词在移动端、PC端上的百度搜索中的热度。从图中可以清晰地看到，自2011年“大数据”一词开始在网络中被大众了解关注后，其热度一直保持稳定增长；2015年至今，其热度一直居高不下，并伴随着间歇性的热度峰值。随着大数据技术的发展和技术门槛的降低，目前在金融、零售、生物医疗、农牧、交通、教育等行业，大数据技术都有着极其广泛的应用。

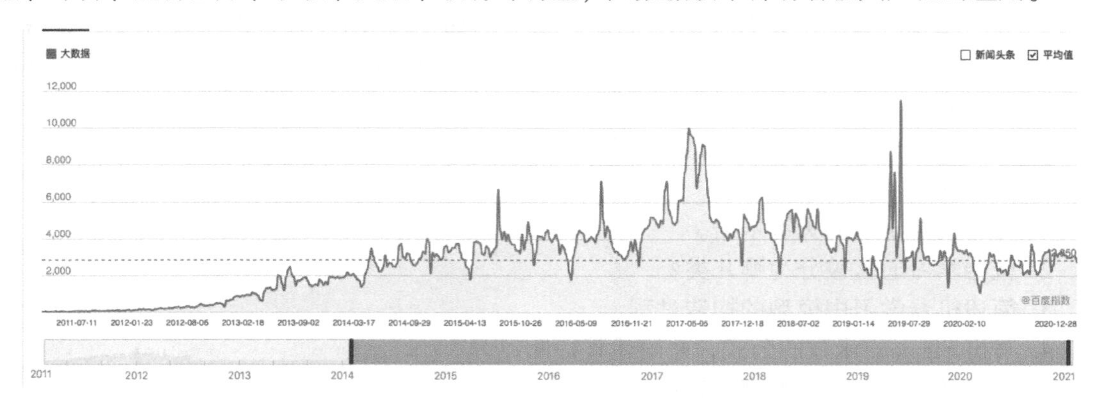

图7.1 百度搜索指数之“大数据”

“数据”一词我们并不陌生，其发展的核心动力来源于人类对客观世界的测量、记录以及量化和分析，包含数字、文字、声音、图像、视频、网络日志等。随着信息技术的发展，数据的形式和载体将会呈现多样多元化，但是其对客观世界和事实的量化与描述这一本质是不会变的。过往，人们一直聚焦于数据的收集保留，例如：数学物理模型刻画真实世界的运行规律、录音笔收集保存语音信息、照相机记录保留图像视频等。然而，随着电子技术工具的发展，人们对现实世界量化记录的能力越来越强，是时候将重点从信息的留存量化上，转移到信息本身也即“数据”的内容规律上了。

那么，“大”数据，到底可以达到多大的程度呢？早在2011年，世界上被复制和创建的数据量就达到了1.7ZB，远超过人类有史以来所有印刷材料的数据总量。1.7ZB的数据量到底有多大，很难有具象的感受。但是，如果把这1.7ZB的数据存储在过往老式的DVD光盘中，这些光盘累加起来的高度相当于地月距离的1.5倍。当然，得益于信息存储工具的发展，我们不会再用光盘去存储信息，但是还是可以感受到当今世界，可以被人类捕捉并记录下来的信息量之大。这样大的数据量，其意义已经不仅仅已被看作是资料，甚至可以被当作非常有价值意义的资源。充分挖掘这些资料可以产生新的知识、帮助提升社会生产建设效率，以及促进各学科领域的创新。这些数据对于国家的治理、科学的研究、社会的发展，以及企业的决策管理都将产生深远的意义。

7.1 大数据概述

关于“大数据”的定义，有这样几种比较权威的定义方式。全球最大的战略咨询公司麦肯锡给出了一个十分明确的定义，“大数据”是指无法在一定时间范围内用常规软件工具进行捕捉、管理和处理的数据集合，也是需要新的处理模式才能具有更强的决策力、洞察发现力和流程优化能力的海量、高增长率和多样化的信息资产。在维克托·迈尔-舍恩伯格和肯尼斯·库克耶编写的《大数据时代》中指出，“大数据”是指不使用传统随机分析法（抽样调查）这样的数据统计分析方法，而直接采用所有数据进行分析处理的全量整体数据。全球著名的IT研究与咨询公司Gartner则指出，“大数据”是海量、高速并且高度多元的信息资产，通过经济高效、创新的信息技术手段，可以帮助人们实现对未来走势的预测、日常的辅助决策以及工作流程的自动化。这里的每一种关于“大数据”的定义都正确，只是不同的定义方式，从不同的维度更加逼近了“大数据”的真实样貌。

狭义的大数据只关注大数据的技术层面，即对大量、多格式的数据进行并行处理，或者实现对大规模数据的分块处理的信息技术。狭义大数据范畴内，所谓的“大”其实是相对的，并不能明确地界定出多大的数据量就是大数据，而是要由计算机的处理能力来判定所面对的数据是否为大数据。当数据量超出了当前的常规处理能力所能应对的水平时，就可称之为“大”，而与之相关的软件硬件的技术，都可以统筹到这个范围内。

广义的大数据实际上就是信息技术。它是指一种服务的交付和使用模式，指从底层的网络，到物理服务器、存储、集群、操作系统、运营商，直到整个数据中心等由这些环节串联起来，最终提供的数据服务。并且，当数据服务所涉及的数据量变大后，就被冠以了“大数据”的概念。因此，广义的大数据可以被视为和数据相关的所有产品以及服务的集合，并且这里的数据服务通常需要有数据分析引擎来做支撑。

7.1.1 “大数据”的三要素

Gartner公司对“大数据”的理解依照其定义拆分为三个模块：数据源本身的特征、海量数据处理的技术要求，以及应用海量数据的目的。目前，对“大数据”比较多的解释仅仅基于数据源本身的特征来描述“大数据”的特征，这样的解读方式不够完备，有失偏颇，本小节将过往的描述方式予以修正，并依照定义全面展示“大数据”这三个部分的特征。

图7.2为“大数据”数据源的5V特性，分别指：Volume（大量），Velocity（高速），Variety（多样），Value（低价值密度），Veracity（真实）。

图7.2 数据源的5V特征

- Volume（大量）：指采集、存储、管理、分析的数据量很大，超出了传统数据库软件工具能力范围的海量数据集合。其计量单位至少是P（千T）、E（百万T）或Z（十亿T）。
- Velocity（高速）：数据增长速度快，并且要求进行实时数据处理、数据清洗和数据分析，而非事后批处理。这是大数据区别于传统数据挖掘的地方。

- Variety（多样）：数据种类和来源多样性，大数据可以包含不同种类和源头的数据，例如：图像数据、音频数据、视频数据、文本数据、地理位置数据等。另外，通常情况下，当信息能够用数据或统一的结构加以表示时，我们称之为“结构化数据”；当信息无法用数字或统一的结构表示，我们称之为“非结构化数据”。据调查，目前企业在运营管理中所产生的数据中80%为非结构化数据，这就意味着需要更高的数据处理能力。因此，集合以往的学科领域如数学、心理学、神经生理学、生物学等相关领域的知识，研究人员希望大数据技术在数据挖掘、自然语言处理、搜索引擎、医学图像诊断等方面实现新的突破。
- Value（低价值密度）：在海量数据中，信息的价值密度会相对较低，冗余垃圾信息过多。因此，寻求在海量数据中筛选出有价值数据的方法，进行高效的数据分析预测，找到数据的意义和价值所在，是大数据领域研究和学习的关键。
- Veracity（真实）：主要是指数据的质量。大数据的数据一定是来源于真实世界，这里面的“真实”并不一定代表准确，但必然不会是虚假数据。

结合上述对“大数据”特征的描述，可以简单推测出在实际数据处理应用大数据的过程中，大数据技术不仅需要实现连接、存储以及处理不同类型、不同来源、不同变化频率的数据，进而实现全量数据的实时准确的处理分析，还要在满足解决实际问题的前提下，兼顾到经济效率。

此外，“大数据”技术应用的最终目标是提高对未来趋势的预测洞察的能力，并辅助最终决策，或者基于“大数据”来实现人类期待已久的“人工智能”的实现。然而，这一步骤往往是最难实现的。在实际的应用场景中，“大数据”技术的应用落地，通常背离最初愿景，进而阻碍了其实现更高的商业价值。因此，将“大数据”和具体的业务场景紧密结合，并更好地落地，是非常有意义的课题。

7.1.2 大数据技术栈的发展历程

1. Google 的“三驾马车”

最早的大数据技术起源于 Google 的三篇论文。众所周知，Google 是非常著名的搜索引擎公司，其作用是为互联网用户提供信息搜索的功能。总的来说，搜索引擎主要完成两项任务：第一项是进行数据的采集，即网络网页的爬取；第二项是数据的搜索，即完成索引的构建。然而，数据采集离不开存储，索引的构建也需要大量计算，所以存储能力和计算能力贯穿搜索引擎发展迭代的整个过程。

在互联网崛起的早期时代，互联网产品以及用户规模都很小，很少有人关注分布式解决方案。早期的互联网技术人员通常探索在单个服务器上为用户提供更好的服务，Google 在当时的互联网技术应用领域的用户规模和积累存储的数据远超其他互联网公司，因此其很早就开始探索并采用分布式集群的方式来进行数据的存储和运算。与此同时，Google 也曾试图采用横向拓展的思路去研发系统。在这样的背景下，2004 年左右，Google 发表了和分布式计算系统相关的非常重要的三篇论文，俗称“Google 的三驾马车”，详情如图 7.3 所示。这三篇文章分别涉及了 GFS、MapReduce、Bigtable 大数据计算系统的设计和实现的原理。

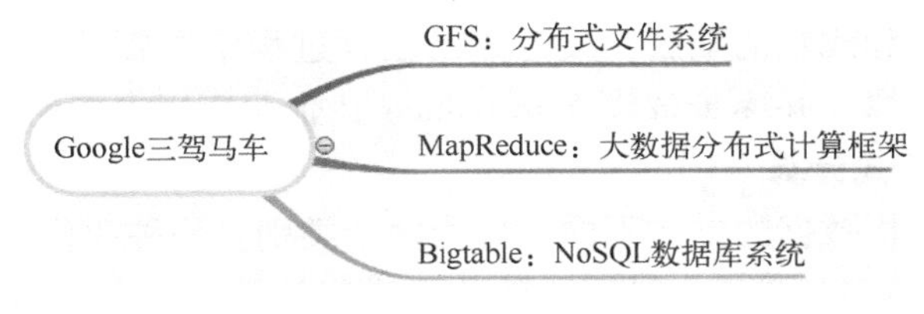

图 7.3　Google 的“三驾马车”

2. Hadoop 的起源

Hadoop 由 Lucene 项目的创始人 Doug Cutting 实现。他看到 Google 的论文后，很快就依据论文的原理实现了类似 GFS 和 MapReduce 的功能框架。到了 2006 年，Doug Cutting 开发的类似 MapReduce 功能的大数据技术被独立出来，单独开发运维。这个也就这个产品不久后被命名为 Hadoop。该体系里面包含了如今被广泛使用的分布式文件系统 HDFS 以及大数据计算引擎 MapReduce。

3. Pig 组件的诞生

当 Hadoop 发布之后，业内另外一家搜索引擎巨头 Yahoo 很快就开始使用。2007 年，百度也开始使用 Hadoop 进行大数据存储与计算；到了 2008 年，Hadoop 正式成为 Apache 公司最为重要的项目；自此以后，Hadoop 被业内更多大大小小公司逐步应用到各个生产运营的场景中。然而，任何系统都不会是零瑕疵的，也不可能是通用的。Yahoo 在使用 MapReduce 进行大数据计算时，认为其过于烦琐，于是他们便自己开发了一个新的名为 Pig 的系统。Pig 是一个基于 Hadoop 的类 SQL 语句的脚本语言。经过编译后，直接生成 MapReduce 程序在 Hadoop 系统上运行。

4. Hive 的数据分析工具的诞生

相较于直接编写 MapReduce 的程序，Yahoo 的 Pig 是一种类似于 SQL 语句的脚本语言，其使用更为友好便捷。但是美中不足的是，其又涉及一套语法语言，需要使用者耗费时间和精力去学习。因此，这时另一家巨头公司 Facebook 为数据分析的工作开发了一种新的分析工具——Hive 的组件。Hive 能直接使用 SQL 语句进行大数据计算，这样只要是了解数据库脚本语言的开发人员就能直接使用大数据平台。这又大大地降低了软件的使用门槛，将大数据技术推进了一步。至此，大数据主要的技术栈基本形成，包括 HDFS、MapReduce、Pig、Hive。

5. 单一责任 Yarn

在 Hadoop 早期，MapReduce 既是一个执行引擎，又是一个资源调度框架，服务器集群的资源调度管理由 MapReduce 自己完成。但是这样不利于资源复用，也使得 MapReduce 非常臃肿。于是，又一个新项目启动了，其将 MapReduce 执行引擎和资源调度分离开来，这就是 Yarn。2012 年，Yarn 成为一个独立的项目开始运营，随后被各类大数据产品支持，成为大数据平台上最主流的资源调度系统。

6. 提升效率 Spark

在 2009 年，UC Berkeley 的 AMP 实验室（Algorithms、Machine 和 People 的缩写）开发的 Spark 组件开始崭露头角。当时 AMP 实验室的马铁博士发现使用 MapReduce 去进行机器学习计算的时候性能非常差，因为机器学习算法通常需要进行很多次的迭代计算。具体来说，MapReduce 每执行一次程序，其中的 Map 和 Reduce 程序都需要重新启动一次作业，这带来大量无谓的消耗。另外，MapReduce 程序主要使用磁盘作为存储介质，而 2012 年，磁盘的内存已经突破容量和成本的限制，成为数据运行过程中主要的存储介质。Spark 一经推出，立即受到业界的追捧，并逐步替代 MapReduce 在企业应用中的地位。

7. 批处理计算和流式计算

大数据计算根据分析数据的方式不同，分为两个类别。一种叫作批处理计算，比如 MapReduce、Spark，主要针对的是某个时间段的数据进行计算（比如“天”“小时”的单位）。这种计算由于数据量大，需要花费几十分钟甚至更长时间。同时这种计算使用的数据是非在线实时获取的数据，也就是历史积累的数据，即离线数据，因此这种计算又被称为“离线计算”。

“离线计算”针对的是收集存储下来的历史数据，与之相应的就有针对实时数据进行计算的计算方式，这种计算被称为“流式计算”。另外，由于“流式计算”处理的数据是实时在线产生的，其又被称为“实时计算”。“流式计算”的理解很简单，即把批处理计算的时间单元缩小到数据产生的时间间隔。可以进行“流式计算”处理的代表性的框架目前有 Storm、Flink、Spark Streaming。这其中 Flink 的功能比较强大，其既支持流式计算，又支持批处理计算。

8. 非关系型数据库

2011 年左右，NoSQL 数据库应用很广泛，其中 HBase 是从 Hadoop 项目中分拆出去的，但本质上，其底层依旧是遵循 HFDS 的技术。所以，在大数据环境下，NoSQL 系统可以提供海量数据的存储和访问功能，可以算作大数据技术栈中的一个应用非常广泛的组件。

9. 数据分析、数据挖掘

Hadoop 大数据处理系统的应用使得海量数据有了更为广泛的落地。大数据平台提供了数据分析的基本功能，并在海量数据的基础上，将更加复杂精细的数据挖掘和机器学习的算法进行实现和应用。这其中，数据分析的工作主要是应用上面提到的 Hive、Spark SQL 等数据库脚本语言进行数据的提取和处理，一般不需要开发能力。

有了 Hadoop 组件提供的大数据的存储和计算能力，可以帮助公司和各业务部门实现数据挖掘和机器学习的工作，挖掘数据中所隐含的深层价值。目前，在机器学习和数据挖掘领域也有封装完善的工具和组件，例如：Hadoop 中的 Mahout 组件、Google 开发的 TensorFlow 等框架。

当一个平台涵盖了上述提及的海量数据的存储能力、数据批处理能力、流式计算的能力，以及数据分析、挖掘和机器学习算法的功能时，一个大数据平台就形成了，大数据平台的各个组件间的依赖和层级关系如图 7.4 所示。

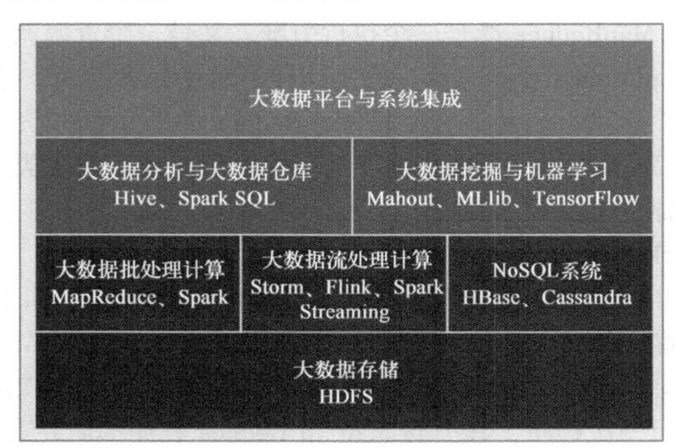

图 7.4　大数据平台与系统集成

7.2 数据获取——网络爬虫

“网络爬虫”，即通过计算机程序去代替人工手动在互联网上收集信息的过程。爬虫的起源可以追溯到万维网（互联网）诞生之初，那时的互联网还没有搜索引擎，互联网只是文件传输协议（FTP）站点的集合，用户可以在这些站点中导航以找到特定的共享文件。为了检索网络上分散到各个站点的数据，一个自动化程序被创建出来用来抓取互联网上的所有网页。因此，其又被称为“网络爬虫”或者“机器人”。“网络爬虫”所做的工作是将所有互联网页面上的内容复制到数据库中，并为其标注相应索引。

目前，最常见也是应用范围最广的网络爬虫就是为搜索引擎提供检索数据支持的网络爬虫，这些网络爬虫为了给用户提供最新且全面的检索数据，每时每刻都在运行。在搜索引擎技术中，用来获取和分析数据的模块被称为网络爬虫。现有的网络爬虫种类很多，功能不一，而且由于爬虫程序自身的特点，也常被应用于黑客技术领域。

7.2.1 爬虫的发展

爬虫软件在互联网中以类似于蜘蛛的形式，通过辐射来获取信息。所以爬虫程序又被称为网页蜘蛛，当然相较蛛网而言，爬虫软件更具主动性。此外，由于不同人的不同理解，爬虫软件还有一些其他的名字，例如，蚂蚁程序、模拟程序、蠕虫程序。

爬虫程序最早主要被搜索引擎公司大量应用，其通过使用爬虫程序为用户提供信息。后来，随着互联网的普及，信息和应用逐渐增多，咨询公司通过分析网上的数据为客户提供咨询服务，因此通过爬虫来收集互联网上数据的需求也逐步增加。紧接着，随着微博等各大新闻网站的出现，以及社交娱乐型互联网应用的出现，网络上聚集的用户越来越多，舆情事件层出不穷。同时，针对网络舆情事件的即时收集又进一步加大了爬虫的需求。这个阶段，爬虫的岗位技术门槛不高，采集的对象都是些新闻资讯站点。然而近几年，随着大数据技术的成熟以及数据挖掘的概念被更多人所了解，大部分公司都意识到数据的重要性。一时间各公司都组建大数据部门。在这其中，显然爬虫技术是收集网络数据最好的工具，也是公司对自己数据库信息的极好补充。竞争公司互相采集对方数据，形成了最早的爬虫与反爬虫。渐渐地，爬虫程序也发展出更加智能且适用性更强的爬虫软件，从原始的单机爬虫，到队列分布式爬虫等。

另外，爬虫也分善恶。像 Google、百度这样的搜索引擎爬虫，每隔几天对全网的网页扫一遍，供大家查阅，既帮助提高了大家获取信息的速度，也一定程度上提高了相关网站的曝光量，这种行为就是善意的爬虫。然而，也有一些公司利用爬虫程序，窃取电商网站用户的个人信息和电话号码，兜售个人隐私信息进行电话营销，对普通人的日常生活造成了极大的干扰和影响。又或者有些火车票或者飞机票的二级经销商，过度爬取官方源头的售票网站，对官方的服务器资源造成了极大的负担，同时对公平公正的售票环境和秩序造成了恶劣的影响。因此，很多网站也因此添加了反爬虫的程序来防止爬虫程序的滥用，有关爬虫技术的法律法规，相关部门也正在准备出台和完善。

7.2.2 爬虫的原理

爬虫的基本流程大致如图 7.5 所示。

（1）首先从互联网页面中选择一部分精心挑选的网页，以这些网页的链接地址作为种子 URL。

（2）将这些 URL 放入待抓取队列中。

（3）从待抓取 URL 队列依次读取这些 URL。并将 URL 通过 DNS 解析，把链接地址转换为网站服务器对应的 IP 地址。

（4）将其和网页相对路径名称交给网页下载器，网页下载器负责页面的下载。对于下载到本地的网页，将其存储到页面库中，建立索引等待后续处理使用。

（5）此外，将此时已经完成抓取的 URL 放入已抓取队列中。这个队列记录了爬虫系统已经下载过的网页 URL，以避免系统的重复抓取。

（6）对于刚下载的网页，从中抽取出包含的所有链接信息，并在已下载的 URL 队列中进行检查，如果发现链接还没有被抓取过，则放到待抓取 URL 队列的末尾。在之后的抓取调度中会下载这个 URL 对应的网页。循环往复，直到待抓取 URL 队列为空，这代表着爬虫系统将能够抓取的网页已经悉数抓完，此时完成了一轮完整的抓取过程。

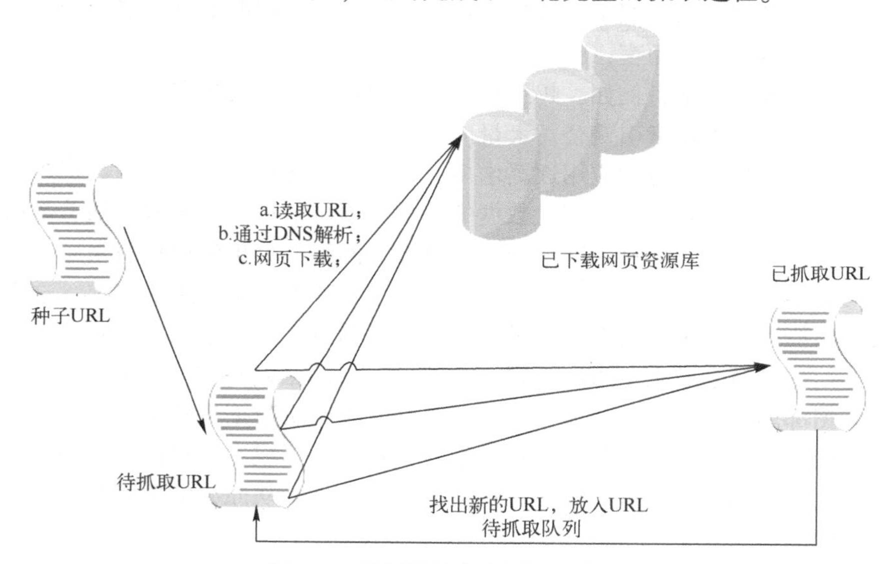

图 7.5　通用网络爬虫原理示意图

总的来说，爬取网页数据时，主要就是打开网页，将具体的数据从网页中复制并导出到表格或资源库中。简单来说就是，抓取和复制。

相应的，也可以通过爬虫爬取网页数据对互联网上所有的网页进行划分。可以划分为 5 个部分，分别为已下载未过期网页、已下载已过期网页、待下载网页、可知网页和不可知网页，如图 7.6 所示。

从理解爬虫的角度看，对互联网网页给出如上划分有助于深入理解爬虫所面临的主要任务和挑战。绝大多数爬虫系统遵循上述描述的流程，但是并非所有的爬虫系统都完全一致。根据具体应用的不同，爬虫系统在许多方面存在差异，但本质原理基本一致。

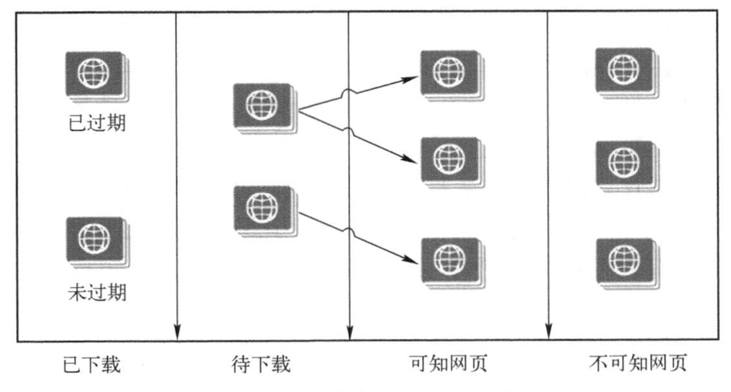

图 7.6　爬虫角度的网页分类

7.2.3　Robots 协议

在大数据时代，爬虫的使用到了何种程度？有业内人士称，互联网 50%以上，甚至更高的流量其实都是爬虫贡献的。对某些热门网页，爬虫的访问量甚至可能占据了该页面总访问量的 90%以上。但是，目前通过爬虫手段获取数据信息的某些商业行为已经损害了公众利益，同时也一定程度地扰乱了社会秩序。GitHub 上的一个爬虫数据库（Crawler_Illegal_Cases_In_China）中，整理了到目前为止的所有爬虫开发者涉诉与违规相关的新闻、资料与法律法规，致力于帮助爬虫行业从业者了解相关法律，避免触碰数据合规红线。

另外，在爬虫程序中其实有一个 Robots 协议，用于告诉抓取程序哪些页面可以抓取，哪些页面不能抓取。该协议是国际互联网业界通行的道德规范，虽然没有写入法律，但是每一个爬虫都应该遵守这项协议。Robots 协议也称作爬虫协议、机器人协议，它的全名叫作网络爬虫排除标准（Robots Exclusion Protocol），用来告诉爬虫和搜索引擎哪些页面可以抓取，哪些页面不可以抓取。它通常是一个叫作 robots. txt 的文本文件，一般放在网站的根目录下。当搜索爬虫访问一个站点时，它首先会检查这个站点根目录下是否存在 robots. txt 文件，如果存在，搜索爬虫会根据其中定义的爬取范围来爬取；如果没有找到这个文件，搜索爬虫便会访问所有可直接访问的页面。尽管如此，还有很多公司为了一己私利不遵守网络公约，肆意爬取网站信息进行牟利。

目前我国还没有专门针对爬虫技术的法律或者规范。一般而言，爬虫程序只是在更高效地收集信息，因此从技术中立的角度而言，爬虫技术本身并无违法违规之处。但是，随着数据产业的发展，数据爬取犹如资源争夺战一般越发激烈白热。数据爬取带来的各种问题和顾虑日渐增加。而“爬”与“反爬”的技术对抗成为军备竞赛一般永无休止，成为所有行业主体的痛。而爬与反爬之间的对抗赛，还存在无法避免的误伤率，给正常用户带来困扰。

7.3　数据分析

数据分析是指用适当的统计方法对收集来的大量第一手资料和二手资料进行分析，以求最大化地开发数据资料的功能，发挥数据的作用。它是为了提取有用信息并形成结论，而对数据加以详细研究和概括总结的过程。无论是数据分析还是之后所提到的数据挖掘，目的都是帮助收集、分析数据，使之成为信息，并辅助做出最后判断决策。另外，数据分析所需要的数学知识基础在 20 世纪早期就已确立，并非高深莫测。但直到计算机的出现才使得实际操作成为可能，并使得数据分析得以推广。

在现代企业的经营管理过程中，数据分析是企业运营不容忽视的支撑点。企业需要有完整、真实、及时的数据对其日常管理运营进行支撑。记录分析企业历史的数据，能够对企业未来的运营发展进行有效的预测，进而采取积极的应对措施，制定良好的战略。以往情况下，由于技术发展的不成熟，对于数据的收集、存储以及整理分析，都存在着一定的局限性。企业在处理相关信息问题时，只能依赖少量、不完整的信息来辅助决策，这一定程度上导致了企业管理的低效和决策的失误。在大数据时代来临之后，现代企业可以采用便捷、高效、完备的数据技术，对市场动态、客户信息，以及自身运营情况等动态信息进行全面、量化、宏观的了解和分析，进而减少了主观性判断的失误，为企业不断提升自身的管理生产效率，扩大规模提供了良好的信息基础。

大数据时代的到来，各种数据信息的精准及时的记录留存，让人们遇到了一次数据化带来的机遇和红利。借用《决战大数据》一书中作者的思路，数据分析在实际公司运营和落地实践，并最终深植业务形成体系的过程中，需要注意的问题和值得探索的环节如下。

- 定位问题：一切从定位问题入手，问题问好了，答案就在那里。这需要深入透彻地了解实际的业务流程和痛点，需要对业务逻辑体系进行梳理。
- 以“假设数据皆可得”为前提，去预先思考问题，预判解决问题的逻辑和答案。即便在数据技术的高度发展，数据的获取和存储能力都大大提高的当下，存储数据仍旧需要耗费企业大量的人力、物力等成本。在进入实际业务场景时，精准地描述定位问题并梳理相关数据，可以帮助减少不必要的数据存储。
- 建立业务场景的评价指标体系：拆分出独立的业务场景，并将各个业务场景串联成逻辑链条，并依次构建出宏观和微观相应数据指标体系是最为基础也最为重要的工作。好的指标体系能够监控业务变化，当业务出现问题时，数据分析师们通过指标体系进行问题回溯和下钻，能够准确地定位到问题，反馈给业务让其解决相应的问题。
- 建立数据标准与规范：保障数据的完整性、一致性、规范性，为后续的数据管理提供标准依据。要清晰明确地定义各个数据指标的含义和计算方式，并形成文档公示。
- 建立预测模型：通过分析历史序列数据构建预测模型，做到提前掌握未来的发展趋势，为业务决策提供依据，是决策科学化的前提。

7.3.1 数据分析项目的落地

在当前互联网大数据技术得以广泛存储应用的时代，数据分析在当下互联网业务中最具价值的落地是公司全方位的管理、运营、财务等业务场景的量化和指标体系的搭建落地。相比于传统 BI 数据分析系统，大数据时代的 BI 数据分析系统依托于大数据处理软件的高效、及时的数据处理和计算能力，使得业务指标更加全面精细，更新迭代更加及时（小时级、秒级，依据不同的业务需求）。当然，整个数据分析的思路，相较于以往也有所改变。目前，在国内各大互联网公司中，数据分析项目最广泛的落地和应用是搭建公司运营的指标体系和 App 发布版本的 A/B-test 实验。

1. 搭建公司运营的指标体系

过去，企业中的数据分析工作，由于只可获得数据源的单一局部，数据分析工作仅仅局限于某单一重要的业务场景。现在，依托于技术的突破，数据分析工作可以在企业的组织、日常运营、用户生命周期管理等各个环节展开，并形成有输入-有输出、整体-局部、可链接的数据指标体系。

总的来说，数据指标体系的构建首先需要按照公司运营策略和业务流程或者用户使用应用程序的链路来拆分公司业务目标，使之结构化。然后，再依据用户的生命周期将公司运营的宏观目标进一步拆分。整个过程可以由图 7.7 所示的思路来拆分。

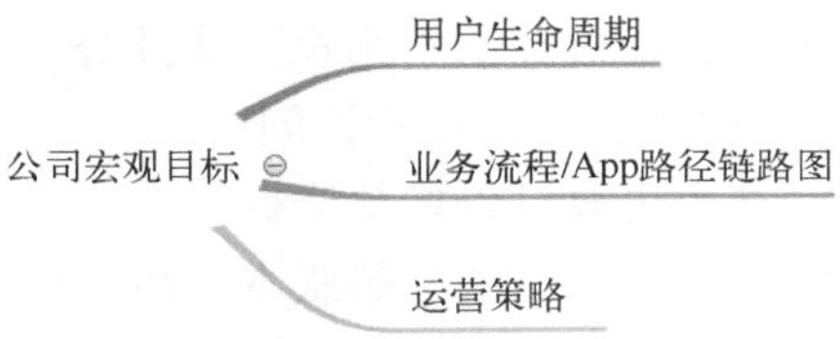

用户生命周期
公司宏观目标
业务流程/App路径链路图
运营策略

图 7.7　数据指标拆分思路

首先，对拆解业务部门的业务目标，并将拆解出来的业务指标和与之相关的运营策略一一对应，用现存的公司历史数据具体量化出每个运营策略的执行后的数值结果，进而可以清晰地反映执行策略的效果。以一个电商经典的目标拆解为例，将销售额（GMV）这个电商公司的运营核心评价指标拆解成为用户数×转化率×客单价。当如此拆解业务目标点后，可以发现提升业务的销售额（GMV）依赖于用户数提升、转化率提升和客单价提升这三个方面。接着，再通过用户生命周期、运营策略手段，以及实际的业务场景这三个维度继续对已有指标进行拆分，最终销售额（GMV）指标就可以被拆分成树状图延展、层层依赖递进的指标树的形式，如图 7.8 所示。

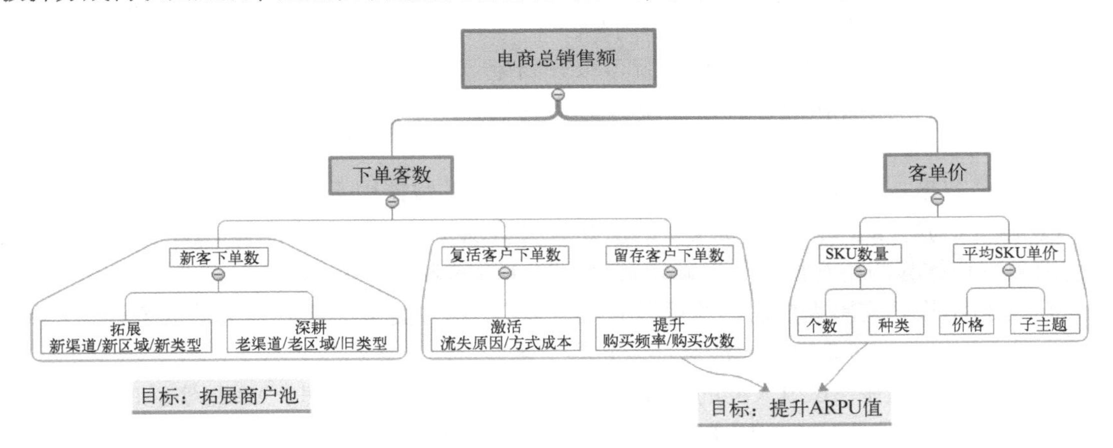

图 7.8　销售额（GMV）指标拆解

此外，还通过梳理用户在平台的生命周期和 App 端的使用链路图来分析问题，拆解指标。同样，以电商为例，可以把用户产品使用过程分解为触达平台、浏览平台、付费购买、点赞转发分享、复购、流失这 6 种环节/状态。在整个用户的旅程中，用户会在 App 的各个页面中发生跳转，也即在上述状态中反复地切换。如在用户首次触达 App 阶段，首要目标就是用户留存。为了达到这一目标需要寻找用户在使用 App 时的接触点。了解到接触点后，就能找到每个环节的痛点和机会，反哺业务目标。

最后，有了上述两个指标拆分的框架体系后，我们需要借助细分场景将指标落地。还以上面提到的提升电商销售额（GMV）为例，在提高这一指标时可以考虑“提升新客数”这一指标。然而，“提升新客数”这一指标又与“各个投放获客渠道”和“转发分享促拉新”

等各个细分场景的数据指标正相关。因此，继续在这些细分场景中使用“提升新客数”这个维度去评价描述各个场景，进而最终实现指标的落地。

2. AB-test 实验

AB-test 实验（也称为分割测试或桶测试）是一种将网页或应用程序的两个版本相互比较以确定哪个版本的性能更好的方法。AB-test 实验流程如图 7.9 所示，其中页面的两个或多个变体随机显示给用户，统计分析确定哪个变体对于给定的转换目标效果更好。在 AB-test 实验中，可以设置访问网页或应用程序屏幕并对其进行修改以创建同一页面的第二个版本。这个更改可以像单个标题或按钮一样简单，也可以是完整的页面重新设计。然后，一半的流量显示页面的原始版本，另一半显示页面的修改版本。当用户访问页面时，触动不同页面的控件，利用埋点可以对用户点击行为进行数据采集，并进行 AB-test 实验。最后，就可以确定这种更改（变体）对于给定的指标（如用户点击率 CTR）产生正向影响、负向影响或无影响。

AB-test 实验的流程如下。

① 确定目标：目标是用于确定变体是否比原始版本更成功的指标。可以是点击按钮的点击率、链接到产品购买的打开率、电子邮件注册的注册率等。

② 创建变体：对网站原有版本的元素进行所需的更改。可能是更改按钮的颜色，交换页面上元素的顺序，隐藏导航元素或完全自定义的内容。

③ 生成假设：一旦确定了目标，就可以开始生成 AB-test 实验的想法和假设，以便统计分析它们是否会优于当前版本。

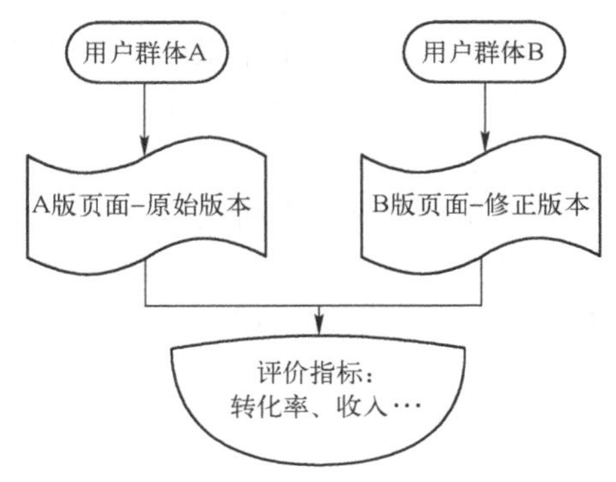

图 7.9　AB-test 实验

④ 收集数据：针对指定区域的假设，收集相对应的数据用于 AB-test 实验的分析。

⑤ 运行实验：此时，网站或应用的访问者将被随机分配控件或变体。测量、计算和比较它们与每种体验的相互作用，以确定每个用户体验的表现。

⑥ 分析结果：实验完成后，就可以分析结果了。版本之间是否存在显著的统计性差异。

在整个 AB-test 实验中，还涉及很多问题，例如：

- AB-test 实验中 AB 组人群的划分准则，样本量选取多大合理。AB 组实验的样本是随机划分还是依照什么规则来确保人群划分的合理性；样本量过大过小对实验结果会有什么样的影响。
- 实验结果出来了，如何判断这个结果是否可信（AB-test 实验里的显著性差异）。
- 实验结果出来了，实验组数据好，如何判断实验结果是否是真的好（AB-test 实验里的第一类错误：P 值衡量）。
- 实验结果出来了，实验组数据差，如何判断实验结果是否是真的差（AB-test 实验里的第二类错误：Power 值衡量）。
- 实验结果出来了，多个维度数据，如何衡量实验结果（AB-test 实验里的衡量指标）。

这其中涉及很多统计学的知识，具体细节在此就不一一展开。有兴趣的读者可以自行查阅相关资料。

7.3.2 数据分析方法

在目前互联网公司的常规业务分析中，有如下几大类常用的分析方法，基本可以解决日常业务分析中 90%的问题，下面将对其一一展开详细说明。

1. 指标-维度拆分法

该方法源于数据仓库的搭建管理思维。在展开数据分析工作时，明确分析任务之后，需要明确两个方向：维度、指标，如图 7.10 所示。

指标：是衡量事务发展程度的单位和方法，通常需要经过加和、平均等聚合统计才能得到，并且是在一定条件下的。如 UV/PV，页面停留时长，用户获取成本等。

维度：指的是观察指标的角度，如时间（日、周、年，同比、环比）、来源渠道、地理位置、产品版本维度等。

指标-维度拆分法就是进行多个维度拆解，观察对比维度细分下的指标。实现将一个综合指标细分，从而发现更多问题。

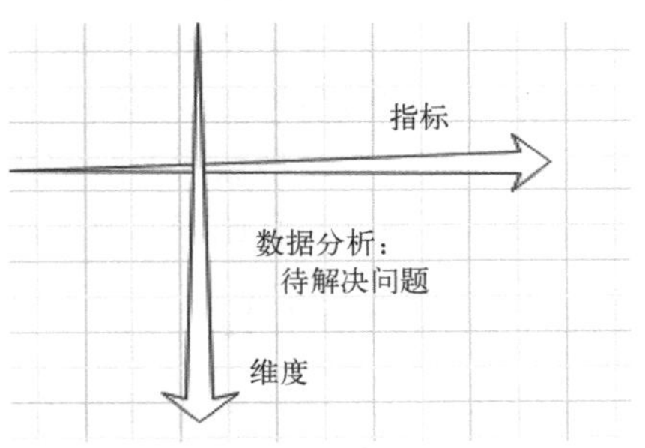

图 7.10 指标-维度拆分法

2. 公式拆分法

所谓公式拆分法，主要用于宏观全局指标的拆解，是从宏观到局部的过程。需要对目标变量用已知计算统计公式进行拆分，从而快速找到直接显著影响目标变量的因素。上面在介绍数据指标体系落地的过程时就主要用到了公式拆分法。

例如：

销售额=下单用户量×客单价

=(新用户+留存用户+召回用户)×客单价

=(广告触达量×转化率+老用户×留存率+召回触达用户量×召回率)×(商品量×商品单价)

这里的公式拆分法没有固定的标准，一个目标变量在不同的场景下或者为解决不同问题，拆分的方式以及需要利用公式拆解的细致程度也不一样。

3. 漏斗分析法

漏斗分析法是一套流程式分析方法，它可以科学反映用户行为状态以及从某个行为起点到终点各阶段用户转化率情况。目前，几乎各个业务场景的数据分析工作都离不开漏斗分析，常见的漏斗分析有注册转化漏斗、电商加车下单的漏斗，另外目前较火的 AARRR 黑客增长模型，其本质上都是漏斗分析。通过漏洞模型，业务方可以快速找出转化过程中出现的问题并加以解决。图 7.11 所示是电商业务中比较重视的加车下单漏斗，用户从加车到中间下单，这 5 个环节每个环节的用户体验都相当重要，每个环节都配有相应的产品运营人员从事相应的流程优化。

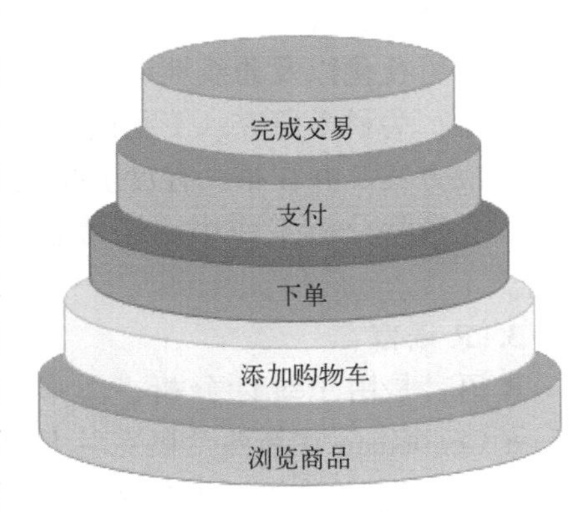

图 7.11 加车下单漏斗

4. 异常数据检测

在风控业务中，经常需要通过数据来识别异常用户、异常访问、异常订单、异常支付等问题，以规避公司产品在互联网线上运营的风险。在异常数据检测中，可以通过简单的对比历史运营数据、标准差计算（符合正态分布，异常值与样本均值的偏差超过三倍的标准差）、Box-cox 转化（非正态分布）、箱线图、孤立森林算法等方法来检测筛选出异常。

5. 预测：时间序列分析法

时间序列也称动态序列，是指将某种现象的指标数值按照时间顺序排列而成的数值序列，是用于预测的统计技术。它由两个组成要素构成：第一个是时间要素；第二个是数值要素。根据时间和数值性质的不同，还可以分为时期时间序列和时点时间序列。在时间序列的研究上，一般会有两种做法：分解预测和模型解析。其在互联网金融领域，尤其是股票证券的交易价格预测方面有比较广泛的应用。

7.3.3 数据分析工具

目前数据分析常用的工具基本的有 Excel、Xmind 思维导图工具。另外，Hive 提供的 SQL 语句取数界面，Python、R 语言、MATLAB 等提供的封装完备的模型算法也常常用于当下的数据分析工作中。下面对这其中比较重要的软件展开详细介绍。

1. SQL 语句

结构化查询语言（Structured Query Language）简称 SQL，是一种特殊目的的编程语言，是一种数据库查询和程序设计语言，用于存取数据以及查询、更新和管理关系型数据库系统。结构化查询语言是高级的非过程化编程语言，允许用户在高层数据结构上工作。它不要求用户指定对数据的存放方法，也不需要用户了解具体的数据存放方式，所以具有完全不同底层结构的不同数据库系统，可以使用相同的结构化查询语言作为数据输入与管理的接口。结构化查询语言的语句可以嵌套，这使它具有极大的灵活性和强大的功能。在数据分析的工作中，主要需要结构化查询语言来帮助进行数据的提取。

2. MATLAB

MATLAB 是美国 MathWorks 公司出品的商业数学软件，用于数据分析、无线通信、深度学习、图像处理与计算机视觉、信号处理、量化金融与风险管理、机器人、控制系统等领域。MATLAB 是 matrix&laboratory 两个词的组合，意为矩阵工厂（矩阵实验室），软件主要面对科学计算、可视化以及交互式程序设计的高科技计算环境。它将数值分析、矩阵计算、科学数据可视化以及非线性动态系统的建模和仿真等诸多强大功能集成在一个易于使用的视窗环境中，为科学研究、工程设计以及必须进行有效数值计算的众多科学领域提供了一种全面的解决方案，并在很大程度上摆脱了传统非交互式程序设计语言（如 C、Fortran）的编辑模式。在数据分析工作中，经常会使用 MATLAB 做一些基本的矩阵运算以及算法模型的调用。

3. R 语言

R 语言是用于统计分析、图形表示和报告的编程语言和软件环境。由 Ross Ihaka 和 Robert Gentleman 在新西兰奥克兰大学创建，目前由 R 语言开发核心团队完善开发。R 语言在 GNU 通用公共许可证下免费提供，并为各种操作系统（如 Linux、Windows 和 Mac）提供预编译的二进制版本。R 语言封装了很多统计学方面的算法和程序，对于有大量此方向应用的数据分析工作非常友好。

7.3.4 现状与未来

现如今大数据和高级分析（Advanced Analytics）在世界范围内引起了越来越多的关注，原因不仅是所处理的数据量的“庞大”，更是其潜在影响力的“巨大”。据麦肯锡全球研究院（McKinsey Global Institute，MGI）曾引起广泛关注的研究预计，在全公司范围内大规模使用数据分析的零售商可以使自身的营业利润率增长六成多。另外，通过提高数据分析的效率和质量，美国医疗保健部门能够减少7%的成本。不幸的是，事实证明达到MGI所预计的效果是很困难的。当然，也有一些成功的例子，尤其是国内外著名的大型互联网公司，比如亚马逊、Google、阿里、京东等，数据分析是这些企业的基础，业务增长的关键。然而对于大部分的传统企业（Legacy Company）来说，数据分析的成果仅限于小部分测试或者业务里很窄的部分。只有很少一部分公司达到了所说的“大数据带来大影响”，或者大规模的增长。数据分析本身的工具使用和方法论并不困难，经过一定时间的积累和练习是可以熟练掌握的。难点是将数据本身的“客观性”让习惯性“主观”且背景履历各异的一线业务人员信服，并习惯性地使用和依赖。

因此，将大数据分析项目在传统行业中切实落地，并且切实地发挥功效是当下这个时间点，国内市场上的热点和难点。力争将数据化运营管理的思路在各行各业中的优先级从小范围实验转向关键业务，推动数据分析在各个行业中的应用。当然，这需要很多公司重新定义工作岗位和职责来顺应数字化和自动化的进步。因此，这面临着诸多难题和挑战。

7.4 数据挖掘

数据挖掘（Data Mining）又称数据库中的知识发现（Knowledge Discover in Database，KDD），是目前人工智能领域和数据库领域中研究的重点方向。数据挖掘作为一个学术领域，横跨多个学科，需要统计学、数学、机器学习和数据库等领域的知识做支撑，此外其还涉及了在各个具体学科领域中的实践应用，如油田电力、海洋生物、历史文本、电子通信、法律税务等。

在目前的实际业务应用中，数据挖掘主要是面向决策，从存储着海量数据的数据库中，利用统计学模型或者机器学习的模型，挖掘不为人知、无法直观得出的结论。例如内容推荐、相关度计算等。此工作更注重数据之间的内在联系，内容涵盖数据仓库组建、分析系统开发、挖掘算法设计，甚至很多时候要亲力亲为地从ETL开始处理原始数据，因此对数据仓库知识和实际应用需要有基本的了解。

7.4.1 数据挖掘的流程

根据数据挖掘的定义，目前在实际应用中，数据挖掘施行中主要分为以下三个部分：数据清洗、建模预测，以及指标评价。

1. 数据清洗

数据清洗又称为数据预处理或者特征工程，用于训练模型的数据，数据质量的高低决定着训练出模型质量的上下限。原始数据仓库清洗聚合好的数据集通常存在一些问题，不能直接用于模型的训练，或者说即便使用其进行训练，训练结果也不会很好。所以，这里引入特征工程，目的是使得数据的各个维度更能突出其各自独有的特征，所有维度的集合即数据集更能贴近事物的原貌，进而设计出更高效的特征，以求描述出待求解的问题与预测模型之间的关系。训练出的预测模型的性能很大程度上取决于用于训练该模型的数据集的数据质量。而通过前期数据清洗得到的未经处理的数据集通常可能有以下问题：

- 单位不统一：即属于同一属性类型的数据在原始数据库中记录的单位不同。
- 维度数据的简化：对于某些维度的属性，数据分类过多。
- 定性特征的处理：数据在进行模型训练的时候，大部分的模型算法都要求输入的训练数据是数值型的，所以这里必须将定性的维度属性转换为定量的维度属性。哑编码可以很好地解决这一问题．假设有 N 种定性值，则将这个特征扩展为 N 种特征，当原始特征值为第 i 种定性值时，第 i 个扩展特征赋值为 1，其他扩展特征赋值为 0。
- 数据集缺失：缺失的数据需要结合该维度数据的特性来进行补充，例如，填充为中位数或众数等。

基于上述提及的问题，在实际数据集处理的过程中，数据清洗时主要需要完成以下工作：

（1）标准化：基于特征矩阵的列，将特征值转换到服从标准正态分布，这需要计算特征的均值和标准差。

（2）区间缩放：基于最大最小值，将输入数据的各维度数值转换到指定的区间范围上。这里，基于最大最小值，将特征值转换到［0,1］区间上。

（3）归一化：依照特征矩阵的行处理数据，目的在于样本向量在点乘运算或其他核函数计算相似性时，拥有统一的标准，也就是说都转换为“单位向量”。

（4）对定性特征进行 one-hot 编码：在数据集中，例如性别属性、地理位置属性皆为定性变量，故需要对其进行编码，即将定性的属性数据变成数值型数据，使之可以输入到数学模型中来进行计算。处理这样维度属性数据的思路是：若某单一的维度属性 K 含有 N 个类别，那么将这个维度属性拓展成 N 个维度属性 K1，K2，…，KN。输入样本属于某个属性则其在这个属性下面的值打为 1，其他属性打成 0。这样就把类别（文字）型的维度属性变换成了一个类似于“二进制”式的表现形式。

（5）缺失值填补：在清洗出来用于训练模型的数据集中，有很大一部分数据有缺失值，有一些填补策略，如平均值填补、临近值填补、中位数填补、众数填补等。

2. 建模预测

在清洗好数据后，就可以用现有的统计学模型或机器学习模型来构建数据模型，进而帮助找到需要挖掘的规律或者需要预测的问题。目前，最为常见的三大类模型有：回归分析模型、分类模型，以及聚类模型等。

回归分析模型指的是一种预测性的建模技术，它研究的是因变量（目标）和自变量（预测器）之间的关系。这种技术通常用于预测分析，进而发现变量之间的因果关系。

分类模型是通过对已知类别训练集的分析，从中发现分类规则，进而以此预测新数据的类别。目前，分类算法的应用非常广泛，如银行中风险评估、客户类别分类、文本检索和搜索引擎分类、安全领域中的入侵检测以及软件项目中的应用等。

聚类模型旨在发现数据中各元素之间的关系，组内相似性越大，组间差距越大，聚类效果越好。在目前大数据应用的实际业务场景中，把针对特定运营目的和商业目的所挑选出的指标变量进行聚类分析，把目标群体划分成几个具有明显特征区别的细分群体，从而可以在运营活动中为这些细分群体采取精细化、个性化的运营和服务，最终提升运营的效率和商业效果。此外，聚类分析还可以应用于异常数据点的筛选检测，如在反欺诈场景、异常交易场景、违规刷好评场景等。

3. 指标评价

基于已有数据集训练出来的模型，对于构建的模型性能的好坏，即模型的泛化能力，需要进行评价。评价的过程可以使用模型泛化能力的评价指标，也可以使用测试数据集来计算训练出来的模型的这些评价指标，进而可以考量当前训练出的模型是否可以投入实际的使用。

分类模型常用的模型评价指标有：精准率（Precision）、准确率（Accuracy）和召回率（Recall），以及交叉熵损失（log_loss）、Roc 曲线面积（Auc）等。

聚类模型常用的模型评价指标有：精准率（Precision）、准确率（Accuracy）和召回率（Recall），以及均一性（Homogeneity）、完整性（Completeness）、杰卡德相似系数（Jaccard Similarity Coefficient）、皮尔逊相关系数（Pearson Correlation Coefficient）等。

7.4.2 数据挖掘工具

随着互联网大数据技术的快速发展，领域中所需的工具也在不断推陈更新。当下，各大互联网公司常用的数据挖掘工具，已经从最早的 R 语言、MATLAB，更迭到直接使用封装了完整数据挖掘算法的 Java、Python 等编程语言。相关从业人员通常只需要编写程序语言，就可以快速实现算法模型的调用，这同时又可以很好地和线上业务的程序与数据连通。另外，帮助实现海量数据的存储、清洗以及计算的 Hadoop 等分布式大数据处理组件，也是目前在大数据工程实践中必不可少的软件。

当然，为了方便一些传统行业，如不具备大数据技术人员和开发能力的传统公司，国内外的软件公司也提供了满足这类公司需求的商业软件。例如，2001 年在美国马萨诸塞州剑桥开发出的预测性分析和数据挖掘软件 RapidMiner，只需拖拽即可建模，自带 1500 多个函数，简单易用无需编程，极大地便利了没有数据挖掘建模相关知识和编程技能的以业务为主的商业团队的需求。类似的建模相关的商业软件还有 IBM 公司研发的 SPSS 和 Modeler 公司研发的 Oracle Data Mining。此外，还有提供企业级数据仓库管理软件和解决方案的 Teradata 天睿公司，以及提供前端可视化展示的 Tableau 等。这些成熟的商业软件极大地丰富和提高了传统行业数据化的进程，也满足了其数据化发展的需要。

7.5 大数据技术的重要组件

大数据技术的广泛应用离不开大数据开源软件的发展和迭代。从大数据技术发展的历史可以看到，得益于一些国际领先厂商，尤其是 FaceBook、阿里巴巴等国内外互联网公司对 Hadoop 等大数据组件的广泛应用，Hadoop 被看成大数据分析的“神器”。国际数据公司早在 2010 年就在对中国未来几年的预测中提到大数据，认为未来几年，会有越来越多的企业级用户试水大数据平台和应用，这一预测也成为现实。而在近些年来的应用中，最为广泛的非 Hadoop 大数据处理平台莫属。

Hadoop 被公认是一套行业大数据标准开源软件，在分布式环境下提供了海量数据的处理能力。到目前为止，几乎所有主流厂商都围绕 Hadoop 开发工具、开源软件、商业化工具和技术服务。近年来，大型 IT 公司，如 EMC、Microsoft、Intel、Teradata、Cisco 都明显增加了 Hadoop 方面的投入。

但 Hadoop 项目最早的思路起源于前面介绍的 Google 的三篇论文。2007 年，Hadoop 正式成为 Apache 的顶级项目，主要由 HDFS、MapReduce 和 HBase 组成。自此以后，Hadoop 项目被更多的人熟知。2009 年，为了解决 Hadoop 在进行 Map-Reduce 计算过程时多次迭代的计算问题，减轻无谓消耗，加州大学伯克利分校的 AMPLab 开发了 Spark，并于 2010 年成为 Apache 的开源项目之一。官方资料介绍 Spark 可以将 Hadoop 集群中的应用在内存中的运行速度提升 100 倍，甚至能够将应用在磁盘上的运行速度提升 10 倍。

7.5.1 HDFS：Hadoop 分布式文件系统

HDFS（Hadoop Distributed File System）是 Google File System（GFS）论文的实现。作为 Hadoop 项目的核心子项目，其是分布式计算中数据存储管理的基础，它的设计实现都是围绕着一个关键目标来进行，那就是如何存储大块的文件，为生态环境中的其他组件提供基础支持。HDFS 系统具有高容错、高可靠性、高可扩展性、高获得性、高吞吐率等特征，实现了海量数据的高容错率的存储，为超大数据集（Large Data Set）的应用处理提供了很多便利。

基于上述描述，HDFS 在处理存储大数据文件的时候有如下特点：能检测和快速恢复硬件故障、支持流式的数据访问、支持超大规模数据集、简化一致性模型、移动计算逻辑代价比移动数据代价低、具备良好的异构软硬件平台间的可移植性。

HDFS 由四部分组成，HDFS Client、NameNode、DataNode 和 Secondary NameNode。HDFS 是一个主/从（Mater/Slave）体系结构，HDFS 集群拥有一个 NameNode 和一些 DataNode。NameNode 负责管理文件系统的元数据，DataNode 则主要负责存储实际的数据。

（1）数据块 Block：这里可以理解为一个存储单元。Hadoop 2.2 版本之前默认每个数据块大小为 64 MB，现在是 127 MB。当一个超大的文件被 HDFS 系统存储的时候，这个超大的文件会按照 HDFS 的存储规则，把超大文件切割成一个个小的不同的数据块，每个数据块尽可能地存储在不同的 DataNode 中，原理如图 7.12 所示。

（2）NameNode[Master]：整个 Hadoop 集群中只有一个 NameNode。它是整个系统的“总管”，负责管理 HDFS 的目录树和相关的文件元数据信息。这些信息是以“fsimage”（HDFS 元数据镜像文件）和“editlog”（HDFS 文件改动日志）两个文件形式存放在本地磁盘中。NameNode 会记录存储在 HDFS 上内容的元数据，而且还会记录哪些节点是集群的哪一部分，某个文件有几份副本等。此外，NameNode 还负责监控各个 DataNode 的健康状态，一旦发现某个 DataNode 宕掉，则将该 DataNode 移出 HDFS 并重新备份其上面的数据。

（3）DataNode[Slave]：NameNode 向 DataNode 下达命令，DataNode 执行实际的操作。其主要完成两部分内容，一是进行实际的数据块的存储，二是执行数据块的读/写操作。

（4）Secondary NameNode：辅助 NameNode 完成工作，辅助元数据节点的作用是周期性地将元数据节点的镜像文件 fsimage 和日志 edits 合并，以防日志文件过大，然后将合并后的日志传输给 NameNode。

(5) Client：代表客户端，通过一些命令语句与 NameNode 和 DataNode 进行交互访问 HDFS 中的文件。

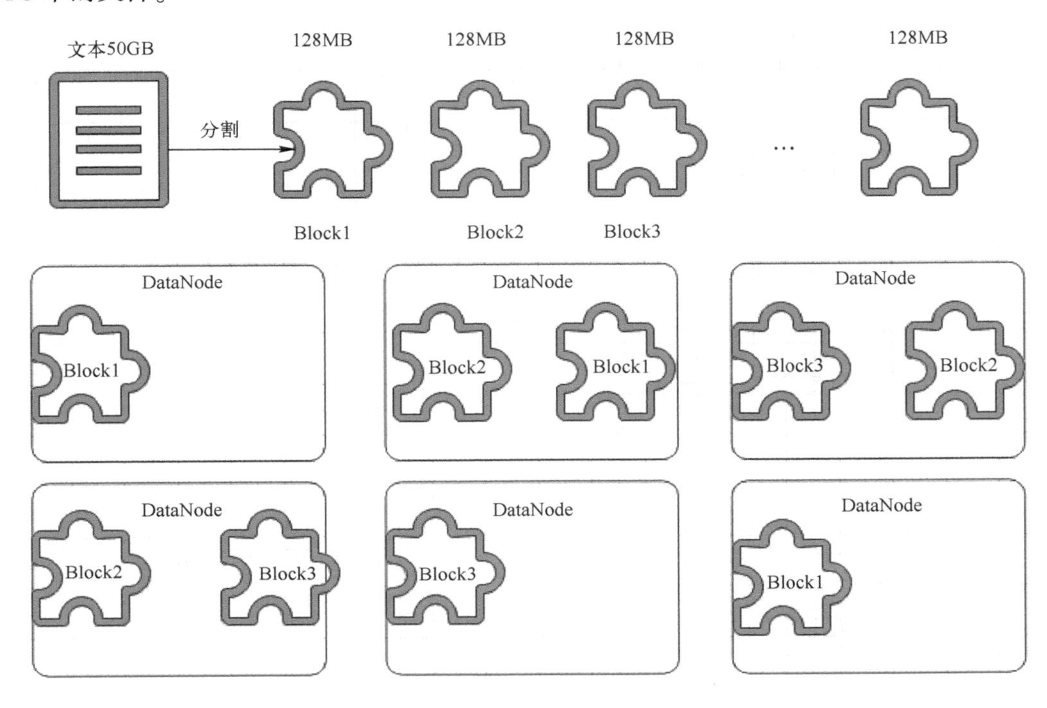

图 7.12 HDFS 中的 Block

在 HDFS 系统中，上述 5 个部分的交互过程如图 7.13 所示。HDFS 首先把大数据文件切分成若干个更小的数据块，再把这些数据块分别写入到不同节点之中。当用户需要访问文件时，为了保证能够读取每一个数据块，HDFS 使用集群中的 NameNode 专门用来保存文件的属性信息，包括文件名、所在目录以及每一个数据块的存储位置等，这样，客户端通过 NameNode 节点可获得数据块的位置，直接访问 DataNode 即可获得数据。就好像，去一个医院探望病人，但不知道病人的具体病房。那么，就可以去护士的病患信息登记处查询病人的相关信息等，这样就不用一个房间一个房间地去寻找，提高了效率。

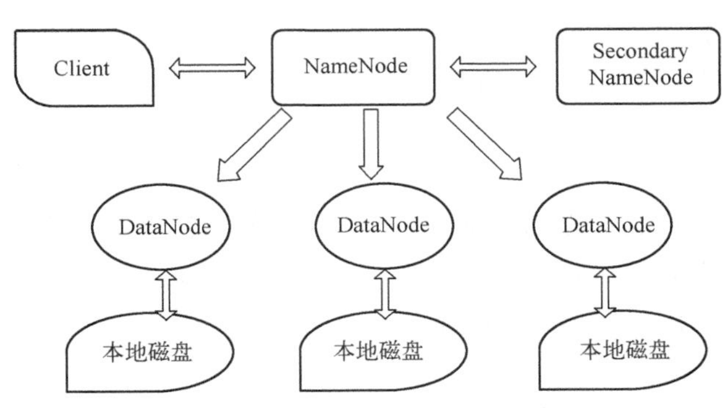

图 7.13 HDFS 系统中元素之间的协作

7.5.2 MapReduce：分布式运算框架

MapReduce 是一种分布式计算框架，能够处理大量数据，并有容错性、可靠等特性，运行部署在大规模计算集群中。

MapReduce 计算框架采用主从架构，由 Client、JobTracker、TaskTracker 组成，如图 7.14 所示。

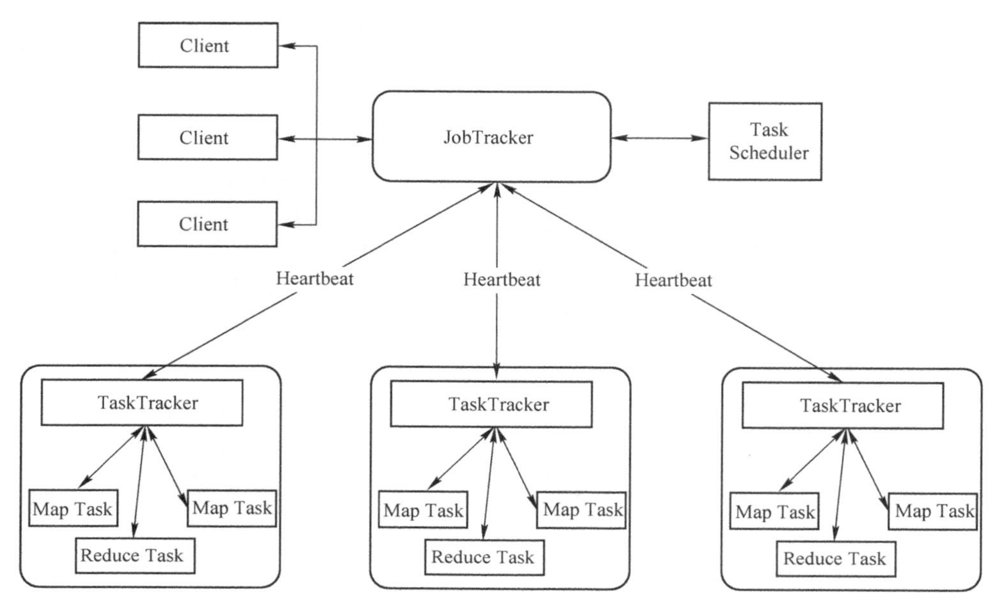

图 7.14　MapReduce 架构

1. Client

用户编写 MapReduce 程序，通过 Client 提交到 JobTracker，由 JobTracker 来执行具体的任务分发。Client 可以在 Job 执行过程中查看具体的任务执行状态以及进度。在 MapReduce 中，每个 Job 对应一个具体的 MapReduce 程序。

2. JobTracker

JobTracker 负责管理运行的 TaskTracker 节点，包括 TaskTracker 节点的加入和退出；负责 Job 的调度与分发，每一个提交的 MapReduce Job 由 JobTracker 安排到多个 TaskTracker 节点上执行；负责资源管理，在当前 MapReduce 框架中每个资源抽象成一个 slot，利用 slot 资源管理执行任务分发。

3. TaskTracker

TaskTracker 节点定期发送心跳信息给 JobTracker 节点，表明该 TaskTracker 节点运行正常。JobTracker 发送具体的任务给 TaskTracker 节点执行。TaskTracker 通过 slot 资源抽象模型，汇报给 JobTracker 节点该 TaskTracker 节点上的资源使用情况，具体分成 Map slot 和 Reduce slot 两种类型的资源。

在 MapReduce 框架中，所有的程序执行到最后都转换成 Task 来执行。Task 分成了 Map Task 和 Reduce Task，这些 Task 都是在 TaskTracker 上启动。图 7.15 显示了 HDFS 作为 MapReduce 任务的数据输入源，每个 HDFS 文件切分成多个 Block，以每个 Block 为单位同时兼顾 Block 的位置信息，将其作为 MapReduce 任务的数据输入源，执行计算任务。

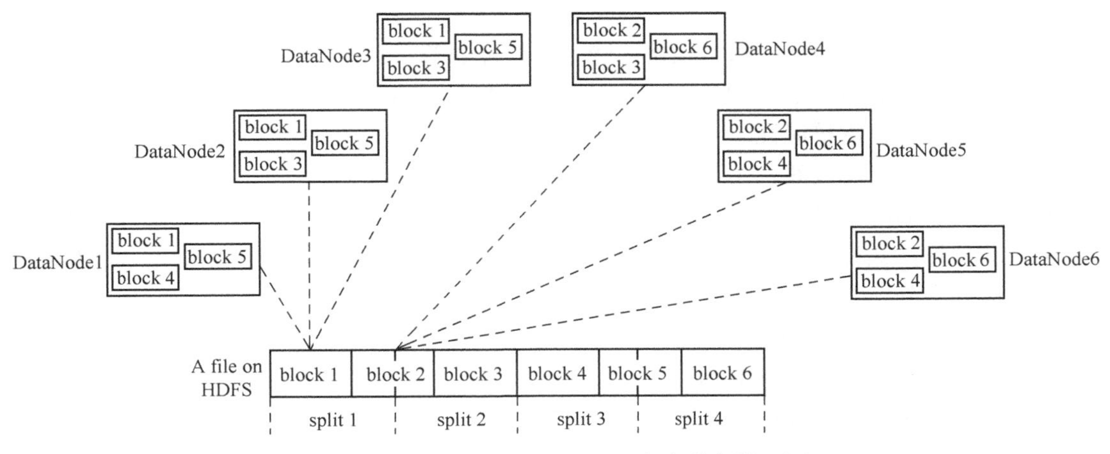

图 7.15　HDFS 作为 MapReduce 任务数据输入源

4. MapReduce 工作机制

MapReduce 计算模式的工作原理是把计算任务拆解成 Map 和 Reduce 两个过程来执行，具体如图 7.16 所示。

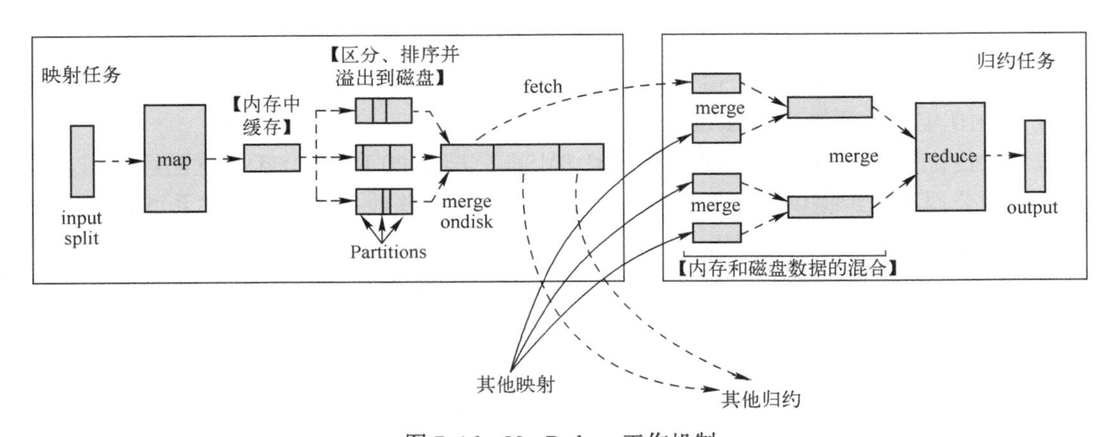

图 7.16　MapReduce 工作机制

整体而言，一个 MapReduce 程序一般分成 Map 和 Reduce 两个阶段，中间可能会有聚合 Combine。在数据被分割后，通过 Map 函数的程序将数据映射成不同的区块，分配给计算机集群处理达到分布式运算的效果，再通过 Reduce 函数的程序将结果汇总，最后输出运行计算结果。

7.5.3　HBase：可拓展的数据库系统

Apache HBase 是运行在 Hadoop 集群上的数据库。为了更好地实现可扩展性（scalability），HBase 放松了对 ACID（数据库的原子性、一致性、隔离性和持久性）的要求。因此 HBase 并不是一个传统的关系型数据库。另外，与关系型数据库不同的是，存储在 HBase 中的数据也不需要遵守严格的集合格式，这使得 HBase 成为存储结构不严格的数据的理想工具。

HBase 的功能包括内存计算、压缩存储、布隆过滤等，除了这些功能之外，它还为 Hadoop 添加了事务处理功能，使其有了增删改查的功能。HBase 具体特征如下。

- 线性和模块化可扩展性。
- 高度容错的存储空间，用于存储大量稀疏数据。
- 高度灵活的数据模型。
- 自动分片：允许 HBase 表通过 Regions 分布在设备集群上。随着数据的增长，Regions 将进一步分裂并重新分配。
- 易于使用，可使用 Java API 访问。
- HBase 支持 Hadoop 和 HDFS。
- HBase 支持通过 MapReduce 进行并行处理。
- 几乎实时的查询。
- 自动故障转移，可实现高可用性。
- 为了进行大量查询优化，HBase 提供了对块缓存和 Bloom 过滤器的支持。
- 过滤器和协处理器允许大量的服务器端处理。
- HBase 允许在整个数据中心进行大规模复制。

1. HBase 的发展

HBase 最初起源于 2006 年 Google 三大论文中的 BigTable，用于解决海量数据的分布式存储问题。2007 年，Powerset 公司发布了第一个 HBase 版本，2008 年其成为 Apache Hadoop 子项目，2010 年单独升级为 Apache 顶级项目。

作为对比，关系型数据库管理系统（RDBMSes）早在 20 世纪 70 年代就已经存在。它们为非常多的公司和组织提供了数据解决方案。但是，在一些业务场景中，关系型数据库管理系统无法再解决处理问题，而 HBase 却可以完美应用，因此迅速取而代之。截止笔者编写书籍时，HBase 的最新版本为 2.4.1，关于 HBase 更为详细具体的历史信息可以其参考官网文档。

2. HBase 与关系型数据库的比较

HBase 和关系型数据库（RDBMS）的差别主要体现在到底是采用分布式系统还是采用单机系统去处理数据的问题上。单机系统在高并发上是有瓶颈的，而分布式系统是可扩展的，一般关系型数据库处理的数据量最大在 TB 级，而 HBase 可以处理 PB 级数据，在读写吞吐上 HBase 可以支持每秒上百万次的查询，而关系型数据库一般每秒只能查询数千次左右。另外关系型和 HBase 还有以下区别：关系型数据库物理存储为行式存储，而 HBase 为列式存储；关系型数据库支持多行事务，而 HBase 只支持单行事务性。关系型数据库支持 SQL，而 HBase 不支持 SQL，只支持 get、put、scan 等原子性操作（这让 HBase 在数据分析能力上表现较弱，为了弥补这一不足，Apache 又开源了 Phonix，让 HBase 具有标准 SQL 语义下的 SQL 查询能力）。总的来说，如果要存储的数据量大，而且对高并发有要求，常用的关系型数据库满足不了，这时候就可以考虑使用 HBase 了。二者具体比较可以见表 7.1。

表 7.1　HBase 和 RDMS 数据库比较

特　　性	RDBMS	HBase
数据组织形式	行式存储	列式存储
事务性	多行事务	单行事务
查询语音	SQL	get/put/scan/等
安全性	强授权	无特定安全机制
索引	特定的属性列	仅行键
最大数据量	TB 级	PB 级
读写吞吐	1000	100 万

3. HBase 的组件和功能

图 7.17 是 HBase 的系统架构图，各部分功能如下。

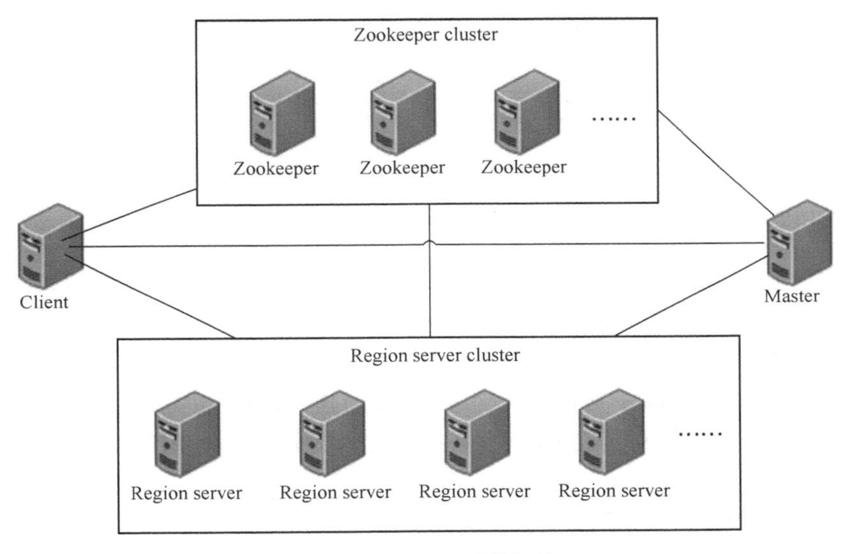

图 7.17　HBase 系统架构

（1）Client。包含访问 HBase 的接口，Client 维护着一些 cache 来加快对 HBase 的访问，比如 Region 的位置信息。

（2）Zookeeper。保证任何时候，集群中只有一个 Master；存储所有 Region 的寻址入口；实时监控 Region Server 的状态，将 Region Server 的上线和下线信息实时通知给 Master；存储 HBase 的 Schema，包括有哪些 Table，每个 Table 有哪些 Column Family。

（3）Master。为 Region Server 分配 Region；负责 Region Server 的负载均衡；发现失效的 Region Server 并重新分配其上的 Region；HDFS 上的垃圾文件回收；处理 Schema 更新请求。

（4）RegionServer。Region Server 维护 Master 分配给它的 Region，处理对这些 Region 的 IO 请求；Region Server 负责切分在运行过程中变得过大的 Region。

7.5.4　Spark RDD

Spark 是一个高性能的内存分布式计算框架，具备可扩展性、任务容错等特性。每个

Spark 应用都是由一个 driver program 构成，该程序运行用户的 main 函数，同时在一个集群中的节点上运行多个并行操作。Spark 提供的一个主要抽象就是 RDD（Resilient Distributed Datasets），这是一个分布在集群中多节点上的数据集合，利用内存和磁盘作为存储介质，其中内存为主要数据存储对象，支持对该数据集合的并发操作。用户可以使用 HDFS 中的一个文件来创建一个 RDD，可以控制 RDD 存放于内存中，还是存储于磁盘等永久性存储介质中。

RDD 的设计目标是针对迭代式机器学习。由于迭代式机器学习本身的特点，每个 RDD 是只读的、不可更改的。根据记录的操作信息，丢失的 RDD 数据信息可以从上游的 RDD 或者其他数据集 Datasets 创建，因此 RDD 提供容错功能。

有两种方式创建一个 RDD：在 driver program 中并行化一个当前的数据集合；或者利用一个外部存储系统中的数据集合创建，比如共享文件系统 HDFS，或者 HBase，或者其他任何提供了 Hadoop InputFormat 格式的外部数据存储。

1. 并行化数据集合（Parallelized Collection）

并行化数据集合可以在 driver program 中调用 Java Spark Context's parallelize 方法创建，复制集合中的元素到集群中形成一个分布式的数据集 Distributed Datasets。以下是一个创建并行化数据集合的例子，包含数字 1~5。

```
List<Integer> data = Arrays.asList(1, 2, 3, 4, 5);
JavaRDD<Integer> distData = sc.parallelize(data);
```

一旦上述的 RDD 创建完成，分布式数据集 RDD 就可以并行操作了。例如可以调用 distData.reduce((a, b)-a+b)对列表中的所有元素求和。

2. 外部数据集（External Datasets）

Spark 可以从任何 Hadoop 支持的外部数据源创建 RDD，包括本地文件系统、HDFS、Cassandra、HBase、Amazon S3 等。以下是从一个文本文件中创建 RDD 的例子：

```
JavaRDD<String> distFile = sc.textFile("data.txt");
```

一旦创建，distFile 就可以执行所有的数据集操作。

RDD 支持多种操作，分为下面两种类型：

（1）transformation。用于从以前的数据集中创建一个新的数据集。

（2）action。返回一个计算结果给 driver program。

在 Spark 中所有的 transformation 都是懒惰的（lazy），因为 Spark 并不会立即计算结果，Spark 仅仅记录所有对 file 文件的 transformation。以下是一个简单的 transformation 的例子：

```
JavaRDD<String> lines = sc.textFile("data.txt");
JavaRDD<Integer> lineLengths = lines.map(s -> s.length());
int totalLength = lineLengths.reduce((a, b) -> a + b);
```

利用文本文件 data.txt 创建一个 RDD，然后利用 lines 执行 Map 操作，这里 lines 其实是一个指针，Map 操作计算每个 string 的长度，最后执行 reduce action，这时返回整个文件的长度给 driver program。

7.6 数据可视化

大数据时代，人们不仅以事实说话，更要以数据说话；在数据的获取、存储、共享和分析中，数据可视化尤为重要。技术的进步，让我们能够采集到比以前多得多的信息，数据规模不断地成指数量级地增长，数据的内容和类型也比以前要丰富得多。这改变了人们分析和研究世界的方式，为数据的可视化提供了新的素材，进而推动了数据可视化领域的发展。特别是在新冠疫情防控战中，可视化大屏得到了广泛应用，让政府的管理者能够第一时间对疫情的发展情况有所了解。而我们在每日的新闻中，各大门户网站的头条也都经常能看到数据可视化展示的身影。

简单来说，数据可视化的本质就是通过颜色、面积、长度等手段，将数字直观地表现出来。大众最早接触的电子软件可视化是 Excel 表格，它是最常用、最基本、最灵活且最应该掌握的图表制作工具。随着大数据技术的发展，可视化的应用软件也开始纷繁多样、百家争鸣。

- ECharts。国内使用率非常高的开源图表工具，可以流畅地运行在 PC 和移动设备上，兼容当前绝大部分浏览器，提供直观、生动、可交互、可高度个性化定制的数据可视化图表。
- Tableau。一款企业级的大数据可视化工具，Tableau 可以让用户轻松创建图形、表格和地图。它不仅提供 PC 桌面版，还提供服务器解决方案，可以在线生成可视化报告。此外，服务器端的解决方案主要提供的是云托管服务。
- BDP 个人版。类似 Tableau 的在线免费的数据可视化分析工具，不需要破解、不需要下载安装，在线注册后就能一直使用，操作简单。支持几十种图表类型，也支持制作数据地图（自带坐标纠偏）。除可视化之外，BDP 还有数据整合、数据处理、数据分析等功能。
- 百度图说。基于 ECharts 的在线图表制作工具，采用 Excel 式的操作方式制作样式丰富的图表，其图表自定义的选项很丰富，使数据呈现的方式更加美观个性，易于分享传播。

对于掌握程序语言的个人来说，部分编程语言也提供图表的绘制功能，如 Python、R 等。

7.7 案例：使用机器学习算法实现基于用户行为数据的用户分类器

经过前面的介绍，我们看到了在大数据时代背景下，大数据技术的广泛应用，以及通用的数据软件的普及为生产生活带来的深远影响。本节将介绍一个实际的大数据项目在互联网数据运营工作中的应用案例，进一步感受大数据技术在实际生产生活中的应用价值。

本节以一家线上主营业务为大病医疗、筹款、商保的公司对象，详细描述大数据技术在公司组织运营中的应用。目前，为了提高用户黏性，公司主要通过平台公众号触达用户，提醒用户购买商保、加入互助、保单充值升级，进而实现商业变现。然而，大量频繁的消息提醒，可能造成用户取关流失严重。其中最为重大的一次事件是：某公示消息触达用户后，造成一周内用户取关人数高达 10 万余人，引起业务方的高度重视。因此，如何提取、记录、存储并利用用户在平台沉淀的各种信息，形成科学合理的办法筛选出有充值购买意向的用户，进行公示消息的提醒，既提升目标用户充值消费，同时又规避对无意向用户的过多消息干扰而造成的取关流失，这即是该大数据项目的最终目的。

数据选取的背景为 2017 年 12 月 5 号公示事件触达的 400 万（4212337）用户及其各维度特征属性。这批用户在收到公示信息后的接下来 4 天（2017 年 12 月 5 日至 7 日）中，充值用户为 77376 人、充值单量为 141919 单、充值金额为 1959797 元。对于这群收到公示信息的用户，在接下来的 4 天内，充值标签打为 1，没有充值标签打为 0。同时，收集这批用户 8 大模块，近 70 个维度的用户信息，20GB 的数据量。

在项目的整个流程中主要依赖如下几个环节。

1. 数据整合的逻辑流程

在实际工程中，原始数据存储在线上 MySQL 业务库中。如果想要方便后续使用这些数据，需要将业务库的数据通过 Sqoop 同步到基于 Hadoop 的 Hive 数据仓库中。基于 Hive 的数据仓库会对同步过来的数据进行清洗聚合，进而实现信息的分层存储：ODS 层、DW 层、App 层，以方便后面数据的存储、使用以及溯源。

数据的同步清洗任务通过批量工作流任务调度器 Azkaban 完成，进而实现每天数据的自动同步、清洗和存储，并最终将训练模型所需要的数据自动存储在 App 层中。图 7.18 为整个数据同步、整合清洗、分层的逻辑流程图。

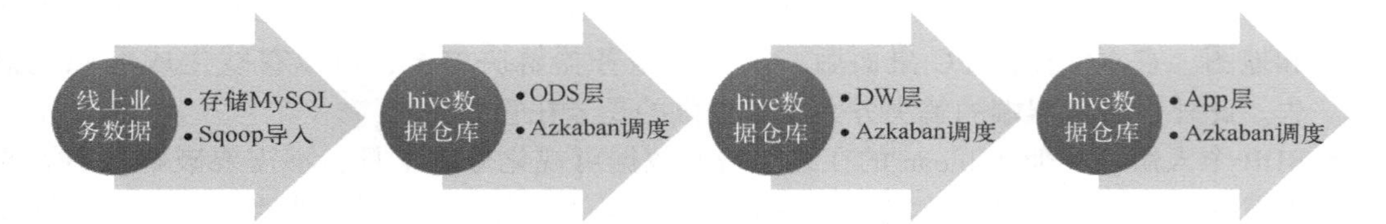

图 7.18　数据整合的逻辑流程

2. 数据集各维度信息

这一部分主要描述由所选取的用户选取的 8 大块，近 70 个维度属性的意义。即最终存储在 App 层业务库的数据维度的意义，所选取的各维度信息如图 7.19 所示。

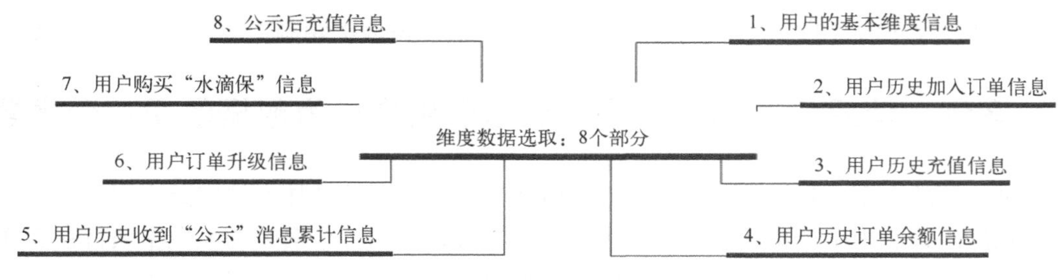

图 7.19　维度数据选取

3. 数据集的特征工程

用于训练模型的输入数据的数据质量的高低，既可以称是训练出模型质量的上限，也可以称是训练出模型质量的下限。经过上面的数据分析和数据展示的结果，我们发现现有的经过数据仓库清洗聚合好的数据集仍旧存在一些问题，不能直接用于模型的训练。为了使数据集便于模型的训练，我们对数据集进行标准化、区间缩放、归一化、对定性特征进行 one-hot 编码、对缺失值进行填补等策略。经过上述特征工程的处理，数据集变成如［4212337 rows x 67columns］的矩阵模式，即其中包含 67 个特征。

4. 模型训练和结果评价

在处理完上述相关过程后，就可以开始构建分类模型了。在接下来的内容中，将梳理这一过程，并用规整好的数据集进行模型的训练，最后引入相关评价指标对训练出的模型的效果进行评估。这里对清洗好的数据进行 4：1 的划分，其中较大的数据集进行模型来训练，较小的数据集进行模型训练结果的验证。这里依次使用 Logistic Regression、Knn、LDA、Naïve Bayes、SVM、分类树模型来对模型进行训练，并引用评价指标召回率（Recall）、准确率（Accuracy）、负交叉熵损失（neg_log_loss）、精准度（Precision）、Roc 曲线面积 Auc 作为模型分类的评价指标，这些评价指标越大，代表训练出的模型的效果越好。实验结果如表 7.2 所示。

表 7.2　各模型 k-fold 交叉验证的结果评价指标

		fit_time(s)	score_time(s)	val_accuracy	val_neg_log_loss	val_precision	val_recall	val_roc_auc
Knn	mean	79.7536	771.6647	0.7792	-0.7416	0.7991	0.7765	0.9517
	std	43.7797	152.1054	0.0010	0.0090	0.0023	0.0024	0.0007
Logistic Regression	mean	357.6707	0.0775	0.9250	-0.2915	0.9471	0.7999	0.9536
	std	103.079	0.0013	0.0015	0.0026	0.0023	0.0009	0.0006
LDA	mean	1.6549	0.0967	0.7337	-0.4516	0.7975	0.7532	0.9157
	std	0.2317	0.0025	0.0020	0.0011	0.0036	0.0033	0.0022
NB	mean	0.2624	0.2776	0.6156	-1.7307	0.5745	0.7075	0.6975
	std	0.0211	0.0100	0.0271	0.0796	0.0257	0.0179	0.0040
SVM	mean	4522.2979	276.205	0.9470	-0.1735	0.9644	0.9303	0.9777
	std	92.2777	23.4617	0.0013	0.0046	0.0017	0.0014	0.0010
DTree	mean	2.2147	0.1199	0.9205	-2.5704	0.9174	0.9240	0.9220
	std	0.0400	0.0009	0.0005	0.0124	0.0012	0.0017	0.0003

备注：表 7.2 中的 val，指的是在 5 折交叉验证中，用于验证哪一折中的数据的验证结果。

从表 7.2 的未经调参的各类模型的实验数据结果可以发现：

- 支持向量机即 SVM 模型的表现最好。其在各个验证集上的综合面有最优的召回率 Recall、准确率 Accuracy、负交叉熵损失 neg_log_loss、精准度 Precision、Roc 曲线面积 Auc，且各指标在不同验证集上的稳定性也非常好，即各指标集的方差小。但是支持向量机单个模型的训练时间非常长，接近 1.25 h，得到结果需要等待较长的时间。
- 此外，决策树模型在各个评价维度的指标表现也都非常好，召回率 Recall、准确率 Accuracy、精准度 Precision 都在 0.9 以上，其最大的优点是模型训练的速度最快，单个模型训练只要 2.2 s，但其在负交叉熵损失值这个指标上表现不好。另外 KNN 模型和 Logistic Regression 模型的各个指标表现也比较好，但是训练时间要远远长于决策树模型，尤其 Logistic Regression 单个模型的训练时间达到 10 min，KNN 模型需要验证。

- 最后，朴素贝叶斯模型效果最差，模型正确率不到 0.6，相对其他分类模型，对业务没有特别重要的参考价值。此外，LDA 线性判别模型，在这 6 个分类模型中有最低的召回率。基于业务背景，希望尽可能且全面地找到有充值意向的用户，即牺牲一定的模型的准确性，进而提高召回率，所以其相对其他 5 个模型参考意义也不大。

这 5 个单个分类器的 5 折交叉验证中的各评价指标的分布的箱线图，清晰直观地展示了表 7.2 数据结果，如图 7.20 所示。

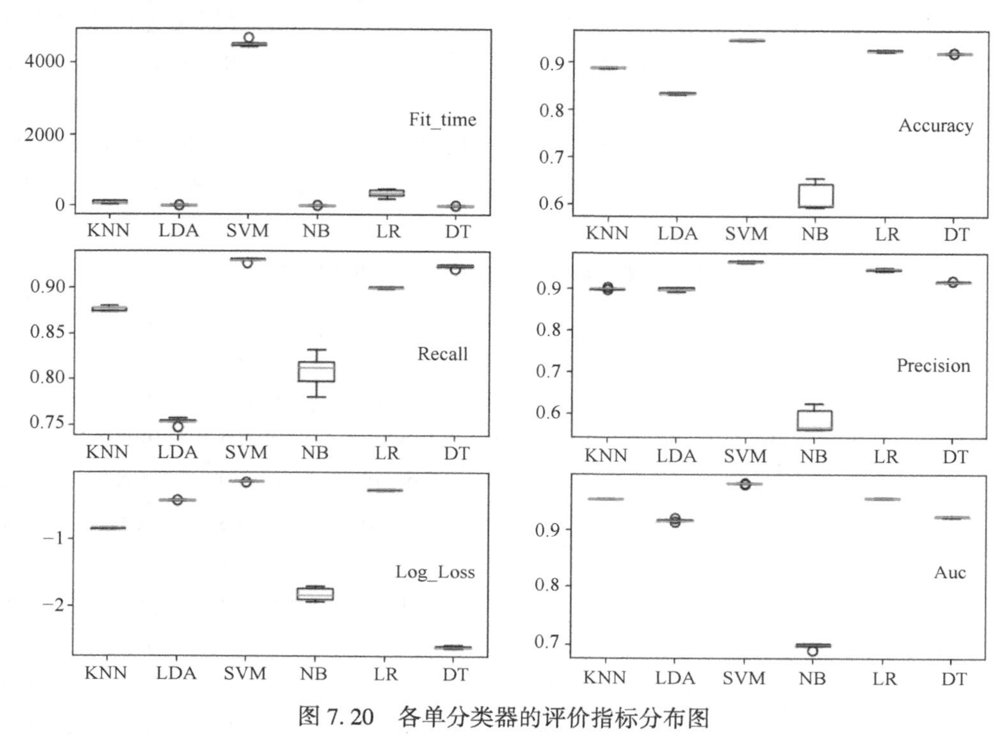

图 7.20　各单分类器的评价指标分布图

根据图 7.20 所示，可以进一步验证之前论述的数据结论。其中支持向量机模型结果相对其他模型更好，各个评价指标结果都非常高，数据结果非常好，k 折交叉验证的每一次的验证结果分布也非常紧凑，在合理范围内波动变化。而朴素贝叶斯模型预测效果相较其他模型表现最差。

综上，在该大数据落地的实践项目中，最终应用落地的模型可以选择支持向量机模型。应用相关大数据组件进行初步数据清洗，并运用训练出的 LDA 模型对新产生的线上用户业务数据进行预判，可以辅助业务人员筛选出有充值意向的用户。

习题

一、单选题

1. 下列哪个选项不是 R 语言的主要功能：(　　)。

A. 统计分析　　B. 图形表示　　C. 报告　　D. 信号处理

2. 数据挖掘不包含以下哪个流程：(　　)。

A. 图像处理　　B. 数据清洗　　C. 建模预测　　D. 指标评价

3. 下列哪个模型不是数据挖掘中常见的模型：(　　)。

A. 回归分析模型　B. 统计模型　C. 分类模型　D. 聚类模型

4. 下列哪个选项不是 HDFS 的组成部分：(　　)。

A. HDFS Client　B. NameNode　C. JobTracker　D. DataNode

5. 下列哪个选项不是 HBase 的特性：(　　)。

A. 行式存储　B. 自动故障转移　C. 自动分片　D. 用于存储大量稀疏数据

6. 下列哪个选项不是“大数据”数据源的 5 V 特性：(　　)。

A. Volume　B. Velocity　C. Vividness　D. Value

7. 下列关于舍恩伯格对大数据特点的说法中，错误的是(　　)。

A. 数据规模大　B. 数据类型多样

C. 数据处理速度快　D. 数据价值密度高

8. 大数据时代，数据使用的关键是(　　)。

A. 数据收集　B. 数据存储　C. 数据分析　D. 数据再利用

9. 下列关于大数据的分析理念的说法中，错误的是(　　)。

A. 在数据基础上倾向于全体数据而不是抽样数据

B. 在分析方法上更注重相关分析而不是因果分析

C. 在分析效果上更追究效率而不是绝对精确

D. 在数据规模上强调相对数据而不是绝对数据

10. 大数据的起源是(　　)。

A. 金融　B. 电信　C. 互联网　D. 公共管理

二、判断题

1. HDFS (Hadoop Distributed File System) 是谷歌 Google File System (GFS) 论文的实现。(　　)

2. HDFS 由 HDFS Client、NameNode 和 DataNode 三部分组成。(　　)

3. MapReduce 计算模式的工作原理是把计算任务拆解成 Map 和 Reduce 两个过程来执行。(　　)

4. 数据挖掘中缺失值填补最好的策略是自己随便编一个数据。(　　)

5. HBase 为列式存储，且只支持单行事务性。(　　)

6. 大数据实际上是指一种思维方式、一种抽象的概念。(　　)

7. 美国海军军官莫里通过对前人航海日志的分析，绘制了新的航海路线图，标明了大风与洋流可能发生的地点。这体现了大数据分析理念中的相关分析方法。(　　)

8. 在目前的实际业务应用中，数据挖掘主要是面向决策。(　　)

9. 单纯依据大数据预测做出决策需要遵循“确保个人动因能防范数据独裁的危害”原则。(　　)

10. 随着信息技术的发展，数据的形式和载体将会呈现多样多元化，它对客观世界和事实的量化和描述也会改变。(　　)

三、简答题

1. 大数据的“5 V”特性分别是指什么?

2. 简述大数据技术栈的发展史。
3. 简述爬虫的基本流程是什么，以及爬虫的网页抓取策略。
4. 简述你对 Robot 协议的认识。
5. 数据分析目前在业界中最为广泛的两个应用是什么？
6. 简述 AB-test 需要注意的事项。
7. 简述常用的数据分析的方法。
8. 在数据分析的公式拆分法中，以销售额为例，对这个指标进行拆分。
9. 数据分析的常用的工具类软件或者语言有哪些？
10. 谈谈你对数据挖掘的理解。
11. 为什么要进行数据清洗，在数据清洗的过程中主要解决数据不规范的哪些问题？
12. 数据清洗时主要需要完成哪些具体的工作？
13. 建立好的数据挖掘模型，主要有哪些指标可以作为模型的评价指标？
14. 人工智能的发展过程可以被划分为哪几个流程？
15. 常用的大数据技术组件有哪些？
16. 简述 HDFS 的存储的逻辑流程，并阐明 HDFS 存储过程中主要的组成部分。
17. 简述 MapReduce 的工作机制。
18. 简述 Hbase 是什么，它有什么特性。
19. 谈谈你对 Spark 的理解。
20. 常用的数据可视化软件有什么？

第 8 章　人工智能应用案例

人工智能已经渗透到人们日常生活的方方面面，并且对各行各业产生影响，本章主要介绍几个人工智能应用的案例，包括人脸识别应用、文字识别应用、语音识别应用、自然语言处理应用、对话机器人和智慧城市。

8.1　人脸识别应用

8.1.1　人脸识别简介

人脸识别是基于人的脸部特征信息进行身份识别的一种生物识别技术。用摄像机采集含有人脸的图像或视频流，并自动在图像中检测和跟踪人脸，进而对检测到的人脸进行脸部识别的一系列相关技术。通常也叫作人像识别、面部识别。

人脸识别包含以下内容：人脸检测、人脸关键点检测、人脸比对、人脸搜索。

人脸检测是在一幅图像中准确识别出人脸，并确定人脸在图像中的位置，如图 8.1 所示，它的本质是一个目标检测问题。

人脸关键点检测是批定位并返回人脸五官与轮廓的关键点坐标位置。关键点包括人脸轮廓、眼睛、眉毛、嘴唇以及鼻子轮廓，如图 8.2 所示。关键点的个数根据算法不同，也会有所不同。

人脸比对是计算两张脸的相似程度，并给出相似度评分，以便分析属于一个人的可能性，如图 8.3 所示。

图 8.1　人脸检测

图 8.2　人脸关键点检测

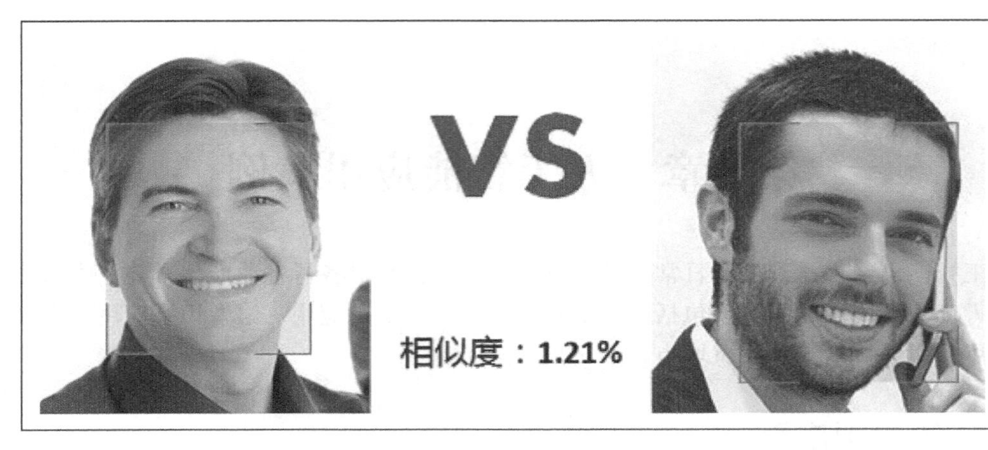

图 8.3　人脸比对

人脸搜索是指针对某一个特定的人脸，在一个已知的人脸库集合中搜索与其相似的人脸，并给出相似度评分。人脸搜索实质上是多次人脸比对的过程，即将待搜索的特定人脸与人脸库集合中的所有人脸逐一进行比对，并返回大于某一相似度的一系列人脸，如图 8.4 所示。

图 8.4　人脸搜索

8.1.2　人脸识别具体应用

1. 应用于零售店、超市等

（1）进行客流统计：可以在商铺各主要进出口的通道安装人脸识别摄像机，对进店人员的数量进行统计，对人员性别、年龄阶段进行统计，提供一手的人员信息。

（2）进行客流方向统计：在过道交叉口安装人脸识别摄像机，抓拍人脸的移动方向，对人流方向进行统计，方便对通道进行科学的管控和对商品展示的策略进行调整。

（3）进行客流热区统计：在指定的过道或柜台安装人脸识别摄像机，对进入过道和来到柜台的人员数量进行统计，得出每个过道和柜台的来往人员数量，并区分热门区域和冷门区域。

（4）进行人员预警：在柜台安装人脸识别摄像机，对来往客人进行类别识别并提醒，如果为VIP可以提醒服务人员重点照顾，如果为异常人员（如小偷）可以提醒服务人员留心，也可以对陌生人员进入某一区域（如收银台、仓库等）进行预警。

（5）进行远程巡店：支持7×24小时视频录像及回放，并且可以远程实时视频巡店，随时随地了解店铺的状况，包括治安、人员活动情况。

2. 应用于人员密集区域

在公交车、火车站、酒店等人员经常出入的场所的出入口安装人脸识别摄像机，对出入人员抓拍人脸识别查证，将抓拍人员图片或识别结果上传公安网络，为公安部门提供可靠的人员信息。例如，店铺、宾馆酒店、出租屋等场所可以对不同人员做自己的标识分类（如VIP、本出租屋人员、黑名单等），进行预告或预警，并采取相应的管控措施。

3. 应用于办事大厅

在售票、挂号等窗口前方安装人脸识别摄像机，对人员进行统计识别，对阶段时间内出现次数多的人员进行预警，重点跟踪，通过确认后可将其相片归类到“黄牛”标签，下次出现该人员时可以预警。

4. 应用于门禁系统

人脸识别技术是时下计算机研究领域的一项热门技术，它具有生物特征唯一性、非接触性、非强制性、并发性等优点，能够从源头处守卫楼宇安全。应用于门禁系统中恰好可以表现出良好的适应性与匹配性。

近年来，随着人工智能市场的不断开拓与渗透，门禁系统也日益智能化，以AI技术推动安防管理逐渐成为门禁市场的新常态。国内不少高级社区、智能大厦以及高校已经完成了门禁升级，将传统的刷卡门禁替换成人脸识别门禁系统。

相较刷卡门禁，人脸识别门禁以人的脸部特征作为解锁机制，一人一脸，特征与生俱来、独一无二，通过摄像头采集人脸信息，与后台庞大的人脸模板对比，确认是社区或楼层住户就可以自由通行。不存在忘记携带、遗失、轻易复制等缺陷，用户解锁时甚至无需动手，便利操作之余又提升了安全系数。

从操作上来看，人脸识别门禁系统采用了最为自由的无感通行方式，当用户从摄像头可视范围内经过，摄像头便会自动捕捉实时人脸图像，并将其与后台数据库中的人脸信息快速比对，比对成功即可放行。整个识别过程不过几秒之间，用户甚至无需停留。

楼宇之中所有用户信息均需提前采集登记，未经登记的用户无法自由出入，系统比对之后，若发现来者为陌生人，将发出提示信息反馈给后台。此外，人脸门禁系统还可与权威部门的数据库相连接，一旦发现可疑人员，便会及时发出预警，多方防护，有效杜绝陌生人随意进出，进一步强化楼宇安全管理。

就目前而言，通过人脸识别技术来增加门禁系统的安全性和体验感是一个不错的解决方案。

社区人口集中，人员出入情况复杂，既有亲朋好友、快递外卖，也有不知名的陌生人。由于人流量大，管理人员精力有限，出入口管理工作一直不大理想，再加上磁卡丢失、密码泄露、指纹被盗等问题得不到有效解决，不少非法分子趁机潜入，导致社区内发生安全事件。

人脸识别门禁系统，结合人脸识别、人脸对比、物联网等技术实现身份交叉验证，可协助社区管理人员确认用户身份。据了解，由于人脸的直观性和不易被复制的特性，人脸识别门禁系统可以有效阻拦陌生人随意进出社区，尽可能降低社区安全事故发生的频率，强化社区安防体系。

5. 其他应用

作为人工智能的关键应用之一，人脸识别被广泛应用在金融、安防、医疗等领域，并且正以超乎人们想象的速度迅速扩张，尤其是警务办理。

2017 年，深圳十字路口架设起了“人脸识别”摄像头，抓取“闯红灯”人群；2018 年在某演唱会现场，“人脸识别”成功协助警方抓获逃犯。

国内部分城市的公交车系统也接入了人脸识别，一旦检测到司机疲劳驾驶，会实时发出警告，让司机休息或者进行轮班；警方抓酒驾在查询证件的时候，通过人脸检测来看对方究竟是不是使用了别人的驾照；还有通过人脸识别帮助老人找到家人等。

现在的人脸识别技术，已经摆脱了传统的定点拍照识别模式，随着动态捕捉人脸识别技术的诞生，即便是在快速的运动中，也能抓取到人脸动态，且实时识别功能准确率很高。

在影视剧中，警员借助高科技手段迅速锁定犯罪分子的情景变成了现实，这和人脸识别高速发展息息相关，搭配高科技，加速分析更快更精准。

8.2 文字识别应用

8.2.1 文字识别简介

文字识别（Optical Character Recognition，OCR）是指对图像文件的打印字符进行检测识别，将图像中的文字转换成可编辑的文本格式的过程。即对文本资料进行扫描，然后再对文件进行分析处理，从而获取文字及版面信息的过程。简单来说，就是识别提取文本资料上的文字。

很多大厂都提供 OCR 文字识别云服务，如百度智能云 OCR 文字识别、阿里云 OCR 文字识别、腾讯云 OCR 文字识别、华为云 OCR 文字识别、讯飞开放平台文字识别等，以开放 API（Application Programming Interface，应用程序编程接口）的方式提供给用户，用户可使用 Python、Java 等编程语言调用云端的 OCR 文字识别服务将图片识别成文字。这里以华为云 OCR 文字识别服务为例进行介绍。

文字识别包含通用类、证件类、票据类、行业类等相关类型的文字识别。

通用类文字识别支持表格、文档、网络图片等任意格式图片上文字信息的自动化识别，自适应分析各种版面和表格，快速实现各种文档电子化，如图 8.5 和图 8.6 所示。

通用类文字识别的应用场景包括：（1）企业历史文件与报表电子化归档。识别文件与报表中的文字信息，建立电子化档案，有助于快速检索。（2）自动填写快递收寄件人信息。

识别图片中联系人信息并自动填写快递单，减少人工输入。（3）合同处理效率提升。自动识别结构化信息与提取签名盖章区域，有助快速审核。（4）海关单据电子化。很多公司都存在海外业务，通用 OCR 服务可实现海关单据数据自动结构化和电子化，提升效率和录入信息准确度。

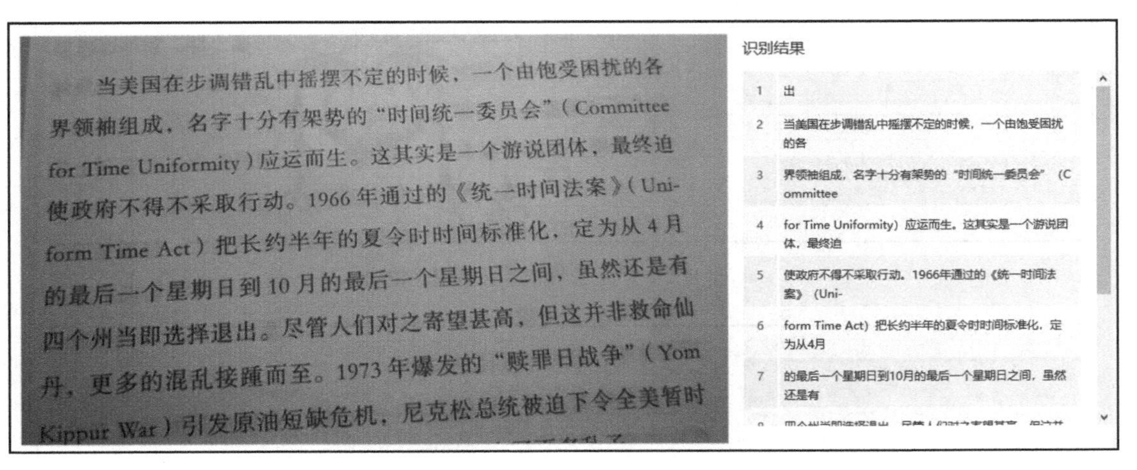

图 8.5　华为云通用文字识别

门诊检验报告单			
**血常规（5 分类）			
标本状态：正常　　临床诊断：1. 慢性扁桃体炎			
检验项目	结果	参考范围	单位
中性细胞百分率（NEL%）	77.1	40-75	%
淋巴细胞百分率（LYM%）	8.8	20-50	%
单核细胞百分率（MONO%）	7.1	3.0-10.0	%
红细胞计数（RBC）	6.66	4.3-5.8	%

送检医生：　　检验者：　　审核者：

识别结果

表格区　门诊检验报告单
**血常规（5分类）
标本状态 正常 临床诊断：1.慢性扁桃体炎
检验项目
结果
参考范围
单位
中性细胞百分率（NEL%）
77.1
40-75

图 8.6　华为云通用表格识别

证件类文字识别支持身份证、驾驶证、行驶证、护照等证件图片上有效信息的自动识别和关键字段结构化提取。

证件类文字的应用场景包括：（1）快速认证。通过卡证识别，可以快速完成手机开户等场景的实名认证，降低用户实名认证成本，准确快速便捷。（2）信息自动录入。识别证件中关键信息，节省人工录入，提升效率。（3）核验身份信息。核验用户是否为真实证件的持有者本人。

票据类文字类别支持增值税发票、机动车销售发票、医疗发票等各种发票和表单图片上有效信息的自动识别与结构化提取，如图 8.7 和图 8.8 所示。

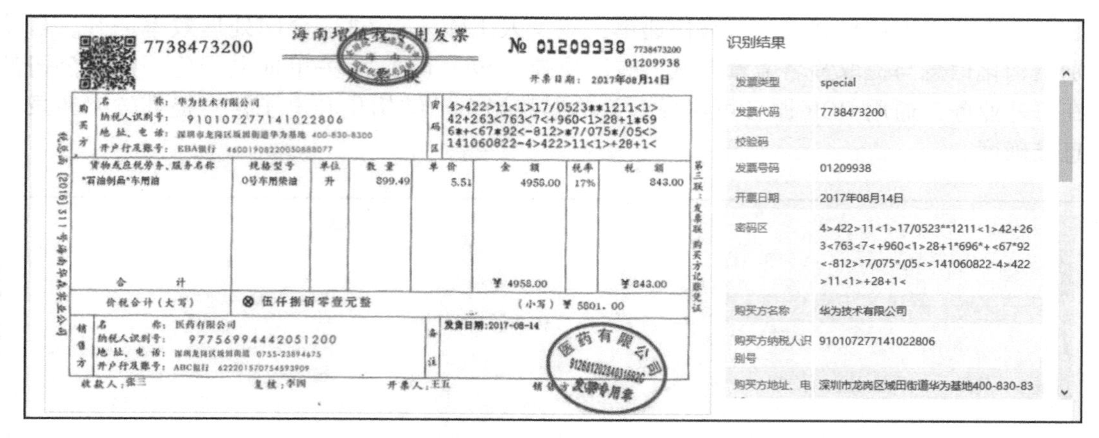

图 8.7　华为云增值税发票识别

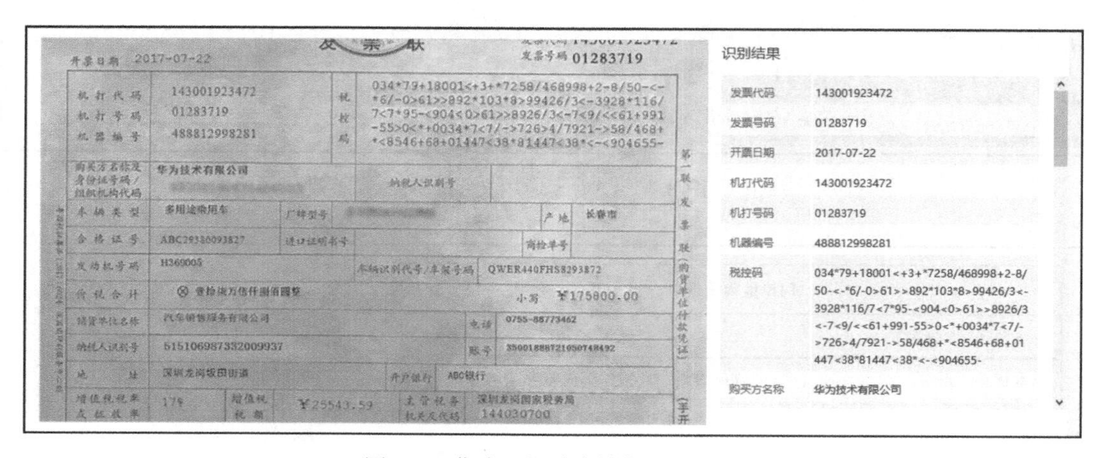

图 8.8　华为云机动车销售发票识别

票据类文字类别的应用场景包括：（1）自动录入报销单据信息。快速识别发票中的关键信息，有效缩短报销耗时。（2）自动录入文件信息。快速录入机动车销售发票与合同信息，提升车贷办理效率。（3）医疗保险。自动识别医疗单据药品明细、年龄、性别等关键字段并录入系统，结合身份证、银行卡 OCR，快速完成保险理赔业务。

行业类文字识别，支持物流面单、医疗化验单据等多种行业特定类型图片的结构化信息的提取和识别，助力行业自动化效率提升。

行业类文字识别的应用场景包括：（1）自动填写快递收寄件人信息。识别图片中联系人信息并自动填写快递单，减少人工输入。（2）医疗保险。自动识别医疗单据药品明细、年龄、性别等关键字段并录入系统，结合身份证、银行卡 OCR，快速完成保险理赔业务。

8.2.2　文字识别的应用

1. 文字识别 OCR 实现报销发票全流程自动化

华为云的 OCR 服务还可应用于财务报销场景中。华为云 OCR 服务可自动提取票据的关键信息，帮助员工自动填写报销单，同时结合 RPA 自动化机器人，可以大幅提升财务报销的工作效率。华为云票据 OCR 识别支持增值税发票、出租车发票、火车票、行程单、购物小票等票据的 OCR 识别，能够对图片倾斜扭曲进行矫正，有效去除盖章对文字识别的影响，提升识别准确率。

在财务报销中很常见的是一图多票的场景，在一张图片中包含多张、多种票据。华为云 OCR 服务上线智能分类识别服务，包含了一图多票、一图多卡、卡票混贴、合计计费四大特点。支持多种板式的票据、卡证分割，包括但不限于机票、火车票、医疗发票、驾驶证、银行卡、身份证、护照、营业执照等。再结合各个 OCR 服务，可实现图片多种票据的识别。

对于财务人员来说，拿到一批财务发票之后，需要手动将发票信息录入系统中。即使使用华为云 OCR 服务，也需要对每张财务发票进行拍照再上传到计算机或服务器上。华为云可提供批量扫描 OCR 识别解决方案，只需要一台扫描仪与计算机，通过扫描仪批量扫描发票，生成彩色图像，并且自动批量调用华为云 OCR 服务，快速完成发票信息提取过程，并且将结果可视化，直观地对比识别结果。还可将识别结果批量导出到 Excel 表格或者财务系统中，大幅简化数据录入过程。

该解决方案有以下特点：（1）多种接入方式。自动连接扫描仪，批量获取图像。高拍仪、手机拍照获取图像。（2）部署方式灵活。支持公有云、HCS、一体机等多种部署方式，统一标准 API 接口。（3）支持各类发票。增值税普/专/电子/ETC/卷票，出租车、火车、行程单、定额、通行费等发票。（4）支持一图多票。多种发票混贴自动分类、识别。（5）可视化对比。返回位置信息，转换为 Excel 格式便于统计、分析。如图 8.9 所示。该解决方案的优点是提效降本、优化运营、简化流程、增强合规。

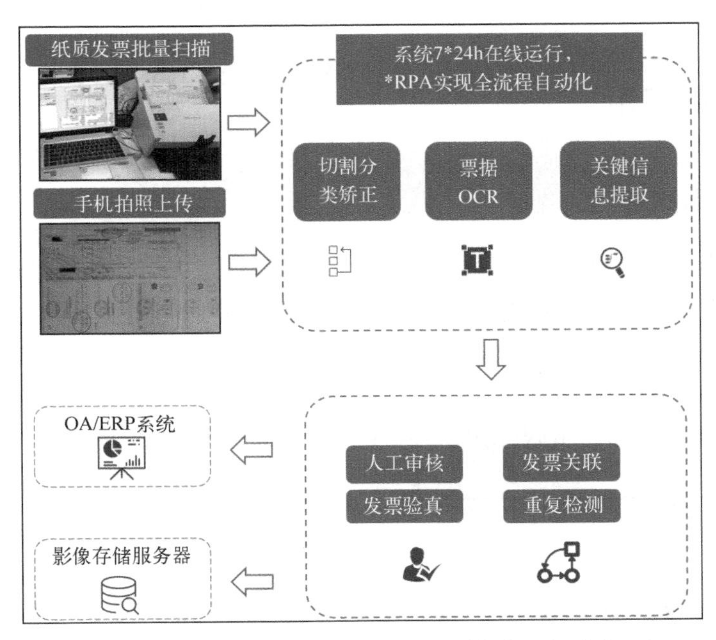

图 8.9　华为云 OCR 实现报销发票全流程自动化

2. OCR 助力智慧物流案例

快递员上门取件时，可通过移动端（例如手机 App）对身份证进行拍摄，借助华为云的身份证识别服务自动识别身份信息，完整实名认证。之后填写快递信息，可以上传地址截图、聊天记录等图片，通过 OCR 识别并自动提取姓名、电话、地址等信息，完成快递信息的自动录入。快递运输过程中还可通过 OCR 提取运单信息，完成快递的自动分拣，判断快递面单中信息是否填写完整。华为云 OCR 服务支持任意角度，光照不均、残缺不完整复杂图片的 OCR 识别，具有识别率高、稳定性好等特点，可以大幅降低人工成本，提高用户体验。如图 8.10 所示。

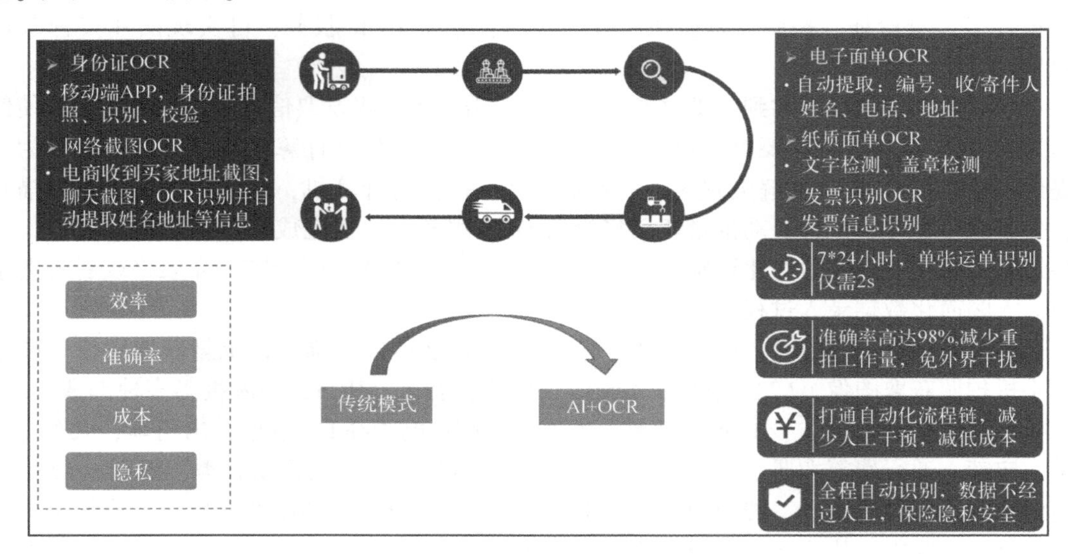

图 8.10　华为云 OCR 助力智慧物流

8.3　语音识别应用

8.3.1　语音识别简介

语音识别技术就是让机器通过语音信号处理让机器自动识别和理解语音信号，并把语音信号转变为相应的文本或命令的技术，如图 8.11 所示。

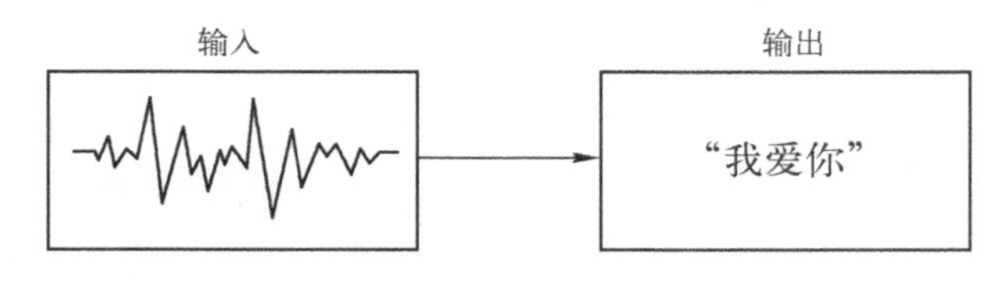

图 8.11　语音识别

语音识别技术所涉及的领域包括：信号处理、模式识别、概率论和信息论、发声机理和听觉机理、人工智能等。

语音识别任务处理流程如图 8.12 所示。

语音识别系统的出现，会让人更加自由地沟通，让人在任何地方、任何时间，对任何事都能够通过语音交互的方式，方便地享受到更多的社会信息资源和现代化服务。这必然会成为语音识别技术研究和应用的重要发展趋势。

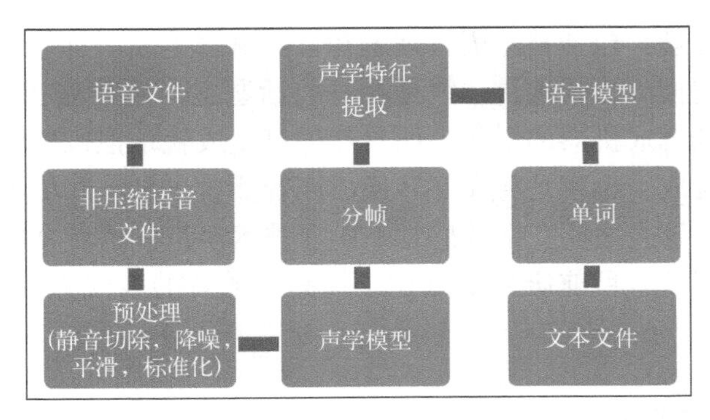

图 8.12　语音识别任务处理流程

8.3.2　语音识别的应用

1. 语音搜索

语音搜索早先的模式是可以通过打电话的方式查一些专项资讯，比如天气预报。随着服务的延伸，很多企业都建立了自己的客服专线，实际上这个时候语音信息的服务就由企业为用户提供，主要是产品或者服务的资讯或者售后服务。

2. 歌曲识别

生活中，时常听到很熟悉的旋律，却想不出歌曲的名字。这个时候就可以直接利用语音识别功能来查找相关歌曲，常见的有微信摇一摇搜歌，以及其他音乐播放软件的搜索功能。

3. 语音控制

由于在汽车的行驶过程中，驾驶员的手必须放在方向盘上，因此对汽车的卫星导航定位系统（GPS）的操作，汽车空调、照明以及音响等设备的操作，同样也可以由语音来方便地控制。

4. 语音输入法

语音输入法是以声音的形式将内容输入到计算机、手机或其他智能终端中，随着信息时代的发展，语音输入也成为输入法一项很重要的功能。语音输入法更加方便我们输入汉字，只要读出来系统就能自动以文字的形式记录下来，无需敲击键盘就能搞定文字输入。很多时候我们可能不会写自己想要写的汉字，就可以用语音输入法来实现汉字的输入。

5. 智能家居

用语音可以控制电视机、DVD、空调、电扇、窗帘的操作，而且一个遥控器就可以把家中的电器皆用语音控制起来，这样，可以让各种电器的操作变得简单易行。

6. 智能音箱

提到智能家居，就不能不提智能音箱。现在各个大厂都推出了自己的智能音箱，如 Amazon、Google、Apple、Microsoft、百度、阿里、腾讯、京东、科大讯飞、小米、华为、三星、索尼等。

智能音箱能够让我们解放双手，只通过语音就能够进行操作，帮助用户节省出更多的时间。智能音箱也能够打通许多智能家居通道，消费者能够舒服地躺在沙发上控制家中灯光、电视、空调等电器。

当然，在智能音箱的使用过程中，语音识别技术只是第一步。在语音识别完成后，第二步需要进行自然语言处理，包括自然语言理解和自然语言生成。自然语言理解对自然语言的内容和意图进行深层把握。通俗地讲，就是在一些话题上，使智能音箱能够理解人讲的话，或者能把人类的语言理解成机器的语言。而自然语言生成就是把机器的数据转换成人类的语言。最后一步是语音合成，也就是将文字转换成声音播放出来，并尽可能地模仿人类自然说话的语音语调，给人以真人之间交谈的感觉。随着技术演进，语音合成的复杂度、自然度和音质都已取得不错的成绩，目前研究重点在于提高合成音的表现力（如语气和情感等）以及多语种的语言合成。

8.4 自然语言处理应用

8.4.1 自然语言处理简介

自然语言处理是计算机科学领域以及人工智能领域的一个重要的研究方向，是一门交叉性学科，包括了语言学、计算机科学、数学、心理学、信息论、声学等。

自然语言处理有两大核心任务：自然语言理解（NLU）和自然语言生成（NLG）。自然语言理解（NLU）就是希望机器像人一样，具备正常人的语言理解能力，由于自然语言在理解上有很多难点，所以 NLU 至今还远不如人类的表现。自然语言生成（NLG）是为了跨越人类和机器之间的沟通鸿沟，将非语言格式的数据转换成人类可以理解的语言格式，如文章、报告等。如图 8.13 所示。

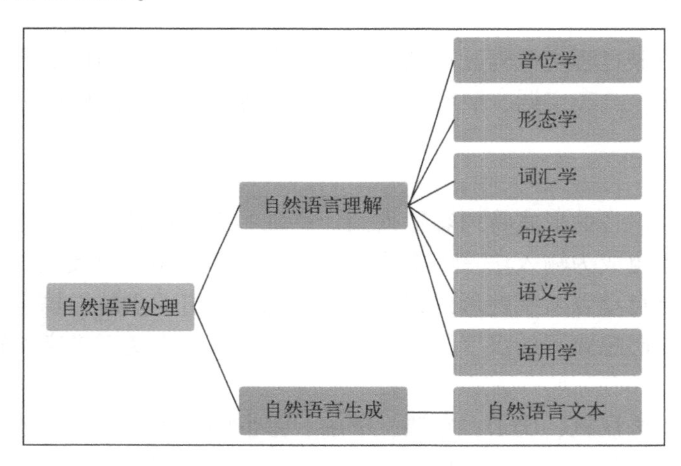

图 8.13　自然语言处理

自然语言处理包含三个层面：词法分析、句法分析、语义分析。

1. 词法分析

词法分析，即从句子中切分出单词，找出词汇的各个词素，并确定词义。词法分析的主要任务是：能正确地把一串连续的字符切分成单独的词；能正确地判断每个词的词性，以便于后续的句法分析的实现。根据语言的不同，其处理过程各有差异。其中，英语词法分析的特点是切分单词较为容易，但找出词素比较复杂，因为英语文字是按单词分割的。例如，若想找出被切分出来的单词“importable”，就可能会出现以下两种结果：im-port-able 和

import-able。而汉语恰恰相反，找出词素容易，但切分出词困难，因为汉语文字是按字分割。例如，若想切分语句“恶霸把我们的地瓜分了”，就可能出现以下两种结果：恶霸把我们的地-瓜分了和恶霸把我们的地瓜-分了。常见的中文分词算法有三类：基于字符串匹配的分词方法、基于理解的分词方法和基于统计的分词方法。

2. 句法分析

句法分析，是运用自然语言的句法和其他知识来确定组成输入句子的各成分功能，对句子中的词语语法功能进行分析，即确定相应词是主语或是谓语等。句法分析的基本任务是：确定句子的语法结构或句子中词汇之间的依存关系。句法分析主要分为句法结构分析和依存关系分析两种。其中，句法结构分析以获取整个句子的句法结构或者完全短语结构为目的，依存关系分析以获取局部成分为目的。

3. 语义分析

语义分析，是将句法成分与应用领域中的目标表示相关联。对于不同的语言单位，语义分析的任务各不相同。在词的层次上，语义分析的基本任务是进行词义消歧（WSD），在句子层面上是语义角色标注（SRL），在篇章层面上是指代消歧，也称共指消解。

词义消歧是句子和篇章语义理解的基础，因为词是能够独立运用的最小语言单位，句子中的每个词的含义及其在特定语境下的相互作用构成了整个句子的含义。词义消歧有时也称为词义标注，其任务就是确定一个多义词在给定上下文语境中的具体含义。

词义消歧的方法也分为有监督的消歧方法和无监督的消歧方法，在有监督的消歧方法中，训练数据是已知的，即每个词的词义是被标注了的；而在无监督的消歧方法中，训练数据是未经标注的。

语义角色标注是一种浅层语义分析技术，它以句子为单位，不对句子所包含的信息进行深入分析，而只是分析句子的谓词-论元结构。语义角色标注的任务是以句子的谓词为中心，研究句子中各成分与谓词之间的关系，并且用语义角色来描述它们之间的关系。

自动语义角色标注是在句法分析的基础上进行的，而句法分析包括短语结构分析、浅层句法分析和依存关系分析，因此，语义角色标注方法也分为基于短语结构树的语义角色标注方法、基于浅层句法分析结果的语义角色标注方法和基于依存句法分析结果的语义角色标注方法三种。

8.4.2 自然语言处理的应用

1. 机器翻译

随着通信技术与互联网技术的飞速发展、信息的急剧增加以及国际联系愈加紧密，让世界上所有人都能跨越语言障碍获取信息的挑战已经超出了人类翻译的能力范围。

每个人都知道什么是翻译——将信息从一种语言翻译成另一种语言。当机器完成相同的操作时，需要处理的是如何让机器从一种语言翻译成另一种语言。机器翻译因其效率高、成本低，满足了全球各国多语言信息快速翻译的需求。机器翻译属于自然语言信息处理的一个分支，是能够将一种自然语言自动生成另一种自然语言，又无需人类帮助的计算机系统。目前，谷歌翻译、百度翻译、搜狗翻译等人工智能行业巨头推出的翻译平台逐渐凭借其翻译过程的高效性和准确性占据了翻译行业的主导地位。

目前翻译基于统计机器翻译，而不是单字逐字替换的工作。首先需要搜集尽可能多的文本，然后对数据进行处理来找到合适的翻译。这和人类很相似，当我们还是孩子的时候，会从给词语赋予意思含义，到对这些词语进行组合抽象和推断。

但并非所有闪光的都是金子，考虑到人类语言固有的模糊性和灵活性，机器翻译颇具挑战性。人类在认知过程中会对语言进行解释或理解，并在许多层面上进行翻译，而机器处理的只是数据、语言形式和结构，现在还不能做到深度理解语言含义。

2. 打击垃圾邮件

当前，垃圾邮件过滤器已成为抵御垃圾邮件问题的第一道防线。不过，有许多人在使用电子邮件时遇到过这些问题：不需要的电子邮件仍然被接收，或者重要的电子邮件被过滤掉。事实上，判断一封邮件是否是垃圾邮件，首先用到的方法是“关键词过滤”，如果邮件存在常见的垃圾邮件关键词，就判定为垃圾邮件。但这种方法效果很不理想，一是正常邮件中也可能有这些关键词，非常容易误判，二是将关键词进行变形，就很容易规避关键词过滤。

自然语言处理通过分析邮件中的文本内容，能够相对准确地判断邮件是否为垃圾邮件。目前，贝叶斯垃圾邮件过滤是备受关注的技术之一，它通过学习大量的垃圾邮件和非垃圾邮件，收集邮件中的特征词生成垃圾词库和非垃圾词库，然后根据这些词库的统计频数计算邮件属于垃圾邮件的概率，以此来进行判定。

3. 信息提取

金融市场中的许多重要决策正日益脱离人类的监督和控制。算法交易正变得越来越流行，这是一种完全由技术控制的金融投资形式。但是，这些财务决策许多都受到新闻的影响。因此，自然语言处理的一个主要任务是获取这些明文公告，并以一种可被纳入算法交易决策的格式提取相关信息。例如，公司之间合并的消息可能会对交易决策产生重大影响，将合并细节（包括参与者、收购价格）纳入到交易算法中，这或将带来数百万美元的利润影响。

4. 文本情感分析

在数字时代，信息过载是一个真实的现象，人们获取知识和信息的能力已经远远超过了他们理解它的能力。并且，这一趋势丝毫没有放缓的迹象，因此总结文档和信息含义的能力变得越来越重要。情感分析作为一种常见的自然语言处理方法的应用，可以让人们能够从大量数据中识别和吸收相关信息，而且还可以理解更深层次的含义。情感分析是一种有趣的NLP和数据挖掘任务，用于衡量人们的观点倾向。比如，企业分析消费者对产品的反馈信息或者检测在线评论中的差评信息，对电影评论或由该电影引起的情绪状态进行分析等。

情感分析有助于检查顾客对商品或服务是否满意。传统的民意调查早已淡出人们的视线。即使是那些想要支持品牌或政治候选人的人也不总是愿意花时间填写问卷。然而，人们愿意在社交网络上分享他们的观点。搜索负面文本和识别主要的投诉可以显著地帮助改变概念、改进产品和广告，并降低不满的程度。反过来，明确的正面评论会提高收视率和需求。

5. 自动问答

随着互联网的快速发展，网络信息量不断增加，人们需要获取更加精确的信息。传统的搜索引擎技术已经不能满足人们越来越高的需求，而自动问答技术成为了解决这一问题的有效手段。自动问答是指利用计算机自动回答用户所提出的问题，以满足用户知识需求的任务，在回答用户问题时，首先要正确理解用户所提出的问题，抽取其中关键的信息，在已有的语料库或者知识库中进行检索、匹配，将获取的答案反馈给用户。

6. 个性化推荐

个性化推荐是大数据时代不可或缺的技术，在电商、信息分发、计算广告、互联网金融等领域都起着重要的作用。具体来讲，个性化推荐在流量高效利用、信息高效分发、提升用户体验、长尾物品挖掘等方面均起着核心作用。在推荐系统中经常需要处理各种文本类数据，例如商品描述、新闻资讯、用户留言等。

自然语言处理可以依据大数据和历史行为记录，学习出用户的兴趣爱好，预测出用户对给定物品的评分或偏好，实现对用户意图的精准理解，同时对语言进行匹配计算，实现精准匹配。例如，在新闻服务领域，通过用户阅读的内容、时长、评论等偏好，以及社交网络甚至是所使用的移动设备型号等，综合分析用户所关注的信息源及核心词汇，进行专业的细化分析，从而进行新闻推送，实现新闻的个人定制服务，最终提升用户黏性。

7. 市场预测

营销人员可以使用 NLP 来搜索有可能或明确打算购物的人。人们在 Internet 上的行为，维护社交网络上的页面以及对搜索引擎的查询提供了许多有用的非结构化客户数据。Google 可以充分利用这些数据来向互联网用户推送合适的广告。每当访问者点击广告时，广告客户就要向 Google 付费，点击的成本从几美分到超过 50 美元不等。

8. 拼写检查

拼写检查器是一种软件工具，可识别并纠正文本中的所有拼写错误。大多数文本编辑器允许用户检查其文本是否包含拼写错误。例如在线语法检查器 Grammarly，可扫描您的文本以查找所有类型的错误，从错别字到句子结构问题等。

9. 自动文摘

随着互联网的普及、信息获取途径的增加，每天都有不断涌现的海量信息。在获取这些信息时，需要快速了解其内容的大意。但是，如果将一篇很长的文章归纳成一个能够涵盖原文中心思想的小段落，则需要耗费大量时间。为了从这些海量信息中快速、准确地获取有用信息，文档的自动摘要处理变得越来越重要。通过阅读文摘而不是全文能极大地加快信息过滤速度，帮助人们了解概况或确定是否应详读原文。现在 NLP 技术让我们拥有了自动过滤和汇总的能力。这是为较长的文本文档创建简短、准确且流利的摘要的过程。使用自动摘要的最重要优点是可以减少阅读时间。

自动文摘有 4 种主要的方法：基于统计的自动文摘、基于理解的自动文摘、信息抽取和基于结构的自动文摘。

（1）基于统计的自动文摘

人在阅读文本时一般是按照行文顺序，依次往下阅读（当然如果对文章内容有一定了解也会进行跳跃式阅读），其实在阅读的潜意识里就会对每个词、句子的重要性进行衡量，重要的词句就存在脑海里，边读边对这些重要的词句进行加工理解，最后就会对文本有个大致的认识。

基于统计的自动文摘将文本视为句子的线性序列，将句子视为词的线性序列。主要的思路就是计算词的权重、句子的权重，然后将句子根据权重新排序，选择权重高于某个阈值的句子，按照它们在原文中出现的顺序输出。

（2）基于理解的自动文摘

基于理解的文摘方法是以人工智能，特别是自然语言理解技术为基础而发展起来的文摘方法。这种方法与自动摘录的明显区别在于对知识的利用，它不仅利用语言学知识获取语言结构，更重要的是利用领域知识进行判断、推理，得到文摘的意义表示，最后从意义表示中生成摘要。

（3）信息抽取

基于理解的文摘方法需要对文章进行全面的分析，生成详尽的语义表达，这对于大规模真实文本而言是很难实现的。与之相比，信息抽取只对有用的文本片段进行有限深度的分析，其效率和灵活性显著提高。

（4）基于结构的自动文摘

篇章是一个有机的结构体，篇章中的不同部分承担着不同的功能，各部分之间存在着错综复杂的关系。篇章结构分析清楚了，文章的核心部分自然能够找到。但是语言学对于篇章结构的研究还很不够，可用的形式规则就更少了，这使得基于结构的自动文摘到目前为止还没有一套成熟的方法，不同学者用来识别篇章结构的手段也有很大差别。

8.5 对话机器人

对话机器人包含智能问答机器人、话务机器人、智能质检等。智能问答机器人可以对用户提出的问题进行回答。话务机器人能精确理解对话意图，提取关键信息，可用于智能话务、智能硬件。智能质检使用自然语言算法和自定义规则，分析呼叫中心场景下客服坐席人员与客户的对话，帮助企业提升坐席服务质量和客户满意度。

通常单一功能的机器人无法解决客户业务场景下的所有问题，通过融合多个不同功能的机器人打造成一个对话机器人联合解决方案，对外呈现为一个单一服务接口，客户只需调用单一接口即可解决不同业务问题。

1. 智能问答机器人适用场景

（1）解决 IT、电商、金融、政府等领域常见的咨询、求助等类型的问题，用户咨询或者求助频率高。

（2）有一定的知识储备，具备一定的 QA 知识库、具备 FAQ 或者类 FAQ 文档、有一定的工单和客服问答数据。

2. 任务型对话机器人适用场景

（1）有明确对话任务，可根据实际的业务场景灵活配置话术流程（多轮交互）。加载话术模板后，可与客户在对应场景下进行基于语音或文本的多轮对话，并同时理解和记录客户意愿。

（2）外呼机器人：业务满意度回访，核实用户信息，招聘预约，快递派送通知，促销推广，筛选优质客户等。

（3）客服：酒店、机票预订、信用卡激活等。

（4）智能硬件：语音助手、智能家居等。

3. 知识图谱问答机器人适用场景

（1）知识体系复杂。

（2）答案需要逻辑推理才能得到。

（3）多轮方式交互得到答案。

（4）涉及实体属性值或者实体之间关系的事实性问题，不能通过枚举的方式把所有 QA 对穷举的情况。

对话机器人的特点有：（1）多机器人智能融合，更全面。多款机器人各有所长，自学习自优化，为客户推荐最优答案。（2）多轮智能引导，更懂用户。多轮对话，交互自然，能够精准识别用户意图，理解用户潜在语义。（3）知识图谱，更聪明。通用领域语言模型+领域知识图谱；图谱内容动态更新；基于图谱的机器人更智能。对话机器人的架构如图 8.14 所示。

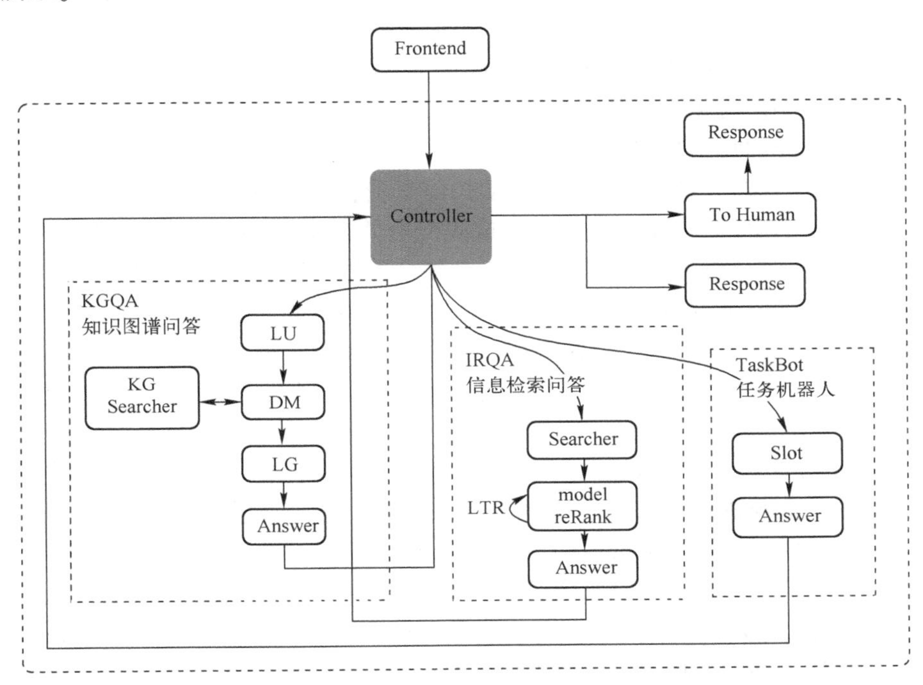

图 8.14　对话机器人的架构

8.6　智慧城市

随着物联网、AI 等科技技术的发展，我国正处于城镇化加速发展的时期，部分地区“城市病”问题日益严峻。为解决城市发展难题，实现城市的可持续发展，建设智慧城市已成为当今城市发展的趋势。

1. 智慧交通

智慧交通在交通智能调度系统的基础上，融入物联网、云计算、大数据、移动互联等 IT 技术，通过信息技术对交通信息的汇集和处理，提供实时交通数据服务。通过各大系统模式的数据整合，提供解决方案，对城市路网优化分析，为城市规划决策提供支持。

（1）无人驾驶。在城市设立无人驾驶测试区，无人驾驶汽车是通过车载传感系统感知道路环境，自动规划行车路线并控制车辆到达预定目标的智能汽车。它是利用车载传感器来感知车辆周围环境，并根据感知所获得的道路、车辆位置和障碍物信息，控制车辆的转向和速度，从而使车辆能够安全、可靠地在道路上行驶。

（2）公共交通。随着智能手机的普及和互联网技术的发展，逐渐实现了线上购票、移动支付等便捷服务，同时基于信用评估体系的完善，共享单车和共享汽车推行基于信用值免押金使用，极大提高了便利度。

（3）道路与设施。道路与设施的建设的主要目标是为出行者提供更便捷、更智能的出行服务，比如基于人脸识别等技术的乘客刷脸进站、ETC 不停车收费等，为缓解交通压力提供了极大帮助。

（4）智慧停车。智慧停车是指将无线通信技术、移动终端技术、GPS 定位技术、GIS 技术等综合应用于城市停车位的采集、管理、查询、预订与导航服务，实现停车位资源的实时更新、查询、预订与号航服务一体化，实现停车位资源利用率的最大化、停车场利润的最大化和车主停车服务的最优化。智慧停车有以下方式。（1）无感停车。车主在支付宝或微信支付中绑定车牌，开通免密扣费，就可以在停车场出口实现不停车自动扣费离场。（2）ETC 扣费。停车场绑定 ETC，可以通过 ETC 自动扣停车费，实现不停车离场。（3）ETCP 停车 App。绑定车牌，可以实现自动扣费离场，或先交费并在 15 分钟内不停车离场。（4）扫码支付。在停车场提前扫码支付停车费，在 15 分钟内不停车离场。（5）实现路侧停车电子收费。通过摄像头记录停车时间，车主离开后通过相关 App 或支付宝、微信支付等多种方式进行交费，整个过程中无需人工参与。（6）通过智能收费系统，可实现对车辆按照不同的费率、时段等进行差异化收费，控制车辆进入小区的权限及费用，从而实现车位的高效利用。

（5）智能安防技术。智能安防技术指的是服务的信息化、图像的传输和存储技术，其随着科学技术的发展与进步和信息技术的腾飞，已迈入了一个全新的领域，智能化安防技术与计算机之间的界限正在逐步消失。（1）监控升级为电子警察，应用违法“一键拍”软件，可抓拍多种违法行为，将违法信息采集效率提升两倍；解决了交通事故追逃“最后一公里”的难题。（2）安装 5G 灯杆，除了照明功能，还搭载智能安防监控、无线网络微天线，部分街道的智能灯杆还增加了环境监测、路侧停车等功能。警方启用智慧交通调度指挥系统保障会场及周边交通秩序，包括交通诱导、闯红灯自动记录、超速自动记录、违法停车自动抓拍等 9 个系统。

（6）交通信息服务及管理系统。信息服务系统可实时向交通参与者提供道路交通信息、公共交通信息、换乘模式和时间、交通气象信息、停车场信息以及与出行相关的其他信息。先进的交通管理系统主要给交通管理者使用，利用监测、通信及控制等技术，将交通监测所得的交通状况经由通信网络传输到交通控制中心，中心再结合其他方面所获得的信息，制定和评估交通控制策略，执行整体性的交通管理，以达到运输效率最大化及运输安全等目的，强调系统间协调与实时控制的功能。

（7）紧急救援系统。当道路发生交通事故后，该系统负责快速处理事故、及时救治伤员、合理疏导交通。包括车辆故障与事故求援、事故救援派遣以及救援车辆优先通行等部分，使意外能在最短时间获得解除，最大限度地降低伤害。

2. 智慧教育

实现不同校区、不同学校之间的信息互联互通，实现学校管理数字化，为学生打造更个性、更多样的教学模式，提高教学质量，减轻教师负担。

智慧实验室。智慧实验室具有教室智能管控、课堂互动教学、教学过程督导、数据分析与可视化等功能，同时还能够更好地突出现代信息环境中金融学实践教学的特点。

智慧校园指的是以物联网为基础的智慧化的校园工作、学习和生活一体化环境，这个一体化环境以各种应用服务系统为载体，将教学、科研、管理和校园生活进行充分融合。例如阿里钉钉的千校计划。班主任、宿管、家长，三方形成了信息闭环，任何一方的学生的请假信息都会通过 DING 功能进行同步；住校生管理、学校的晨检工作、上课记录工作都通过钉钉完成；通过钉钉的 M2 人脸识别考勤机自动录入，每月考勤统计 1 个小时就能完成；通过钉钉直播、会议记录模块，可以同步将语音转为文字记录，会后只需整理一下，就能形成共享会议纪要。

3. 智慧银行

聚焦居住、出行、教育等民生领域，提供线上供应链金融、线上场景金融、线上科创普惠金融服务。例如与大型公司合作，为科技型小微企业量身打造线上小额贷款类产品。基于语音机器人助手实现客户咨询问题实时解答，同时对账户管理、还款、转账等业务进行导航和服务处理；全面洞察客户的行为、喜好，进行营销活动的精确推送；提升风险控制效率和精准度。

4. 智慧便民设施

智慧便民设施主要有便捷的物流服务、医疗服务等，为不同年龄段的人群提供对应的设施支持，提高生活便捷度。

无人超市。通过注册、绑定手机号、上传面部照片等几个步骤，新用户才可以进入这个无人超市，其中这张人脸识别的照片除了用于进店时的扫描识别，也可以在离店时用于支付确认。

一键式智慧养老服务终端。当老年人突发疾病按动急救键，可直接联通 999 急救中心绿色通道，确保急救中心工作人员及时找到老人住址、联系家人，并通过 GPS 定位系统和数据库匹配离老人最近的救护车。

支付宝“未来医院”。具备的功能主要有：支付宝支付诊间费用，电子报告实时送达；支付宝院内导航；支付宝即时通知推送；票据电子化，支付宝即时通知。

智慧公园。利用 5G 网络高速率、大带宽、低时延的特性，解决高峰时段游客网上购票、入园扫码信号拥堵等问题；安装高清 AI 摄像头，保障游览安全。智能座椅将太阳能转为电能，可以为手机充电、为座椅蓝牙音响供电；智能垃圾桶垃圾口自动感应，垃圾自动压缩；智能灯杆设有紧急呼叫装置、森林防火摄像头等。

5. 智慧医疗

医疗服务作为城镇化进程中的一个重要组成部分，在“城市病”不断加剧的今天，社区远程医疗照顾系统能有效地节约社会资源，高效服务大众。电子健康档案系统和医疗公共服务平台的建立能解决目前突出的“看病难，看病贵”的医患矛盾。

智慧医院系统。该系统主要为实现病人诊疗信息和行政管理信息的收集、存储、处理、提取及数据交换，可提供的服务包括远程探视、远程会诊、自动报警、临床决策系统、智慧处方等。

区域卫生系统。包括区域卫生平台和公共卫生系统两部分。前者主要是收集、处理、传输社区、医院、医疗科研机构、卫生监管部门记录的所有信息，可以提供一般疾病的基本治疗，慢性病的社区护理，大病向上转诊，接收恢复转诊，科研管理等服务。后者主要提供疫情监控等公共卫生服务。

家庭健康系统。贴近市民健康保障，包括针对行动不便无法送往医院进行救治病患的远程医疗，对慢性病以及老幼病患远程的照护，对智障、残疾、传染病等特殊人群的健康监测，还包括自动提示用药时间、服用禁忌、剩余药量等的智能服药系统。

6. 智慧社区

在信息技术高速发展的现今社会，社区居民对社区服务的需求越来越多，迫切需要运用现代信息化、数字化、网络化的手段来改变基层传统的管理服务模式，以满足居民多样化的社会服务需求，智慧社区成为智慧城市发展的基石。

智慧社区是智慧城市概念之下的社区管理的一种新理念，是新形势下社会管理创新的一种新模式。通过充分利用物联网、云计算、移动互联网等新一代信息技术，实现更加强大的功能与多样化的增值服务，为用户提供一种万物互联的智慧生活。

楼宇对讲系统。作为社区、家庭重要的信息设备，智慧社区把用户、家庭、物业、社区以及商圈紧密地联结在一起，用户通过数字终端、App 等应用就能够便捷地使用社区与商圈提供的多样化服务。楼宇对讲系统是智慧社区复杂系统重要的组成部分，同时也是智慧社区软硬结合的突出体现。楼宇对讲系统是新建住宅的必备系统，承载着保卫家庭、社区安全的重要责任。系统由于深入住户家中，24 小时开机，占据客厅的主要位置，占据社区和家庭的出入口，具备一定的用户黏性，在承载智慧社区和智慧城市的落地应用方面，具有天然的优势。依赖数字技术的发展，提高信息采集、传播、处理、显示的性能，增强安全性和抗干扰能力。

社区管理系统。在智慧城市中，以城市中最小的单元社区为例，通过非配合式人脸识别，可以帮助物业管理部门在访客管理、物业通知（水电费通知、车库信息等）等方面为业主提供更加友好自然的生活体验。

习题

一、单选题

1. 人脸检测本质是一个什么问题？(　　)

A. 图像分类　　B. 目标检测

C. 图像分割　　D. 关键点检测

2. 人脸识别门禁系统可以有效阻拦陌生人随意进出社区，这应用了哪项技术？(　　)

A. 人脸检测　　B. 人脸关键点检测

C. 人脸比对　　D. 人脸搜索

3. 警方抓酒驾在查询证件的时候，通过人脸检测来看对方究竟是不是使用了别人的驾照，这属于哪项技术？(　　)

A. 人脸检测　　B. 人脸关键点检测

C. 人脸比对　　D. 人脸搜索

4. 自动识别医疗单据中的药品明细、年龄、性别等关键字段并录入系统，这属于文字识别中的（　　）。

A. 通用类文字识别　　B. 证件类文字识别

C. 票据类文字识别　　　　　　D. 行业类文字识别

5. 下列哪一项不属于语音识别的应用？(　　)

A. 语音输入法　　　　　　B. 驾驶员使用语音进行线路导航

C. 导航软件提示交通路线信息　　　　　　D. 通过一段歌曲搜索出歌曲的名字

6. 下列哪项不属于自然语言处理基本技术层面？(　　)

A. 词法分析　　　　　　B. 情感分析

C. 句法分析　　　　　　D. 语义分析

7. 下列哪一项不涉及自然语言处理技术？(　　)

A. 文字识别　　　　　　B. 智能音箱

C. 机器翻译　　　　　　D. 信息提取

8. 哪种对话机器人能精确理解对话意图，提取关键信息，可用于智能话务和智能硬件？(　　)

A. 智能问答机器人　　　　　　B. 话务机器人

C. 智能质检

9. 楼宇对讲系统属于智慧城市中哪一项内容？(　　)

A. 智慧社区　　　　　　B. 智慧便民设施

C. 智慧医疗　　　　　　D. 智慧教育

10. 自动文摘有 4 种主要的方法，其中________只对有用的文本片段进行有限深度的分析，其效率和灵活性显著提高。(　　)

A. 基于统计的自动文摘　　　　　　B. 基于理解的自动文摘

C. 基于结构的自动文摘文字识别　　　　　　D. 信息抽取

二、判断题

1. 人脸检测是批定位并返回人脸五官与轮廓的关键点坐标位置。(　　)

2. 人脸搜索实质是多次人脸比对的过程，即将待搜索的特定人脸与人脸库集合中的所有人脸逐一进行比对。(　　)

3. 通用类文字识别支持表格、文档、网络图片等任意格式的图片上文字信息的自动化识别，自适应分析各种版面和表格，快速实现各种文档电子化。(　　)

4. 证件类文字类别支持增值税发票、机动车销售发票、医疗发票等各种发票和表单图片上有效信息的自动识别和结构化提取。(　　)

5. 语音识别技术就是让机器通过语音信号处理和模式让机器自动识别和理解语音信号，并把语音信号转变为相应的文本或命令的技术。(　　)

6. 在智能音箱的使用过程中，语音识别技术只是第一步。(　　)

7. 句法分析是将句法成分与应用领域中的目标表示相关联。(　　)

8. 语义角色标注是一种浅层语义分析技术，它以词为单位，不对句子所包含的信息进行深入分析。(　　)

9. 通常单一功能的机器人无法解决客户业务场景下的所有问题，需要融合多个不同功能的机器人打造一个对话机器人联合解决方案。(　　)

10. 智慧实验室、智慧校园等都属于智慧教育的解决方案。(　　)

三、简答题

1. 举例说明人脸识别的应用。
2. 举例说明文字识别的应用。
3. 举例说明语音识别的应用。
4. 举例说明人脸识别的应用。
5. 谈谈对智慧城市的理解。

参考文献

[1] 蔡自兴. 人工智能基础 [M]. 北京：高等教育出版社，2005.

[2] 刘凤岐. 人工智能 [M]. 北京：机械工业出版社，2011.

[3] 王万良. 人工智能导论 [M]. 北京：高等教育出版社，2017.

[4] 王万森. 人工智能原理及其应用 [M]. 3版. 北京：电子工业出版社，2012.

[5] 朱福喜，汤怡群，傅建明. 人工智能原理 [M]. 武汉：武汉大学出版社，2002.

[6] 刘峡壁. 人工智能导论：方法与系统 [M]. 北京：国防工业出版社，2008.

[7] 卢奇，科佩克. 人工智能 [M]. 林赐，译. 北京：人民邮电出版社，2018.

[8] 钱银中. 人工智能导论 [M]. 北京：高等教育出版社，2020.

[9] 莫宏伟. 人工智能导论 [M]. 北京：人民邮电出版社，2020.